国内外经典教材辅导系列·理工类

杨可桢《机械设计基础》（第7版）笔记和课后习题（含考研真题）详解

主编：圣才考研网

www.100xuexi.com

中国石化出版社

内 容 提 要

本书是普通高等教育“十二五”国家级规划教材《机械设计基础》(第7版，杨可桢等主编)的学习辅导书。本书遵循第7版的章目编排，共分为18章，每章由三部分组成：第一部分为复习笔记(含通关提要)，总结每章的重难点内容；第二部分为课后习题详解，对第7版的所有习题进行了详细的分析解答；第三部分主要为名校考研真题详解，按选择题、填空题、判断题、简答题、计算题等形式对近年名校考研真题进行了整理，并提供了详细的解答。

圣才考研网(www.100xuexi.com)提供杨可桢《机械设计基础》电子书、题库。购书即可享受大礼包增值服务【本书电子书+模拟试题+课件PPT等】。手机扫码领取本书大礼包。

图书在版编目(CIP)数据

杨可桢《机械设计基础》(第7版)笔记和课后习题(含考研真题)详解/圣才考研网主编.—北京:中国石化出版社,2021.2

(国内外经典教材辅导系列·理工类)

ISBN 978-7-5114-6140-7

Ⅰ.①杨… Ⅱ.①圣… Ⅲ.①机械设计-研究生-入学考试-自学参考资料 Ⅳ.①TH122

中国版本图书馆CIP数据核字(2021)第030309号

中国石化出版社出版发行

地址:北京市东城区安定门外大街58号

邮编:100011 电话:(010)57512500

发行部电话:(010)57512575

http://www.sinopec-press.com

E-mail:press@sinopec.com

湖北新华印务有限公司印刷

全国各地新华书店经销

*

787×1092毫米 16开本 14印张 336千字

2021年4月第1版 2021年4月第1次印刷

定价:58.00元

序　言

我国各大院校一般都把国内外通用的权威教科书作为本科生和研究生学习专业课程的参考教材，这些教材甚至被很多考试(特别是硕士和博士研究生招生考试)和培训项目作为指定参考书。为了帮助读者更好地学习专业课，我们有针对性地编著了一套与国内外教材配套的复习资料，并提供配套的名师讲堂和题库。

杨可桢主编的《机械设计基础》(第7版)(高等教育出版社)被列为国家“十二五”重点图书，是我国众多高校采用的机械类优秀教材，也被众多高校指定为“机械类”专业考研参考书目。

作为该教材的辅导书，本书具有以下几个方面的特点：

1. 整理名校笔记，浓缩内容精华。在参考了国内外名校名师讲授杨可桢《机械设计基础》的课堂笔记基础上，本书每章的复习笔记部分对该章的重难点进行了整理，因此，本书的内容几乎浓缩了配套教材的知识精华。

2. 解析课后习题，提供详尽答案。本书参考大量机械设计相关资料，对杨可桢《机械设计基础》(第7版)的课(章)后习题进行了详细的分析和解答。

3. 精选考研真题，巩固重难点知识。为了强化对重要知识点的理解，本书精选名校近年的考研真题，并提供详细的解答。所选考研真题基本涵盖了各个章节的考点和难点。

购书即可享受大礼包增值服务！手机扫码领取本书大礼包。具体包括：①本书电子书；②模拟试题及详解；③本书课件PPT。

圣才考研网(www.100xuexi.com)是圣才学习网旗下的考研考博专业网站，提供全国各高校理工类专业考研考博辅导班【一对一辅导(面授/网授)、网授精讲班等】、电子书、题库、全套资料(历年真题及答案、笔记讲义等)、理工类国内外经典教材名师讲堂、考研教辅图书等。

考研辅导：kaoyan.100xuexi.com(圣才考研网)

资格考试：www.100xuexi.com(圣才学习网)

圣才学习网编辑部

目　录

第1章　平面机构的自由度和速度分析

1.1　复习笔记

【通关提要】

本章是本书的基础章节之一，主要介绍了平面机构自由度的计算和平面机构的速度分析。学习时需要掌握平面机构运动简图的绘制、自由度的计算和速度瞬心的应用等内容。本章主要以选择题、填空题和计算题的形式考查，复习时需把握其具体内容，重点记忆。

【重点难点归纳】

一、运动副及其分类(见表1-1-1)

表1-1-1　运动副及其分类

要点	主要内容		
低副	定义	面和面接触的运动副	
	分类	转动副	两个构件之间只做相对转动的运动副
		移动副	两个构件之间只做相对移动的运动副
高副	点或线接触的运动副		

二、平面机构运动简图

1. 机构中运动副表示方法

机构运动简图中的运动副的表示方法如图1-1-1所示。

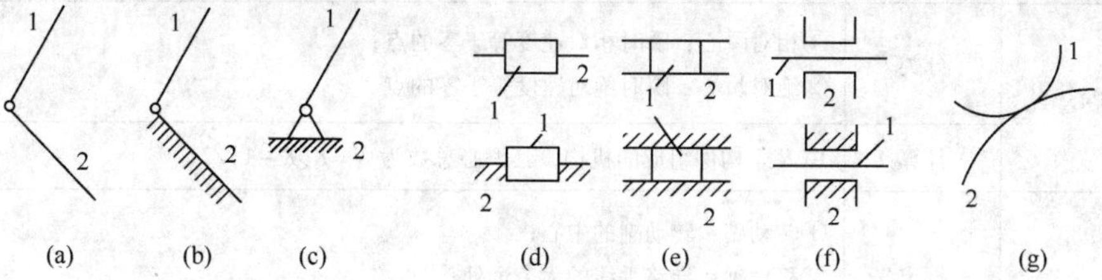

图1-1-1　平面运动副的表示方法

2. 构件的表示方法

构件的表示方法如图1-1-2所示。

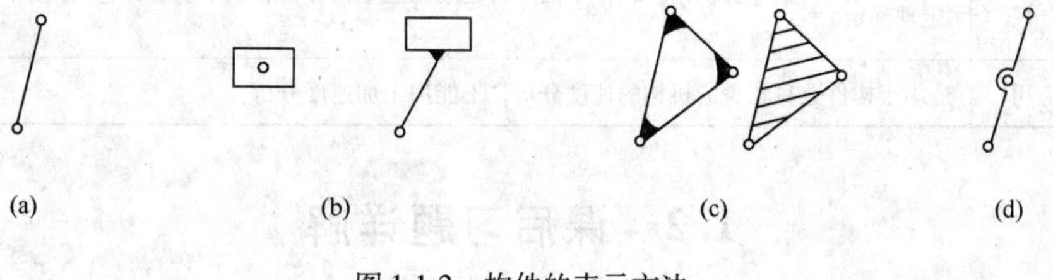

图1-1-2　构件的表示方法

3. 机构中构件的分类(见表1-1-2)

表1-1-2　机构中构件的分类

要点	主要内容
固定构件(机架)	机构中固结于定参考系的构件
原动件(主动件)	驱动机构的外力所作用的、具有独立运动的构件，又称输入构件
从动件	除机架和主动件之外的被迫作强制运动的构件

三、平面机构的自由度

1. 平面机构自由度计算公式

$$F = 3n - 2P_L - P_H$$

式中，n为机构中活动构件的数目；P_L为低副的个数；P_H为高副的个数。

机构具有确定运动的条件：机构的自由度应当与原动件数相等，且大于0。

2. 计算平面机构自由度的注意事项(见表1-1-3)

表1-1-3　计算平面机构自由度的注意事项

注意事项	处理方法
复合铰链	若有K个构件构成，则有$(K-1)$个转动副
局部自由度和虚约束	对机构起重复约束作用，计算时应予以排除，不计

四、速度瞬心及其在机构速度分析上的应用(见表1-1-4)

表1-1-4　速度瞬心及其应用

要点		主要内容
速度瞬心	分类	①相对瞬心：瞬时相对速度等于零的点； ②绝对瞬心：瞬时绝对速度等于零的点
	计算	由K个构件组成的机构，其瞬心总数为$N = K(K-1)/2$
瞬心位置的确定	根据定义确定	①转动副：转动副的中心； ②移动副：导路垂线的无穷远处； ③纯滚动高副：接触点； ④滑动兼滚动的高副：过接触点的公法线上
	根据三心定理确定	四连杆机构中，作平面平行运动的三个构件共有三个瞬心，它们位于同一直线上
瞬心法的应用		适用于构件数目较少的机构的速度分析，不能用于加速度分析

1.2　课后习题详解

1-1至1-4　绘出图示(图1-2-1～图1-2-4)的机构运动简图。

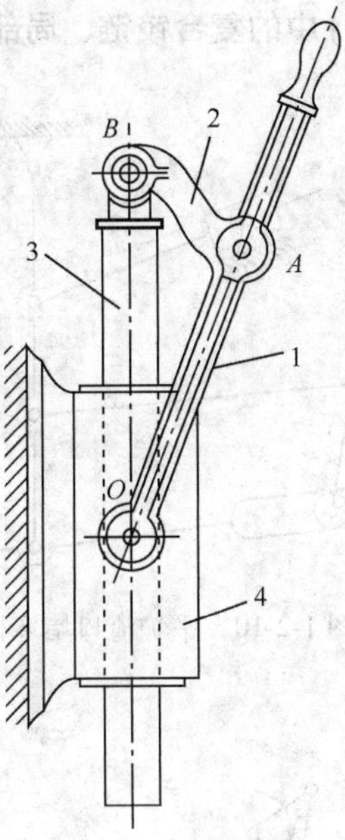

图 1-2-1　唧筒机构

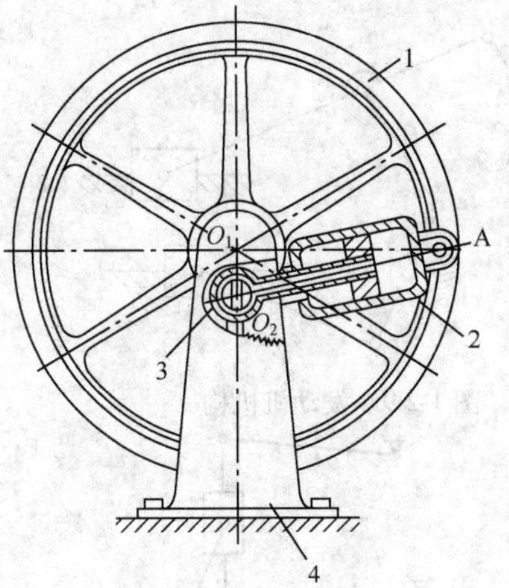

图 1-2-2　回转柱塞泵

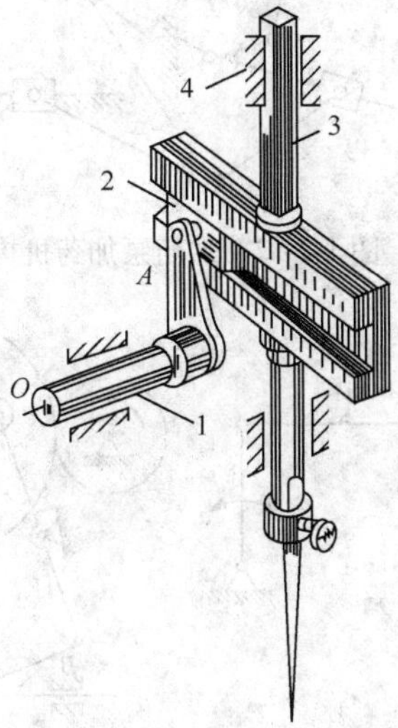

图 1-2-3　缝纫机下针机构

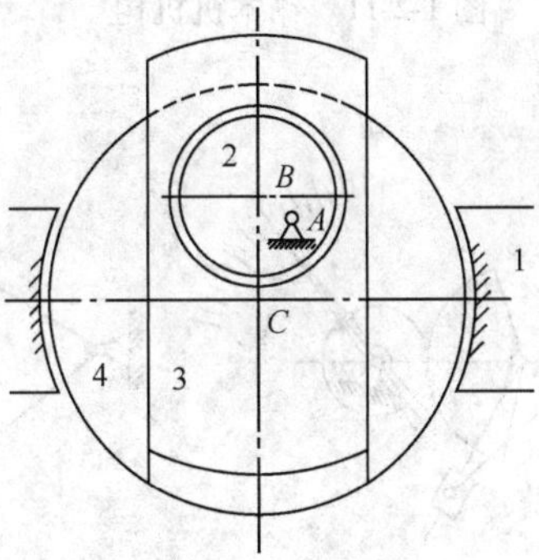

图 1-2-4　偏心轮机构

答：机构运动简图分别如图 1-2-5 ~ 图 1-2-8 所示。

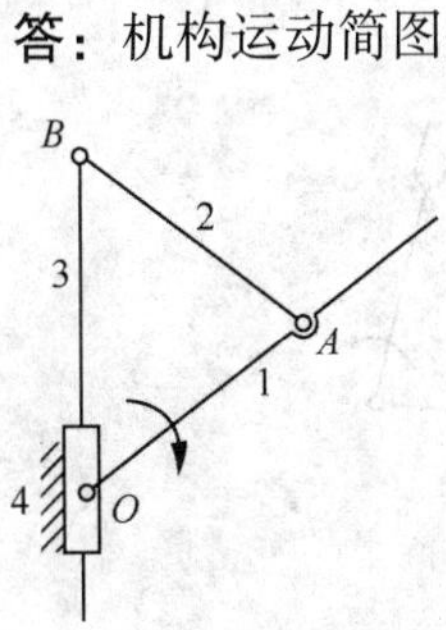

图 1-2-5

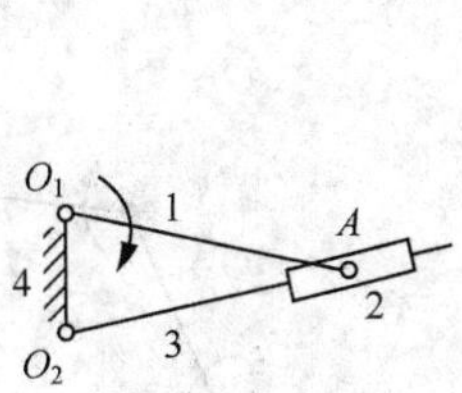

图 1-2-6

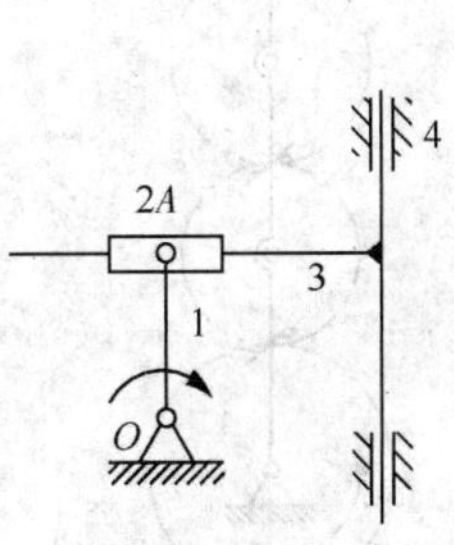

图 1-2-7

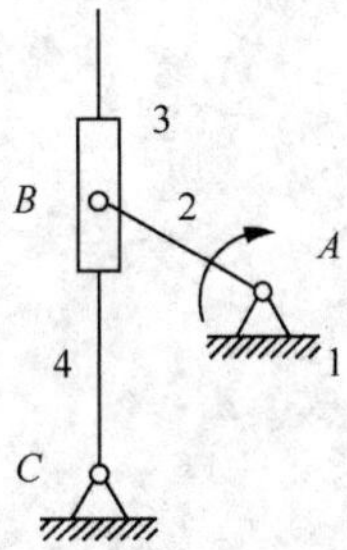

图 1-2-8

1-5 至 1-13 指出机构运动简图(图 1-2-9 ~ 图 1-2-17)中的复合铰链、局部自由度和虚约束，计算各机构的自由度。

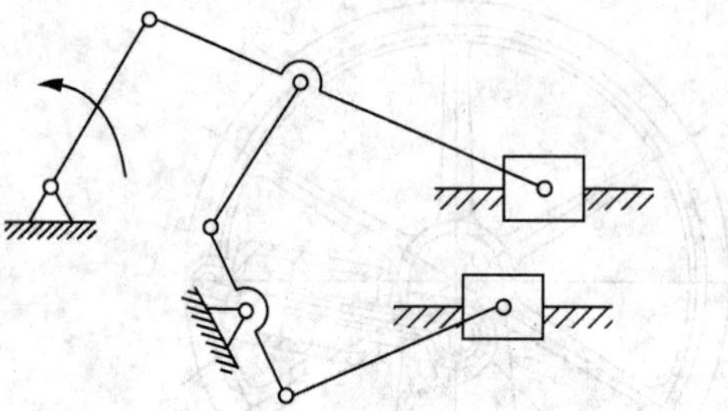

图 1-2-9 发动机机构

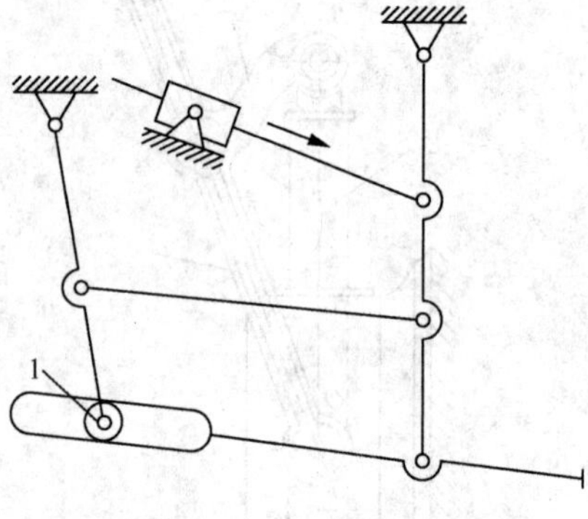

图 1-2-10 平炉渣口堵塞机构

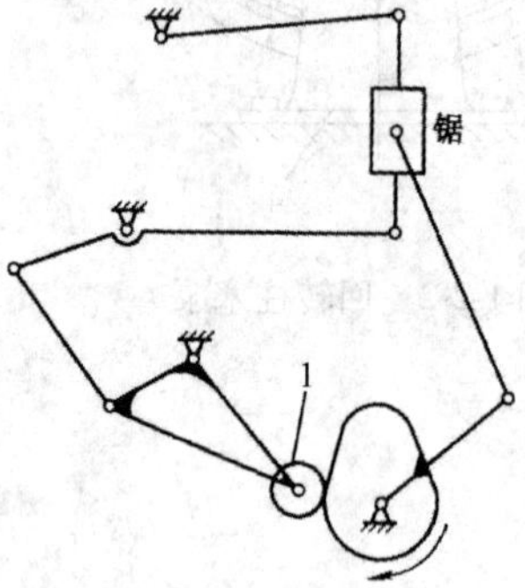

图 1-2-11 锯木机机构

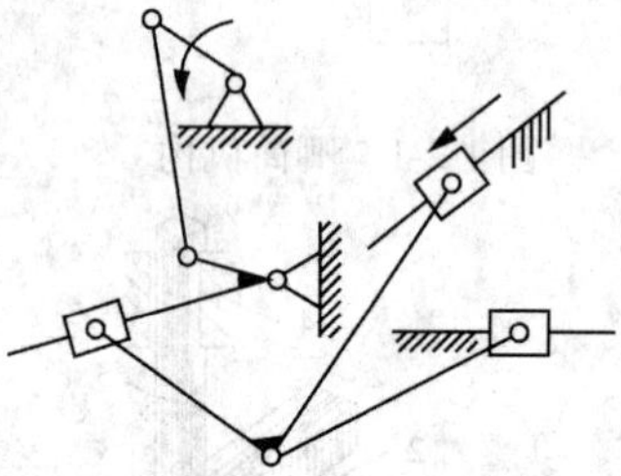

图 1-2-12 加药泵加药机构

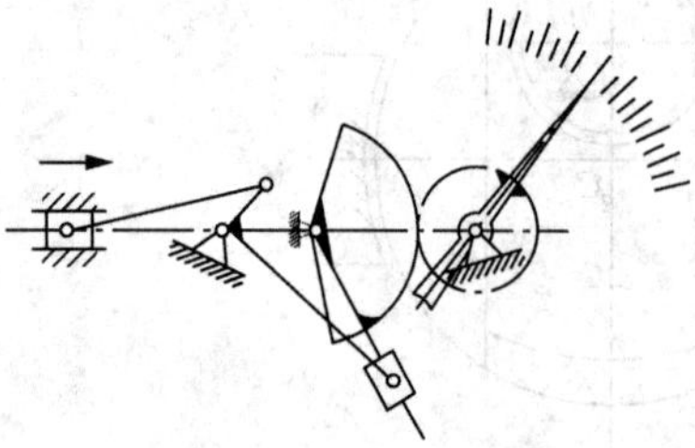

图 1-2-13 测量仪表机构

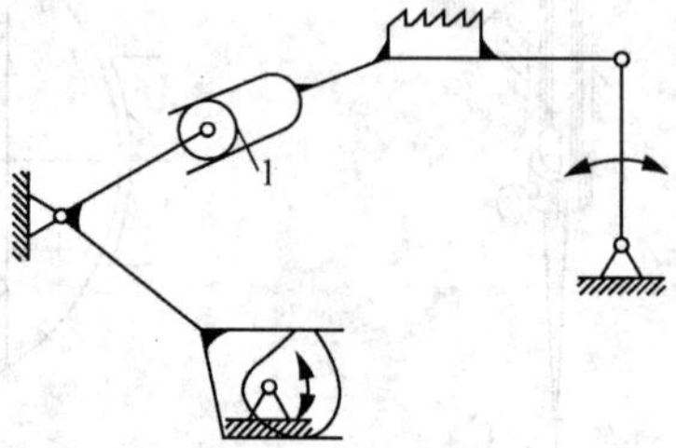

图 1-2-14 缝纫机送布机构

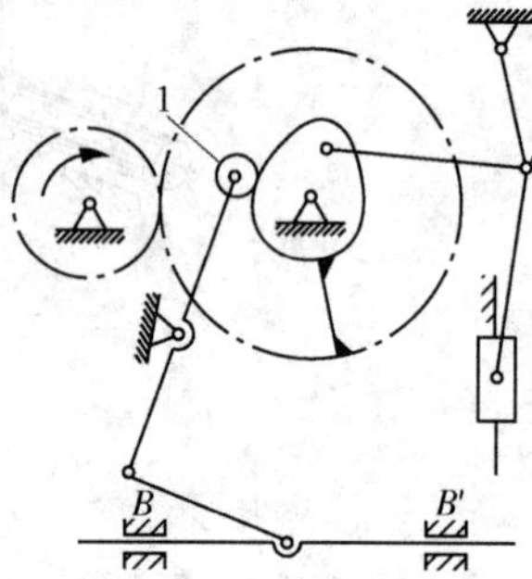

图 1-2-15 冲压机构

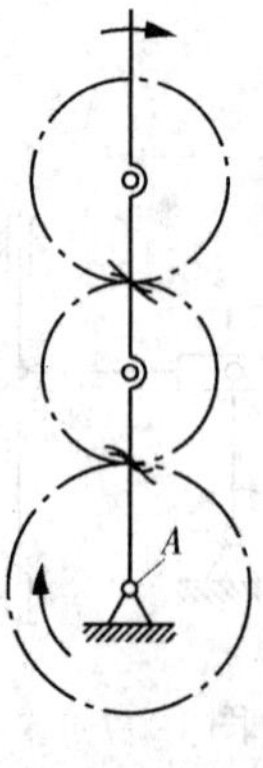

图 1-2-16 差动轮系

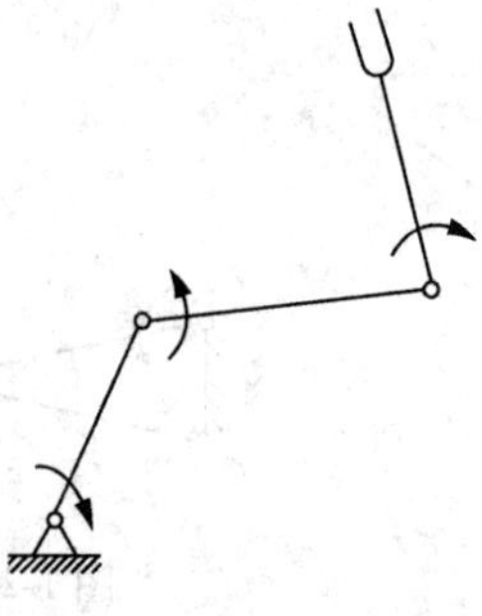

图 1-2-17 机械手

解：(1)图 1-2-9 所示机构的自由度为

$$F = 3n - 2P_{\mathrm{L}} - 3P_{\mathrm{H}} = 3 \times 7 - 2 \times 10 - 0 = 1$$

(2)图 1-2-10 中，滚子 1 有一个局部自由度，则该机构的自由度为

$$F = 3n - 2P_{\mathrm{L}} - P_{\mathrm{H}} = 3 \times 6 - 2 \times 9 - 0 = 0$$

(3)图 1-2-11 中，滚子 1 处有一个局部自由度，则该机构的自由度为

$$F = 3n - 2P_{\mathrm{L}} - P_{\mathrm{H}} = 3 \times 8 - 2 \times 11 - 1 = 1$$

(4)图 1-2-12 所示机构的自由度为

$$F = 3n - 2P_{\mathrm{L}} - P_{\mathrm{H}} = 3 \times 8 - 2 \times 11 - 0 = 2$$

(5)图 1-2-13 所示机构的自由度为

$$F = 3n - 2P_{\mathrm{L}} - P_{\mathrm{H}} = 3 \times 6 - 2 \times 8 - 1 = 1$$

(6)图 1-2-14 中，滚子 1 处有一个局部自由度，则该机构的自由度为

$$F = 3n - 2P_{\mathrm{L}} - P_{\mathrm{H}} = 3 \times 4 - 2 \times 5 - 1 = 1$$

(7)图 1-2-15 中，滚子 1 处有一个局部自由度，A 处为三个构件汇交的复合铰链，移动副 B、B'的其中之一为虚约束。则该机构的自由度为

$$F = 3n - 2P_{\mathrm{L}} - P_{\mathrm{H}} = 3 \times 9 - 2 \times 12 - 2 = 1$$

(8)图 1-2-16 中，A 处为机架、杆、齿轮三构件汇交的复合铰链。则该机构的自由度为

$$F = 3n - 2P_{\mathrm{L}} - P_{\mathrm{H}} = 3 \times 4 - 2 \times 4 - 2 = 2$$

(9)图 1-2-17 所示机构的自由度为

$$F = 3n - 2P_{\mathrm{L}} - P_{\mathrm{H}} = 3 \times 3 - 2 \times 3 = 3$$

1-14　求出图 1-2-18 所示导杆机构的全部瞬心和构件 1、3 的角速比。

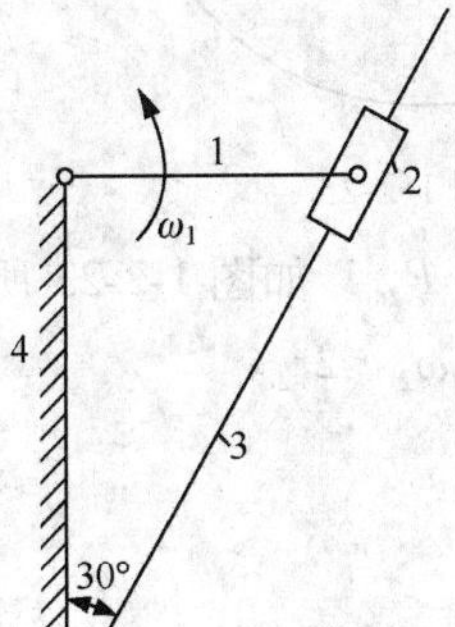

图 1-2-18　导杆机构

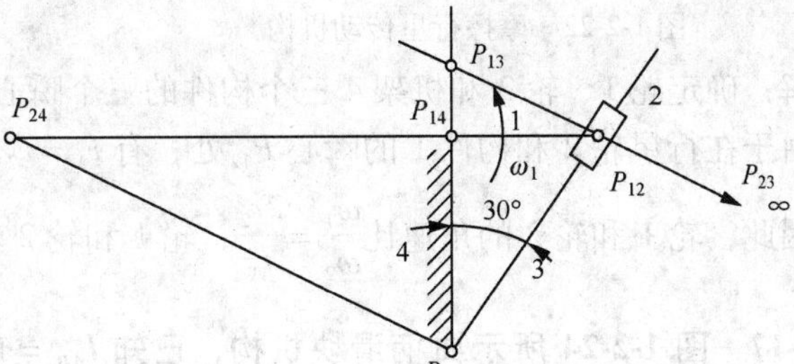

图 1-2-19

解：该导杆机构的全部瞬心如图 1-2-19 所示。

由 $\omega_1 \overline{P_{14}P_{13}} = \omega_3 \overline{P_{34}P_{13}}$ 可得，杆件 1、3 的角速比：$\dfrac{\omega_1}{\omega_3} = \dfrac{\overline{P_{34}P_{13}}}{\overline{P_{14}P_{13}}} = 4$。

1-15　求出图 1-2-20 所示正切机构的全部瞬心。设 $\boldsymbol{\omega_1 = 10\mathrm{rad/s}}$，求构件 3 的速度 $\boldsymbol{v_3}$。

解：该正切机构的全部瞬心如图 1-2-21 所示。

由 $\omega_1 \overline{P_{14}P_{13}} = v_3$ 可得，构件 3 的速度：$v_3 = \omega_1 \overline{P_{14}P_{13}} = 10 \times 200 = 2000\mathrm{mm/s} = 2\mathrm{m/s}$，方向垂直向上。

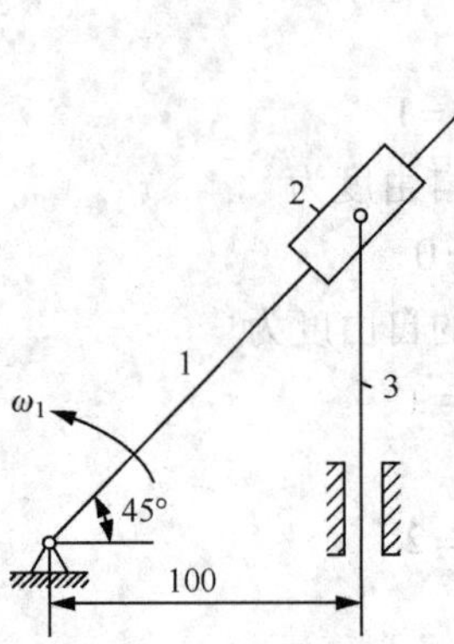

图 1-2-20　正切机构

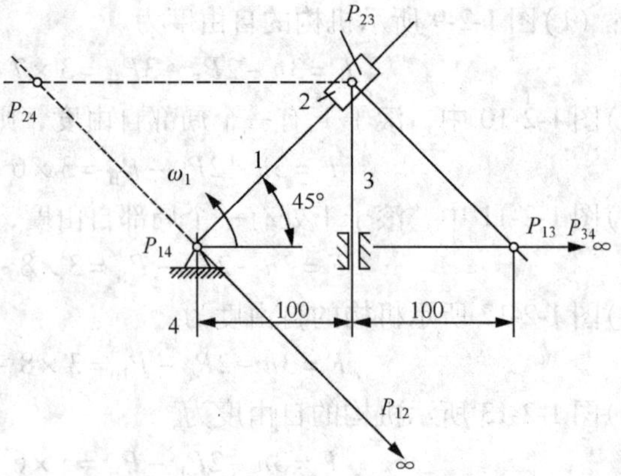

图 1-2-21

1-16　图 1-2-22 所示为摩擦行星传动机构，设行星轮 2 与构件 1、4 保持纯滚动接触，试用瞬心法求轮 1 与轮 2 的角速比 ω_1/ω_2。

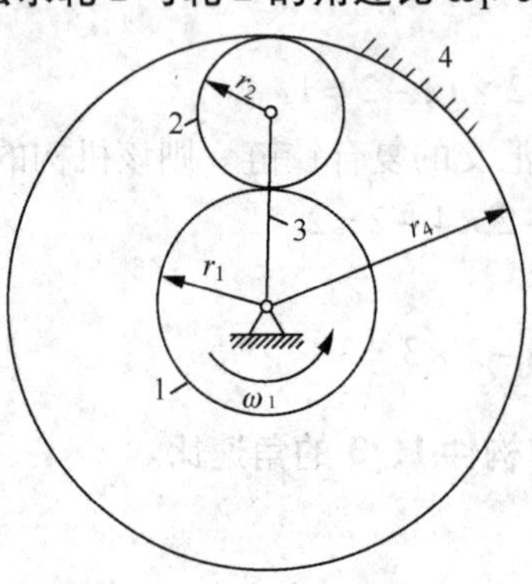

图 1-2-22　摩擦行星传动机构

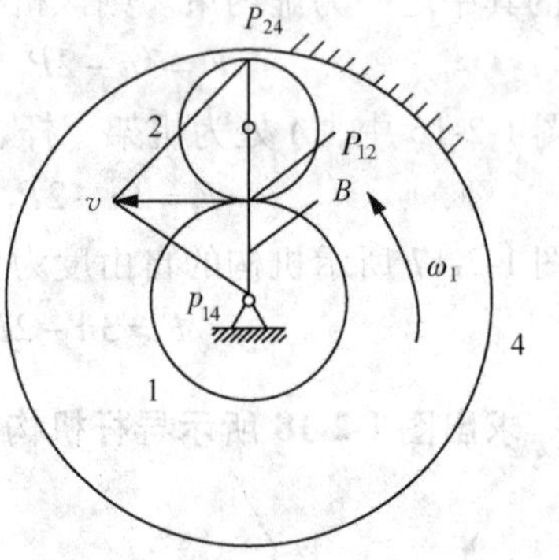

图 1-2-23

解：确定轮 1、轮 2 和机架 4 三个构件的三个瞬心 P_{12}、P_{14}、P_{24}，如图 1-2-23 所示。

由于在行星轮 2 和构件 1 的瞬心 P_{12}处，有 $v_1 = v_2$，即 $\omega_1 r_1 = \omega_2 \cdot 2r_2$。

因此，轮 1 和轮 2 的角速比$\dfrac{\omega_1}{\omega_2} = \dfrac{2r_2}{r_1}$，轮 1 和轮 2 转向相同。

1-17　图 1-2-24 所示曲柄滑块机构，已知 $l_{AB} = 100\text{mm}$，$l_{BC} = 250\text{mm}$，$\omega_1 = 10\text{rad/s}$，求机构全部瞬心、滑块速度 v_3 和连杆角速度 ω_2。

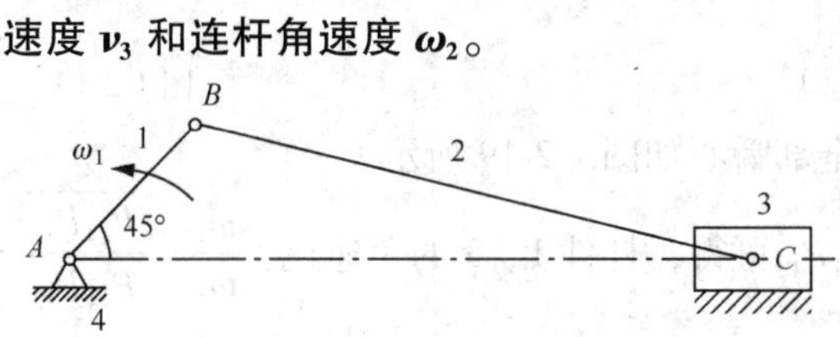

图 1-2-24　曲柄滑块机构

解：如图 1-2-25 所示，取比例尺 $\mu_l = 9\text{mm/mm}$。

该机构全部瞬心为 P_{12}、P_{13}、P_{14}、P_{23}、P_{24}、P_{34}，如图 1-2-25 所示。

由图中可测量出$\overline{P_{14}P_{13}} = 10\text{mm}$，$\overline{P_{14}P_{12}} = 11.1\text{mm}$，$\overline{P_{24}P_{12}} = 37.78\text{mm}$。

滑块的速度：$v_3 = \omega_1 \overline{P_{14}P_{13}} \mu_l = 10 \times 10 \times 9 = 900\text{mm/s} = 0.9\text{m/s}$。

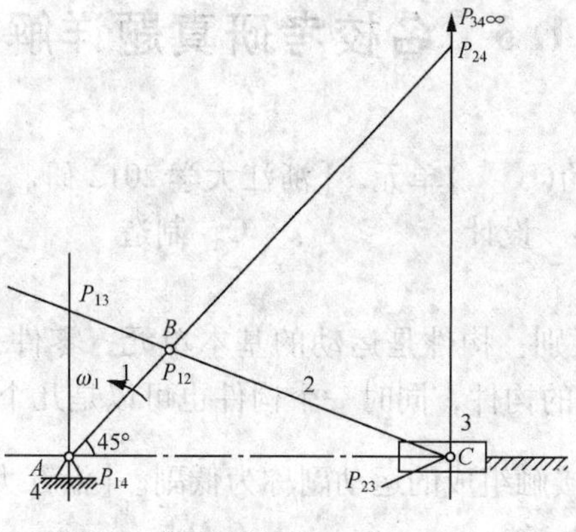

图 1-2-25

由 $\omega_1\ \overline{P_{14}P_{12}}=\omega_2\ \overline{P_{24}P_{12}}$ 得，连杆的角速度：$\omega_2=\dfrac{\omega_1\ \overline{P_{14}P_{12}}}{\overline{P_{24}P_{12}}}=10\times\dfrac{11.1}{37.78}\ \text{rad/s}=2.94\ \text{rad/s}$。

1-18　图 1-2-26 所示平底摆动从动件凸轮机构，已知凸轮 1 为半径 $r=20\text{mm}$ 的圆盘，圆盘中心 C 与凸轮回转中心的距离 $l_{AC}=15\text{mm}$，$l_{AB}=90\text{mm}$，$\omega_1=10\text{rad/s}$，求 $\theta=0°$ 和 $\theta=180°$ 时，从动件角速度 ω_2 的数值和方向。

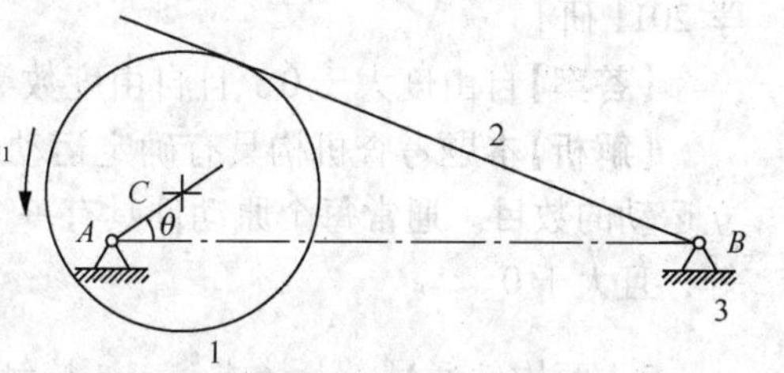

图 1-2-26　平底摆动从动件凸轮机构

解：如图 1-2-27(a)所示，$\theta=0°$ 时，由 $\omega_1\ \overline{P_{13}P_{12}}=\omega_2\ \overline{P_{23}P_{12}}$ 可得，从动件的角速度：$\omega_2=\dfrac{\omega_1\ \overline{P_{13}P_{12}}}{\overline{P_{23}P_{12}}}=\dfrac{10\times15}{90-15}=2\text{rad/s}$（顺时针）。

如图 1-2-27(b)所示，$\theta=180°$ 时，由 $\omega_1\ \overline{P_{13}P_{12}}=\omega_2\ \overline{P_{23}P_{12}}$ 可得，从动件的角速度：$\omega_2=\dfrac{\omega_1\ \overline{P_{13}P_{12}}}{\overline{P_{23}P_{12}}}=\dfrac{10\times15}{90+15}=1.43\text{rad/s}$（逆时针）。

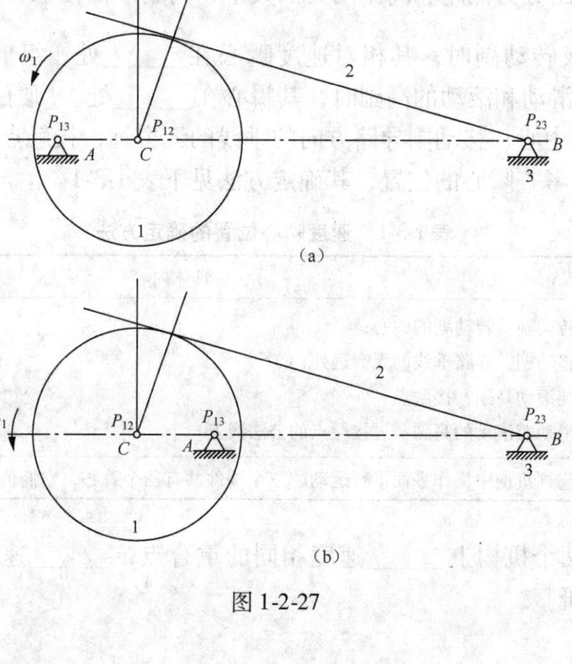

图 1-2-27

1.3 名校考研真题详解

一、选择题

1. 构件是机械中独立的(　　)单元。[浙江大学 2012 研]

A. 运动　　B. 设计　　C. 制造　　D. 分析

【答案】A

【解析】零件与构件的区别：构件是运动的基本单元，零件是制造的基本单元；有时一个单独的零件也是一个简单的构件，同时一个构件也可以是几个零件组成的刚性结构。

2. 两构件通过(　　)接触组成的运动副称为低副。[浙江大学 2012 研]

A. 面　　B. 线　　C. 点　　D. 面或线

【答案】A

【解析】按照接触特性将运动副分为高副和低副。其中，高副以面接触，低副以点或线接触。

二、填空题

1. 机构具有确定运动的条件是______。[湘潭大学 2016 研、常州大学 2015 研、厦门大学 2011 研]

【答案】自由度大于 0，且自由度数等于原动件数

【解析】本题考查机构具有确定运动的条件。机构的自由度即是机构相对机架具有的独立运动的数目。通常每个原动件具有一个独立运动，因此，机构的自由度应当与原动件数相等，且大于 0。

2. 两构件通过______或______接触组成的运动副称为高副。[常州大学 2015 研]

【答案】点；线

【解析】本题考查高副的概念。两构件组成运动副，其接触不外乎点、线、面。按照接触特性，通常把运动副分为低副和高副两类。其中，高副以面接触，低副以点或线接触。

3. 当两构件组成转动副时，其相对速度瞬心在______处；组成移动副时，其瞬心在______处；组成兼有滑动和滚动的高副时，其瞬心在______处。[厦门大学 2011 研]

【答案】转动副的中心；移动副导路方向的垂线的无穷远；接触点的公法线

【解析】本题主要考查瞬心的位置，其确定方法见下表 1-3-1。

表 1-3-1　速度瞬心位置的确定方法

方法	具体内容
根据定义确定	①转动副：转动副的中心； ②移动副：导路垂线的无穷远处； ③纯滚动高副：接触点； ④滑动兼滚动的高副：过接触点的公法线上
根据三心定理确定	四连杆机构中，作平面平行运动的三个构件共有三个瞬心，它们位于同一直线上

4. 速度瞬心是两个机构上______速度相同的重合点，______速度为零的重合点。[西安石油大学 2020 年研]

【答案】绝对；相对

【解析】本题考查速度瞬心的定义。速度瞬心是相对运动的两构件（即两刚体）的相对速度为零的重合点，亦即瞬时绝对速度相等的重合点（即等速重合点）。

三、判断题

1. 两构件通过面或线接触组成的运动副称为低副。（　　）［浙江大学 2012 研］

【答案】错

【解析】按照接触特性，运动副分为高副和低副。其中，高副以面接触，低副以点或线接触。

2. 将构件用运动副联接成具有确定运动的机构的条件是自由度数为 1。（　　）［浙江大学 2013 研］

【答案】错

【解析】本题考查机构具有确定运动的条件，即机构的自由度应当与原动件数相等，且大于 0。

四、计算题

1. 试计算图 1-3-1 所示机构的自由度，如有复合铰链、局部自由度和虚约束，需明确指出。图 1-3-1 中画箭头的构件为原动件，*DE* 与 *FD* 平行且相等。［厦门大学 2013 研］

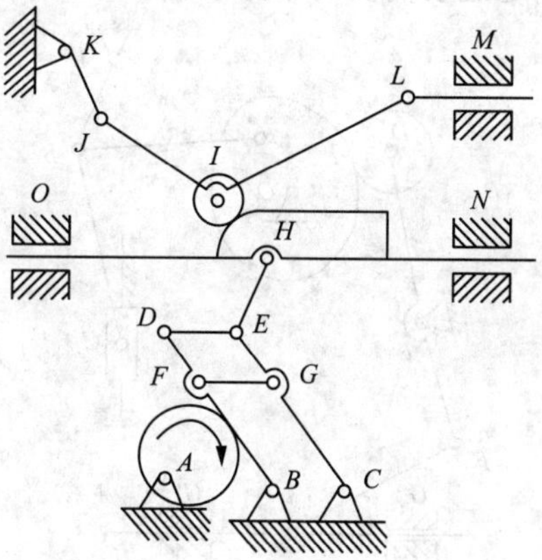

图 1-3-1

解： 杆 *FG* 处为虚约束；移动副 *O*、*N* 处有一虚约束；滚子 *I* 处为局部自由度；*E* 处为复合铰链。除去虚约束和局部自由度，该机构

活动构件数

$$n = 9$$

低副数

$$P_L = 12$$

高副数

$$P_H = 2$$

所以，该机构自由度为

$$F = 3 \times n - 2 \times P_L - P_H = 3 \times 9 - 2 \times 12 - 2 = 1$$

2. 计算图 1-3-2 机构的自由度。［厦门大学 2011 研］

解：图中共有六个活动杆件，8 个低副（6 个转动副，两个移动副），在两齿轮相啮合处有一个高副。机构的自由度为

$$F=3n-2P_{\mathrm{L}}-P_{\mathrm{H}}=3\times6-2\times8-1=1$$

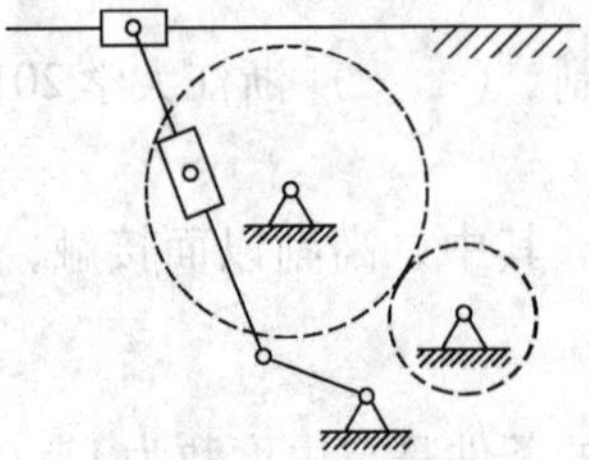

图 1-3-2

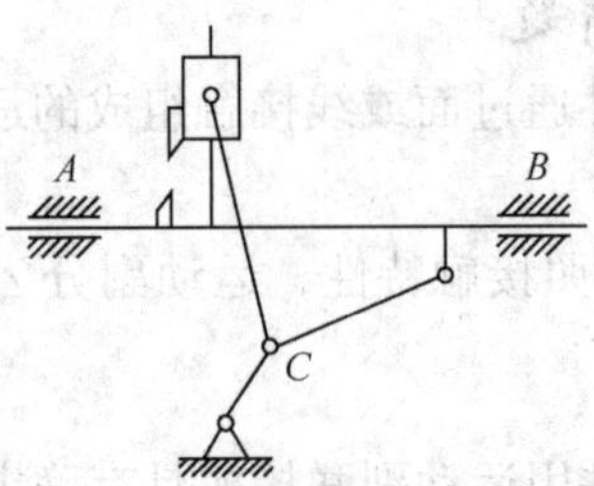

图 1-3-3

3. 计算图 1-3-3 所示的飞剪机构的自由度。［浙江大学 2010 研］

解：此机构共有 5 个活动杆件，A 或 B 处有一个虚约束，C 处有一复合铰链，共 7 个低副（5 个转动副，两个移动副）。故机构的自由度为

$$F=3n-2P_{\mathrm{L}}-P_{\mathrm{H}}=3\times5-2\times7-0=1$$

4. 计算下图 1-3-4 所示机构的自由度，如机构存在复合铰链、局部自由度或虚约束，请指出，并说明该机构具有确定运动需要几个原动机？［西安石油大学 2020 年研］

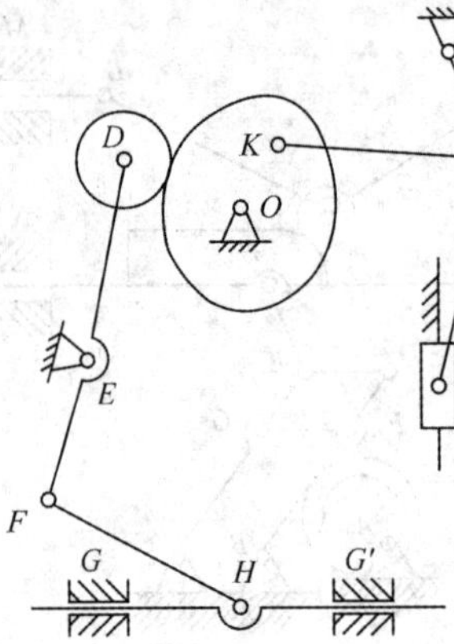

图 1-3-4

解：D 处为局部自由度，B 处为复合铰链，有 2 个低副，G 和 G' 处，二者之一为虚约束。则该机构的自由度为

$$F=3n-2P_{\mathrm{L}}-P_{\mathrm{H}}=3\times8-2\times11-1=1$$

机构具有确定运动的条件是原动机的数目等于机构自由度数，且大于 0，故需要 1 个原动机。

第2章　平面连杆机构

2.1　复习笔记

【通关提要】

本章主要介绍了平面四杆机构的基本类型、基本特性和设计方法。学习时需要掌握铰链四杆机构有整转副的条件、急回特性的应用和计算、压力角与传动角以及死点位置的分析等内容。本章主要以选择题、填空题和计算题的形式考查，复习时需把握其具体内容，重点记忆。

【重点难点归纳】

一、平面四杆机构的基本类型(见表2-1-1)

表2-1-1　平面四杆机构的基本类型

要点	分类
铰链四杆机构	曲柄摇杆机构、双曲柄机构和双摇杆机构
含一个移动副的四杆机构	曲柄滑块机构、曲柄转动导杆机构、摆动滑块机构和固定滑块机构
含两个移动副的四杆机构	①正切机构；②正弦机构；③两个移动副相邻且均不与机架相关联；④两个移动副都与机架相关联
具有偏心轮的四杆机构	具有偏心轮的四杆机构、具有偏心轮和移动副的四杆机构

二、平面四杆机构的基本特性(见表2-1-2)

表2-1-2　平面四杆机构的基本特性

<table>
<tr><th>要点</th><th colspan="3">主要内容</th></tr>
<tr><td rowspan="4">铰链四杆机构有整转副</td><td>条件</td><td colspan="2">①最短杆长度＋最长杆长度≤其余两杆长度之和。
②若不满足上述条件，则只能得到双摇杆机构</td></tr>
<tr><td rowspan="3">分类</td><td>双曲柄机构</td><td>机架为最短杆，有两个整转副</td></tr>
<tr><td>曲柄摇杆机构</td><td>机架为最短杆的邻边，有一个整转副</td></tr>
<tr><td>双摇杆机构</td><td>机架为最短杆的对边，没有整转副</td></tr>
<tr><td>急回特性</td><td colspan="3">行程速度变化系数$K=(180°+\theta)/(180°-\theta)$。
随着极位夹角θ的增大，K值增大，急回运动越显著</td></tr>
<tr><td>压力角</td><td colspan="3">由图2-1-1可得
$$\cos\angle BCD=\frac{l_2^2+l_3^2-l_1^2-l_4^2+2l_1l_4\cos\varphi}{2l_2l_3}$$</td></tr>
<tr><td>传动角</td><td colspan="3">传动角γ越大，机构传力性能越好</td></tr>
<tr><td>死点位置</td><td colspan="3">指机构的压力角为90°，传动角为0°的位置</td></tr>
</table>

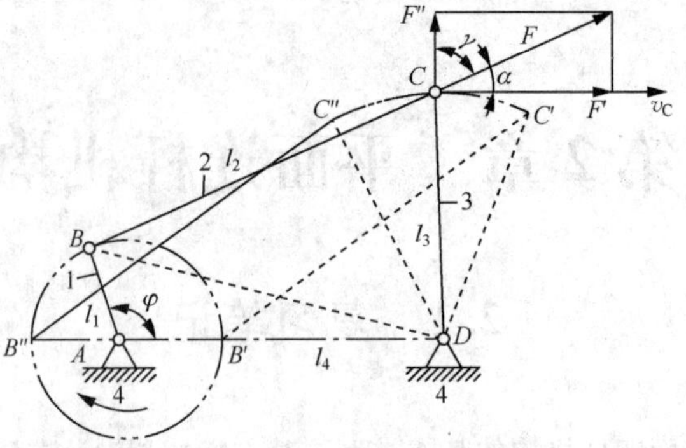

图 2-1-1　连杆机构的压力角和传动角

2.2　课后习题详解

2-1　试根据图 2-2-1 所注明的尺寸判断下列铰链四杆机构是曲柄摇杆机构、双曲柄机构还是双摇杆机构。

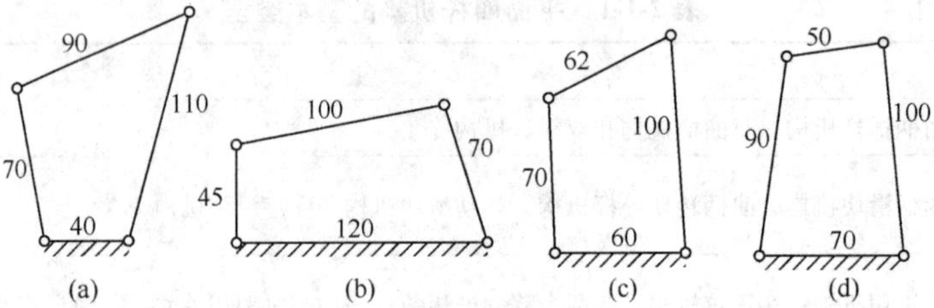

图 2-2-1

答：(a)$40+110=150<70+90=160$，满足杆长条件，且最短杆为机架，因此是双曲柄机构。

(b)$45+120=165<100+70=170$，满足杆长条件，且最短杆的邻边为机架，因此是曲柄摇杆机构。

(c)$60+100=160>70+62=132$，不满足杆长条件，因此是双摇杆机构。

(d)$50+100=150<100+90=190$，满足杆长条件，且最短杆的对边为机架，因此是双摇杆机构。

2-2　试运用铰链四杆机构有整转副的结论，推导图 2-2-2 所示偏置导杆机构成为转动导杆机构的条件(提示：转动导杆机构可视为双曲柄机构)。

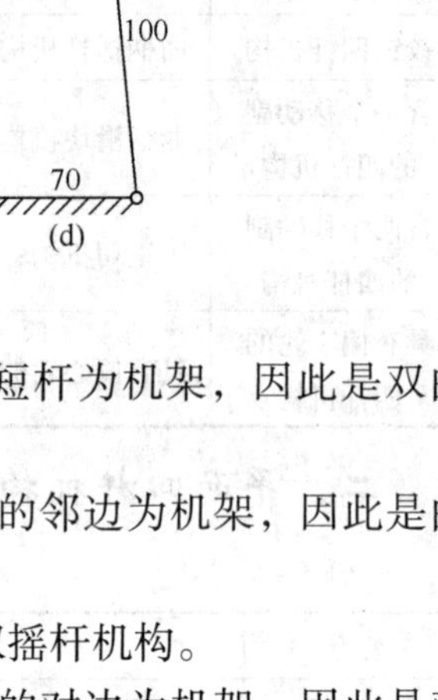

图 2-2-2

答：根据铰链四杆机构有整转副的结论，则 A、B 均为整转副。

(1)当 A 为整转副时，要求 AF 能通过两次与机架共线的位置。

如图 2-2-3 中位置 $ABC'F'$ 和 $ABC''F''$。在 Rt△$BF'C'$ 中，因为直角边小于斜边，所以

$$l_{AB}+e\leqslant l_{BC}\text{(极限情况取等号)}$$

同理，在 Rt△$BF''C''$ 中，有

$$l_{AB}-e\leqslant l_{BC}\text{(极限情况取等号)}$$

综上，得 $l_{AB}+e\leqslant l_{BC}$。

(2)当 B 为整转副时，要求 BC 能通过两次与机架共线的位置。如图 2-2-3 中位置 ABC_1F_1 和 ABC_2F_2。

在位置 ABC_1F_1 时，观察 BC_1，要能绕过点 C_1，则

$$l_{BC}-(l_{AB}+e)\geqslant 0\text{(极限情况取等号)}$$

在位置 ABC_2F_2 时，因为导杆 CF 是无限长的，故没有条件限制。

(3)对(1)、(2)进行综合分析知，图 2-2-2 所示偏置导杆机构成为转动导杆机构的条件是

$$l_{AB}+e\leqslant l_{BC}$$

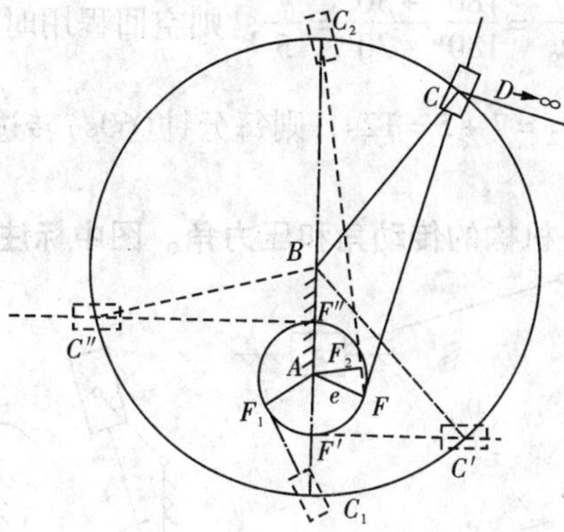

图 2-2-3

2-3　已知一曲柄摇杆机构 $ABCD$ 的各杆长度分别为：$l_{AB}=12\text{mm}$，$l_{BC}=30\text{mm}$，$l_{CD}=33\text{mm}$，$l_{AD}=17\text{mm}$，AD 为机架，曲柄 AB 为原动件并作匀速转动，摇杆 CD 为从动件。(1)选择比例尺，绘制 $\angle BAD=90°$时的机构位置图；(2)在图上标出机构的极位夹角 θ 和摇杆 CD 的摆角 ψ；(3)用解析法求位夹角 θ、行程速度变化系数 K 和摇杆摆角 ψ 的数值。

解：(1)$\angle BAD=90°$时的机构位置图如下图 2-2-4 所示。

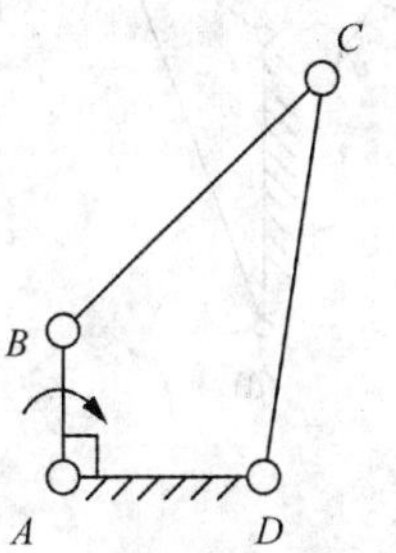

图 2-2-4

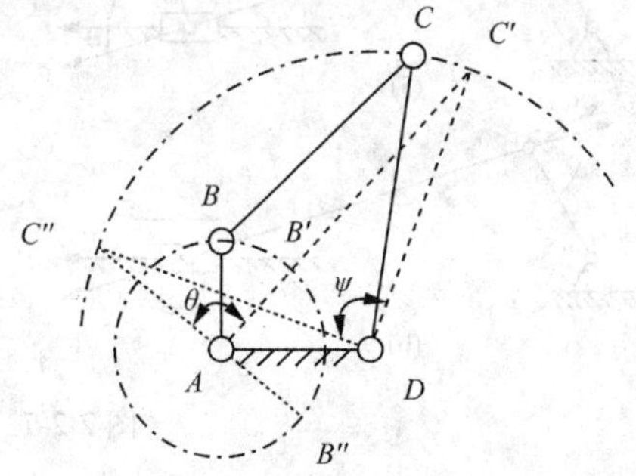

图 2-2-5

(2)极位夹角 θ 和摇杆 CD 的摆角 ψ 如图 2-2-5 所示。

(3)极位夹角 θ 计算：

$\theta=\angle C''AD-\angle C'AD=\arccos[(l_{AD}^2+l_{AC''}^2-l_{C''D}^2)/(2l_{AD}l_{AC''})]-\arccos[(l_{AD}^2+l_{AC'}^2-l_{C'D}^2)/(2l_{AC'}l_{AD})]=\arccos[(17^2+18^2-33^2)/(2\times17\times18)]-\arccos[(17^2+42^2-33^2)/(2\times42\times17)]=141.06°-47.54°=93.52°$。

行程速度变化系数 $K=(180°+\theta)/(180°-\theta)=3.16$。

摇杆摆角 $\psi=\angle C'DA-\angle C''DA=\arccos[(l_{C'D}^2+l_{AD}^2-l_{AC'}^2)/(2l_{C'D}l_{AD})]-\arccos[(l_{C''D}^2+l_{AD}^2-l_{AC''}^2)/(2l_{C''D}l_{AD})]=\arccos[(33^2+17^2-42^2)/(2\times17\times33)]-\arccos[(33^2+17^2-18^2)/(2\times33\times17)]=110.12°-20.05°=90.07°$。

2-4　已知某曲柄摇杆机构的曲柄匀速转动，极位夹角 θ 为 30°，摇杆工作行程需时 7s。试问：(1)摇杆空回行程需时几秒？(2)曲柄每分钟转数是多少？

解：(1)根据行程速比系数计算公式

$$k=\frac{v_2}{v_1}=\frac{t_1}{t_2}=\frac{180°+\theta}{180°-\theta}$$

代入已知条件可得：$k=\frac{7}{t_2}=\frac{180°+30°}{180°-30°}=\frac{7}{5}$，则空回程用时 $t_2=5\text{s}$。

(2)曲柄转一周用时 $t_1+t_2=7+5=12\text{s}$，则每分钟(60s)转过的转数 $n=\frac{60}{12}=5$。

2-5　画出图 2-2-6 所示各机构的传动角和压力角。图中标注箭头的构件为原动件。

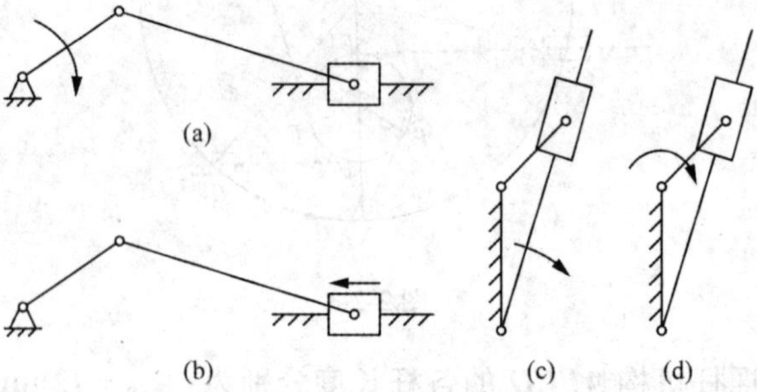

图 2-2-6

答：各机构的传动角和压力角如图 2-2-7 所示。

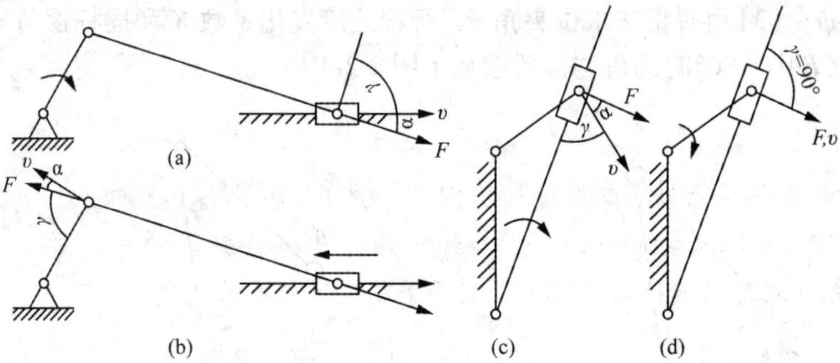

图 2-2-7

2-6　如图 2-2-8 所示为一偏置曲柄滑块机构，主动件曲柄 AB 作匀速转动。已知：$l_{AB}=120\text{mm}$，$l_{BC}=250\text{mm}$，偏距 $e=60\text{mm}$。试用解析法求：(1)滑块 3 的行程 H；(2)极位夹角 θ 和行程速度变化系数 K；(3)曲柄位于 $\varphi=60°$时的机构压力角 α 和传动角 γ；(4)机构的最大压力角 α_{max}和最小传动角 γ_{min}。

解：(1)如下图 2-2-9 所示，滑块 3 的行程 H 为：

$$H=\sqrt{AC''^2-e^2}-\sqrt{AC'^2-e^2}=\sqrt{370^2-60^2}-\sqrt{130^2-60^2}=249.78\text{mm}$$

(2)极位夹角

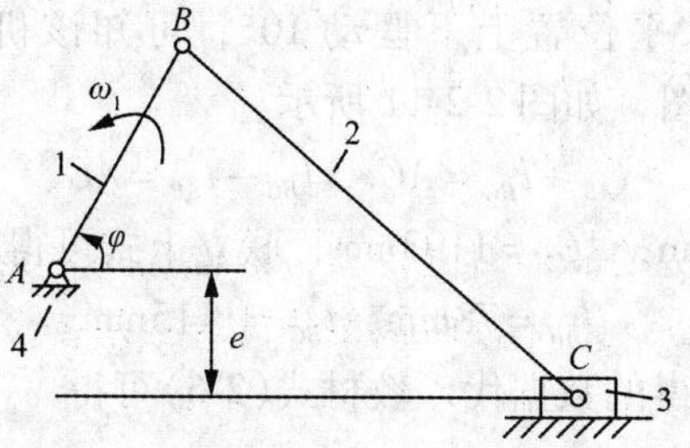

图 2-2-8

$\theta = \angle C''AC' = \arccos[(l_{AC'}^2 + l_{AC''}^2 - l_{C'C''}^2)/(2l_{AC'}l_{AC''})] = \arccos[(130^2 + 370^2 - 249.78^2)/(2\times130\times370)] = 18.16°$

行程速度变化系数 $K = (180° + \theta)/(180° - \theta) = 1.22$。

(3)曲柄位于 $\varphi = 60°$ 时的机构压力角 α 和传动角 γ：

$\alpha = \arcsin[(l_{AB}\sin\varphi + e)/l_{BC}] = \arcsin[(120\times\sin60° + 60)/250] = 40.97°$

$\gamma = 90° - \alpha = 49.03°$

(4)机构的最大压力角 $\alpha_{\max}$ 和最小传动角 $\gamma_{\min}$。

$\alpha_{\max} = \arcsin(e/l_{AC'}) = \arcsin(60/130) = 27.49°$

$\gamma_{\min} = 90° - \alpha_{\max} = 62.51°$

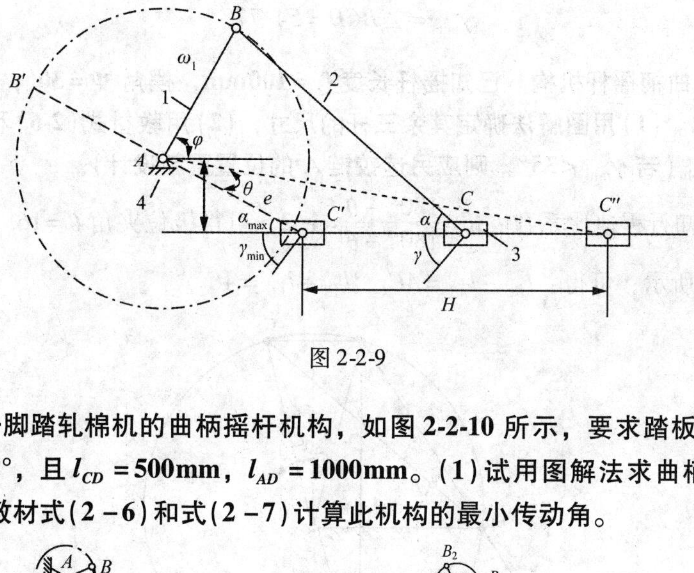

图 2-2-9

2-7　设计一脚踏轧棉机的曲柄摇杆机构，如图 2-2-10 所示，要求踏板 *CD* 在水平位置上、下各摆动 10°，且 $l_{CD} = 500\text{mm}$，$l_{AD} = 1000\text{mm}$。(1)试用图解法求曲柄 *AB* 和连杆 *BC* 的长度；(2)用教材式(2－6)和式(2－7)计算此机构的最小传动角。

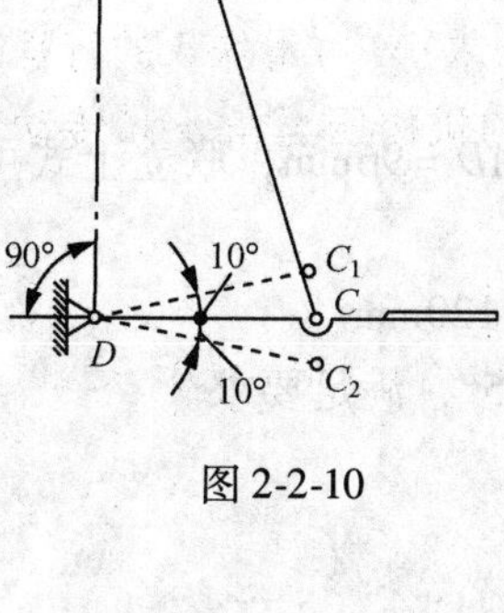

图 2-2-10

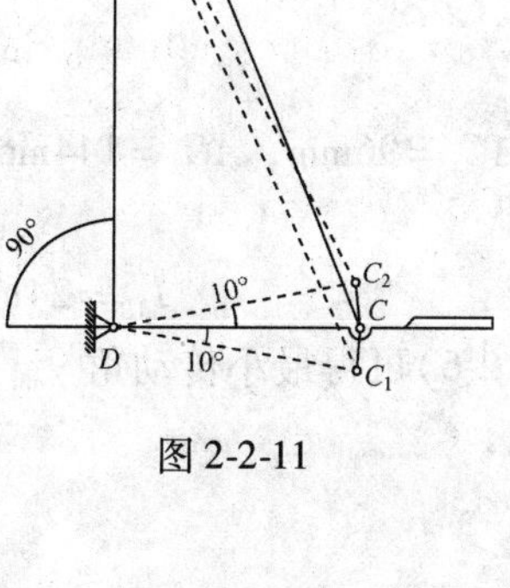

图 2-2-11

解：(1)由踏板 CD 在水平位置上下摆动 10°，可知该机构的极限位置为 AB_1C_1D 和 AB_2C_2D，选取适当比例尺作图，如图 2-2-11 所示。

$$l_{AB} + l_{BC} = AC_1,\ l_{BC} - l_{AB} = AC_2$$

从图中量取 $AC_1 = 1037\text{mm}$，$AC_2 = 1193\text{mm}$，联立上式可得曲柄和连杆长分别为

$$l_{AB} = 78\text{mm},\ l_{BC} = 1115\text{mm}$$

(2)将已知条件和(1)求得的数据代入教材式(2-6)可得

当 $\varphi = 0°$时，则

$$\cos\angle BCD = \frac{1115^2 + 500^2 - 78^2 - 1000^2 + 2\times 78\times 1000\cos 0°}{2\times 1115\times 500} \approx 0.5768$$

计算得 $\angle BCD \approx 54.77°$。

当 $\varphi = 180°$时，则

$$\cos\angle BCD = \frac{1115^2 + 500^2 - 78^2 - 1000^2 + 2\times 78\times 1000\cos 180°}{2\times 1115\times 500} \approx 0.2970$$

计算得 $\angle BCD \approx 72.72°$。

代入教材式(2-7)得最小传动角

$$\gamma_{\min} = \angle BCD = 54.77°$$

2-8　设计一曲柄摇杆机构。已知摇杆长度 $l_3 = 100\text{mm}$，摆角 $\Psi = 30°$，摇杆的行程速度变化系数 $K = 1.2$。(1)用图解法确定其余三杆的尺寸；(2)用教材式(2-6)和式(2-7)计算机构最小传动角 $\gamma_{\min}$(若 $\gamma_{\min} < 35°$，则应另选铰链 A 的位置重新设计)。

解：根据已知行程速比系数：$K = \dfrac{180° + \theta}{180° - \theta} = 1.2$，可得极位夹角 $\theta = 16.36°$。

作图 2-2-12 所示，可得：$l_{BC} - l_{AB} = AC_1$，$l_{AB} + l_{BC} = AC_2$。

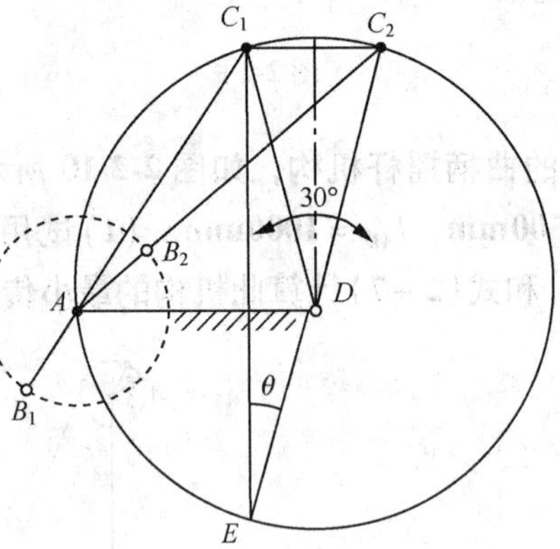

图 2-2-12

从图中量取 $AC_1 = 96\text{mm}$，$AC_2 = 144\text{mm}$，机架 $AD = 96\text{mm}$，联立上式可得曲柄和连杆长分别为

$$l_{AB} = 24\text{mm},\ l_{BC} = 120\text{mm}$$

代入教材式(2-6)可得最小传动角 $\gamma_{\min} = 41° > 35°$，满足要求。

2-9　设计一曲柄滑块机构，如图 2-2-13 所示。已知滑块的行程 $s=50mm$，偏距 $e=16mm$，行程速度变化系数 $K=1.2$，求曲柄和连杆的长度。

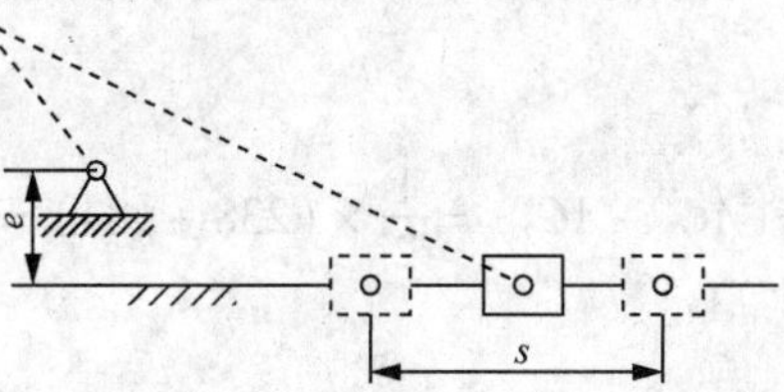

图 2-2-13

解：根据已知行程速比系数：$K=\dfrac{180°+\theta}{180°-\theta}=1.2$，可得极位夹角 $\theta=16.36°$。

作图如 2-2-14 所示，可得：$l_{BC}-l_{AB}=AC_1$，$l_{AB}+l_{BC}=AC_2$。

从图中量取 $AC_1=34mm$，$AC_2=82mm$，联立上式可得曲柄和连杆长分别为

$$l_{AB}=24mm,\quad l_{BC}=58mm$$

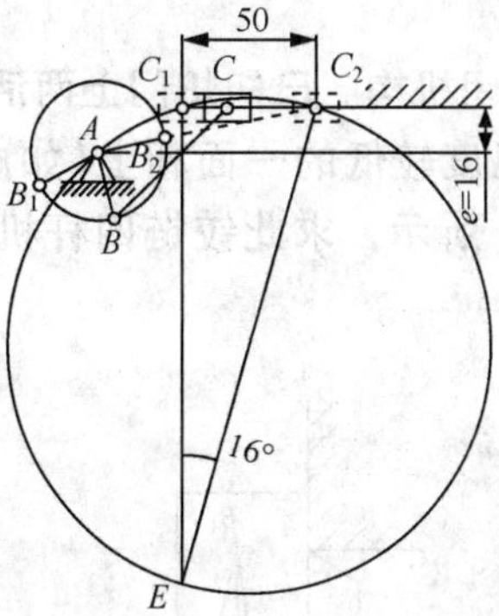

图 2-2-14

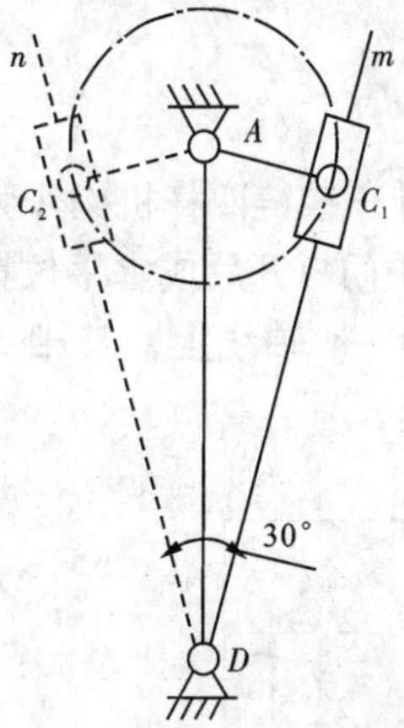

图 2-2-15

2-10　设计一摆动导杆机构。已知机架长度 $l_4=100mm$，行程速度变化系数 $K=1.4$，求曲柄长度。

解：根据已知行程速比系数 $K=\dfrac{180°+\theta}{180°-\theta}=1.4$，可得极位夹角 $\theta=30°$。

选取适当比例尺作图，如图 2-2-15 所示。由图中直接量取得到曲柄长 $l_{AB}=26mm$。

2-11　设计一曲柄摇杆机构，已知摇杆长度 $l_3=80mm$，摆角 $\Psi=40°$，摇杆的行程速度变化系数 $K=1$，且要求摇杆 CD 的一个极限位置与机架间的夹角 $\angle CDA=90°$，试用图解法确定其余三杆的长度。

解：作图步骤如下：

(1)先计算极位夹角

$$\theta=180°\frac{K-1}{K+1}=180°\times\frac{1-1}{1+1}=0°$$

(2)选取适当比例尺，作

$$\angle C_1DC_2=40°,\quad C_1D=C_2D=80mm$$

(3)作 $\angle C_1DA=90°$，DA 与 C_1C_2 的延长线交于点 A。

(4)由图中量取得到：$AC_1=238\text{mm}$，$AC_2=184\text{mm}$，机架 $AD=224\text{mm}$，计算得曲柄长度

$$l_1=\frac{1}{2}(AC_1-AC_2)=\frac{1}{2}\times(238-184)=27\text{mm}$$

连杆长度

$$l_2=\frac{1}{2}(AC_1+AC_2)=\frac{1}{2}\times(238+184)=211\text{mm}$$

作图如图 2-2-16 所示。

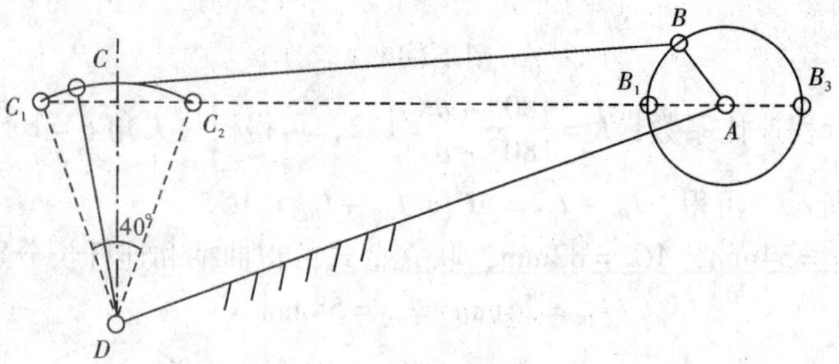

图 2-2-16

2-12　设计一铰链四杆机构作为加热炉炉门的启闭机构。已知炉门上两活动铰链的中心距为 50mm，炉门打开后成水平位置时，要求炉门温度较低的一面朝上(如虚线所示)，设固定铰链安装 $y-y$ 轴线上，其相关尺寸如图 2-2-17 所示，求此铰链四杆机构其余三杆的长度。

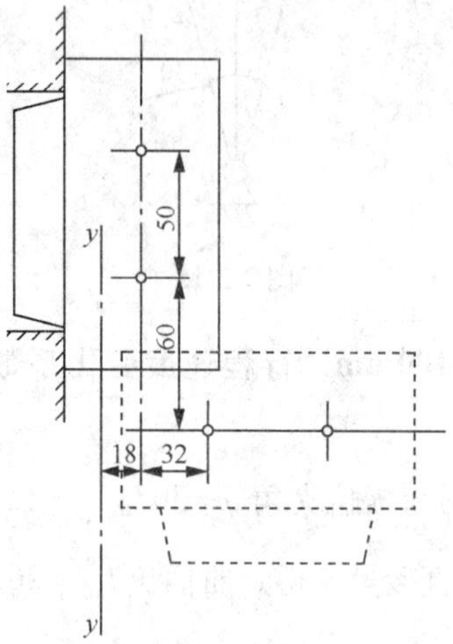

图 2-2-17

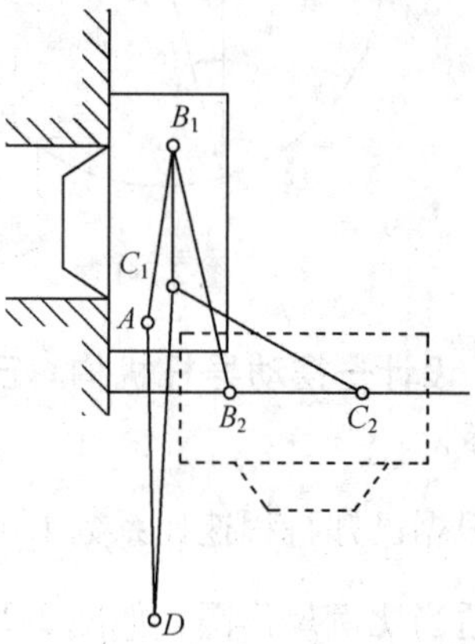

图 2-2-18

解： 用圆心法作该图，连接 B_1、B_2 两点，作 B_1B_2 中垂线交 $y-y$ 轴线于点 A，连接 C_1、C_2 两点，作 C_1C_2 中垂线交 $y-y$ 轴线于点 D，即得机构 AB_2C_2D，如图 2-2-18 所示。

由图中量取得到各杆长度：$l_{AB}=68\text{mm}$，$l_{AD}=96\text{mm}$，$l_{CD}=112\text{mm}$。

2-13　已知某操纵装置采用铰链四杆机构。要求两连杆的对应位置如图 2-2-19 所示，$\varphi_1=45°$，$\Psi_1=52°10'$；$\varphi_2=90°$，$\Psi_2=82°10'$；$\varphi_3=135°$，$\Psi_3=112°10'$，机架长度 $l_{AD}=50\text{mm}$，试用解析法求其余三杆长度。

解： 根据已知条件和教材式(2-10)可得

$$\cos45°=P_0\cos52°10'+P_1\cos(52°10'-45°)+P_2$$

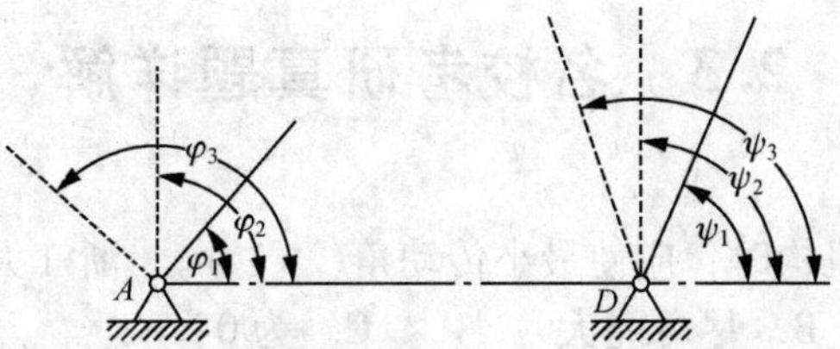

图 2-2-19

$$\cos 90° = P_0 \cos 82°10' + P_1 \cos(82°10' - 90°) + P_2$$
$$\cos 135° = P_0 \cos 112°10' + P_1 \cos(112°10' - 135°) + P_2$$

解得：$P_0 = 1.481$，$P_1 = -0.8012$，$P_2 = 0.5918$。

由教材式(2-8)可得各杆相对长度：$l_1 = 1$，$l_2 = 2.103$，$l_3 = 1.481$，$l_4 = 1.8484$。

又机架长度 $l_4 = l_{AD} = 50\text{mm}$，故比例尺 $= \dfrac{50}{1.8484} = 27.05$，计算得每个杆件的实际长度为

$$l_1 = 1 \times 27.05 = 27.05\text{mm}$$
$$l_2 = 2.103 \times 27.05 = 56.89\text{mm}$$
$$l_3 = 1.481 \times 27.05 = 40.06\text{mm}$$
$$l_4 = 50\text{mm}$$

2-14　如图 2-2-20 所示机构为椭圆仪中的双滑块机构，试证明当机构运动时，构件 2 的 *AB* 直线上的任一点(除 *A*、*B* 及 *AB* 的中点外)所画的轨迹为一椭圆。

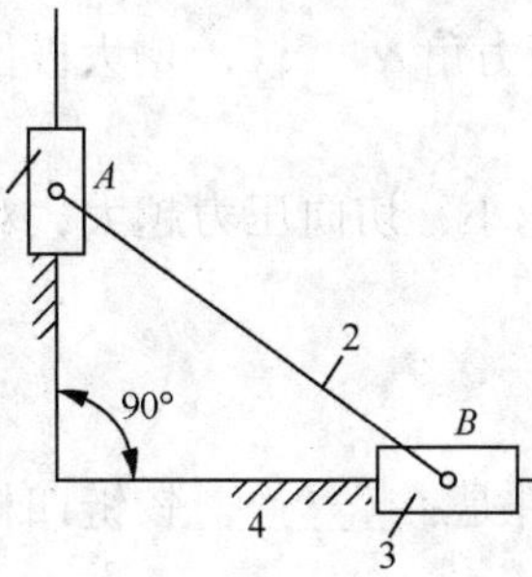

图 2-2-20

证明：如图 2-2-21 所示，取 AB 上除 A、B 及 AB 中点外任一点 $C(x, y)$，记 C 分 AB 两段长 $AC = a$，$CB = b$，则有：$\sin\theta = \dfrac{y}{b}$，$\cos\theta = \dfrac{x}{a}$。

将两式取平方和，则有：$\dfrac{y^2}{b^2} + \dfrac{x^2}{a^2} = \sin^2\theta + \cos^2\theta = 1$。

由此可知 C 点的运动轨迹为一椭圆。

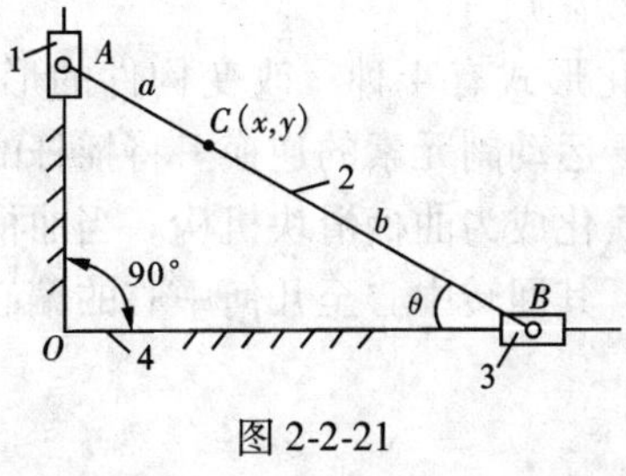

图 2-2-21

2.3 名校考研真题详解

一、选择题

1. 在设计铰链四杆机构时，应使最小传动角(　　)。[浙江大学 2013 研]

A. 尽可能小　　B. 尽可能大　　C. 为0°　　D. 为90°

【答案】B

【解析】传动角用来判断连杆机构的传力性能，传动角越大表示机构的传力性能越好。压力角是不计算摩擦力的情况下，受力方向和运动方向所夹的锐角。压力角越大，传动越困难。压力角的余角称为传动角。压力角越小，作用力沿速度方向的分力越大，即传动的力越大，机构的传动性能越好。

2. 四杆机构中是否存在死点取决于主动件作往复运动时，(　　)是否与连杆共线。[湘潭大学 2016 研]

A. 主动件　　B. 从动连架杆　　C. 摇杆　　D. 机架

【答案】B

【解析】四杆机构中，当连杆与从动连架杆共线时，机构的传动角 $\gamma=0°$，这时主动件通过连杆作用于从动件上的力恰好通过其回转中心，所以出现了不能使从动件转动的"顶死"现象，机构的这种位置称为死点。即死点位置为从动件与连杆共线的位置。

3. 在曲柄摇杆机构中，为提高机构的传力性能，应该(　　)。[常州大学 2019 年研]

A. 增大传动角 γ　　B. 增大压力角 α　　C. 增大极位夹角 θ

【答案】A

【解析】传动角越大，径向压力越小，切向压力越大，对机构的传动越有利。因此，增大传动角可以提高机构的传力性能。

二、填空题

1. 铰链四杆机构有整转副的条件是：______。铰链四杆机构的整转副是由______组成的。[厦门大学 2013 研]

【答案】最短杆与最长杆之和小于或等于其余两杆长度之和；最短杆与其相邻杆

【解析】此题考查铰链四杆机构有整转副的条件。需要注意与四杆机构有曲柄的条件进行区分，四杆机构有曲柄的条件为：①各杆的长度应满足杆长条件；②其最短杆为连架杆或机架。当最短杆为连架杆时，机构为曲柄摇杆机构；当最短杆为机架时，则为双曲柄机构。

2. 曲柄摇杆机构通过改变______可演化成曲柄滑块机构；而曲柄滑块机构则通过改变______可演化成偏心轮机构。[湘潭大学 2016 研]

【答案】构件相对尺寸；运动副尺寸

【解析】平面四杆机构的演化形式有 4 种：改变构件的形状和运动尺寸、改变运动副的尺寸、选用不同的构件为机架、运动副元素的逆换。将摇杆的长度增至无穷大，则曲线导轨将变成直线导轨，于是机构就演化成为曲柄滑块机构。当曲柄的尺寸较小时，将曲柄与连杆的运动副尺寸增大变成偏心盘，其回转中心至几何中心的偏心距等于曲柄的长度，即为偏心轮机构。

3. 曲柄摇杆机构的死点发生在______为主动件，且______的位置。[华中科技大学2012研]

【答案】摇杆；曲柄与连杆共线

【解析】本题考查曲柄摇杆机构的死点位置。以曲柄为主动件时，没有死点位置，只有以摇杆为主动件时，才存在死点位置。

4. 某曲柄摇杆机构的曲柄匀速转动，极位夹角 θ 为 30°，摇杆工作行程需时 7s。则摇杆空回行程需时______秒，曲柄每分钟转数是______转。[华中科技大学 2012 研]

【答案】5；5

【解析】机构的行程速度变化系数 $K=\dfrac{180°+\theta}{180°-\theta}=\dfrac{180°+30°}{180°-30°}=1.4$，即工作时间与空回时间之比为 1.4，则空回用时 5 秒，曲柄转一周用时 12 秒，每分钟转 5 转。

三、简答题

1. 如图 2-3-1 所示，试推导曲柄存在的条件。[厦门大学 2012 研]

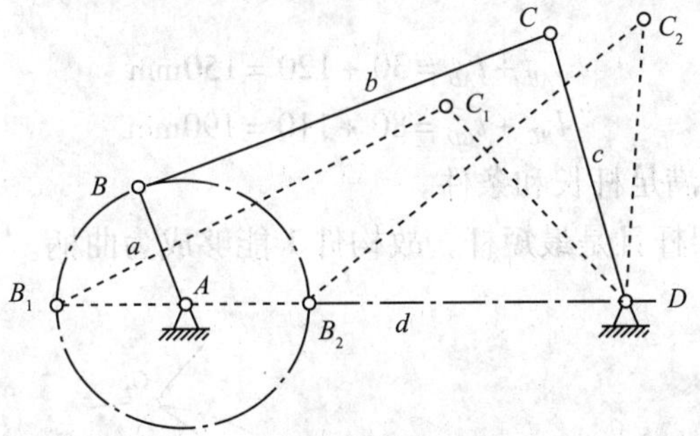

图 2-3-1

答：如图 2-3-1 所示，设四杆机构各杆长度分别为 a，b，c，d。设转动副 A 为周转副，则 AB 杆应能处于图中的任何位置。而当 AB 杆和 AD 杆两次共线时可分别得到 $\triangle DB_1C_1$ 和 $\triangle DB_2C_2$。有由三角形的边长和关系可得

$$a+d\leqslant b+c$$

$$b\leqslant(d-a)+c \text{ 即 } a+b\leqslant c+d$$

$$c\leqslant(d-a)+b \text{ 即 } a+c\leqslant b+d$$

将上述三式分别两两相加，得

$$2a\leqslant 2b$$

$$2a\leqslant 2c$$

$$2a\leqslant 2d$$

则得

$$a\leqslant b,\ a\leqslant c,\ a\leqslant d$$

即 a 杆应为最短杆。

分析上述式子，可得出转动副 A 为周转副的条件是：

(1) 最短杆长度 + 最长杆长度≤其余两杆长度之和。

(2) 组成周转副的两杆中必有一杆为最短杆，即最短杆为连架杆或机架。

2. 如图 2-3-2 所示铰链四杆机构中，已知

$$l_{AB}=30\text{mm}，l_{BC}=110\text{mm}，l_{CD}=80\text{mm}，l_{AD}=120\text{mm}$$

构件 1 为原动件。试分析：

(1)判断 1 能否成为曲柄。

(2)用作图法求出构件 3 的最大摆角 ψ_{max}。

(3)用作图法求出最小传动角 γ_{min}。

(4)当分别固定构件 1、2、3、4 时，各获得何种机构？［厦门大学 2013 研］

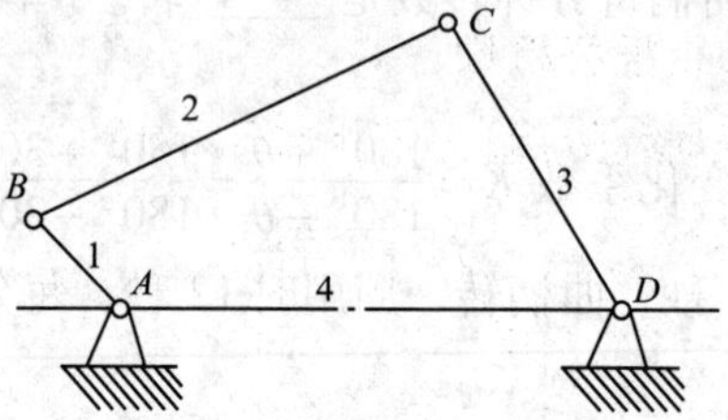

图 2-3-2

解：(1)由于

$$l_{AB}+l_{AD}=30+120=150\text{mm}$$

$$l_{BC}+l_{CD}=80+110=190\text{mm}$$

故 $l_{AB}+l_{AD}<l_{BC}+l_{CD}$满足杆长和条件。

又因为构件 1 是连架杆且是最短杆，故构件 1 能够成为曲柄。

(2)如图 2-3-3 所示：

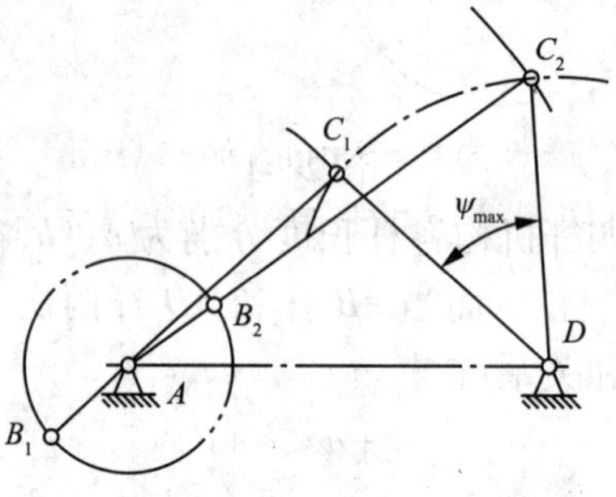

图 2-3-3

(3)如图 2-3-4 所示：

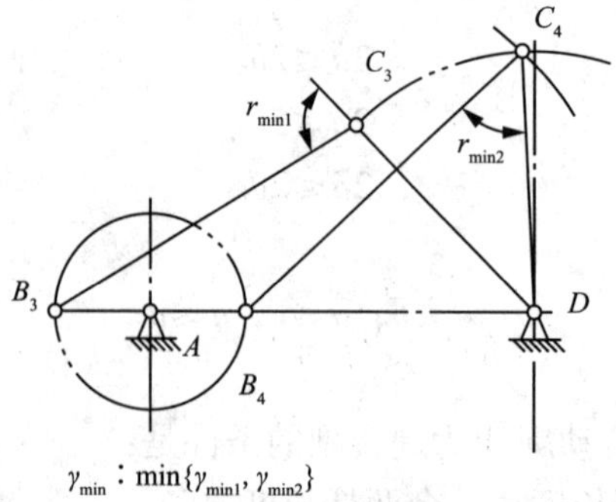

γ_{min}：$\min\{\gamma_{min1},\gamma_{min2}\}$

图 2-3-4

(4)当分别固定构件 1、2、3、4 时，各获得机构如下：

①固定构件 1 时，获得双曲柄机构；

②固定构件 2 时，获得曲柄摇杆机构；

③固定构件 3 时，获得双摇杆机构；

④固定构件 4 时，获得曲柄摇杆机构。

3. 现有四杆件，其长度分别为 $l_{AB}=350\text{mm}$，$l_{BC}=150\text{mm}$，$l_{CD}=320\text{mm}$，$l_{AD}=400\text{mm}$。若要获得一铰链四杆机构 *ABCD* 且满足下列要求，你将如何进行设计？请用机构运动简图表示出来，并说明设计理由。

(1)要求 *ABCD* 机构为曲柄摇杆机构；

(2)要求 *ABCD* 机构为双摇杆机构。［常州大学 2015 研］

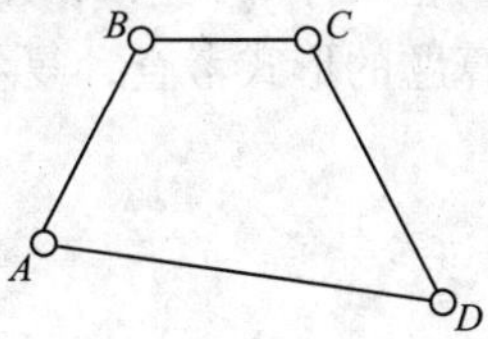

图 2-3-5

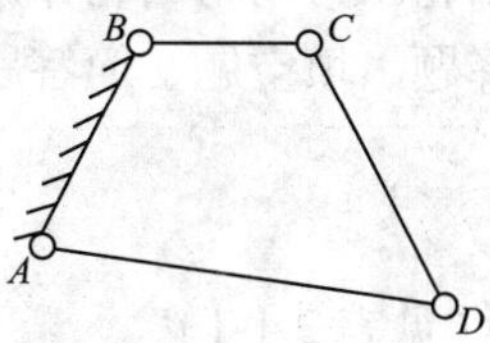

图 2-3-6

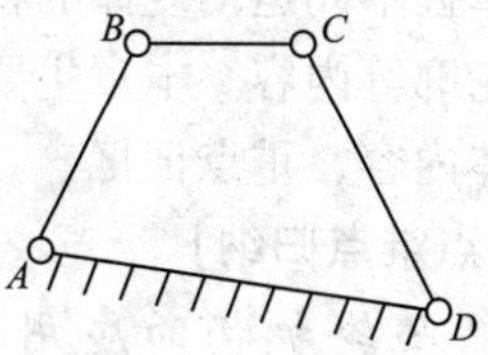

图 2-3-7

答：由于 $150+400=550\text{mm}<350+320=670\text{mm}$，故满足杆长和条件。

(1)若要 *ABCD* 机构为曲柄摇杆机构，则最短杆应当是连架杆，即杆 *BC* 为连架杆，不妨取 *AB* 杆为机架，其机构简图如图 2-3-6 所示。

(2)若要满足 *ABCD* 为双摇杆机构，则最短杆是连杆，即杆 *BC* 为连杆，杆 *AD* 为机架，其机构简图如图 2-3-7 所示。

四、计算题

若已知铰链四杆机构的两个杆长为 $a=9\text{mm}$，$b=11\text{mm}$，另外两个杆的长度之和 $c+d=25\text{mm}$，要求构成一曲柄摇杆机构，c、d 的长度(取整数)应为多少？［厦门大学 2011 研］

解：因为

$$\frac{c+d}{2}=12.5>b>a$$

所以最长杆为 c 杆或 d 杆，最短杆为 a 杆。

设最长杆为 x，则由杆长条件有

$$9+x\leqslant 25-x+11$$

解得：$x\leqslant 13.5$。

又因为

$$x\geqslant 25-x$$

所以

$$12.5\leqslant x\leqslant 13.5$$

则最长杆为 13mm，所以，c、d 的长度分别为 13mm、12mm。

第 3 章　凸轮机构

3.1　复习笔记

【通关提要】

本章主要介绍了凸轮机构的常用运动规律、凸轮压力角以及图解法设计凸轮轮廓。学习时需要掌握不同运动规律的特点、凸轮压力角与凸轮作用力和凸轮尺寸的关系以及图解法设计凸轮轮廓等内容。本章主要以选择题、填空题、简答题和计算题的形式考查，复习时需把握其具体内容，重点记忆。

【重点难点归纳】

一、凸轮机构的应用和类型（见表 3-1-1）

表 3-1-1　凸轮机构的应用和类型

要点	主要内容
基本组成	由凸轮、从动件和机架组成
分类	①按凸轮形状的不同可分为盘形凸轮、移动凸轮和圆柱凸轮。 ②按从动件形式的不同可分为尖顶从动件、滚子从动件和平底从动件
优缺点	①优点：可以实现各种复杂的运动要求，且结构简单，设计方便。 ②缺点：凸轮为高副接触（点或线），压力较大，且易磨损；凸轮轮廓加工困难，费用较高

二、从动件的运动规律

1. 基本概念（见图 3-1-1）

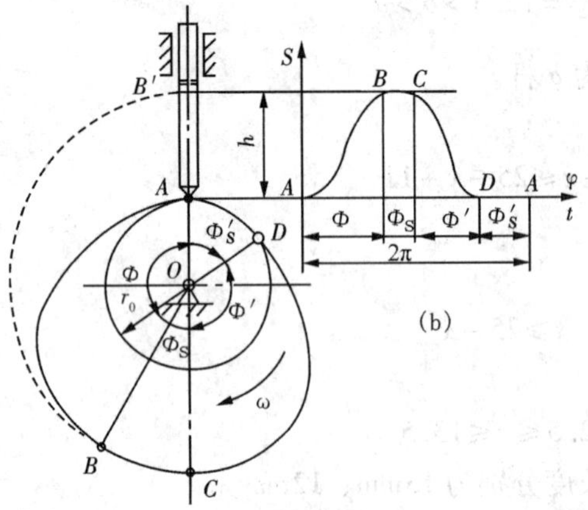

符号	名称
r_0	基圆半径
点 $A \to B'$	推程
h	从动件的升程
Φ	推程运动角
Φ_s	远休止角
点 $B' \to A$	回程
Φ'	回程运动角
Φ'_s	近休止角

图 3-1-1　凸轮轮廓与从动件位移线图

2. 推杆的运动规律(见表 3-1-2)

表 3-1-2 推杆的运动规律

	从动件的运动线图	运动规律	冲击	应用
等速运动	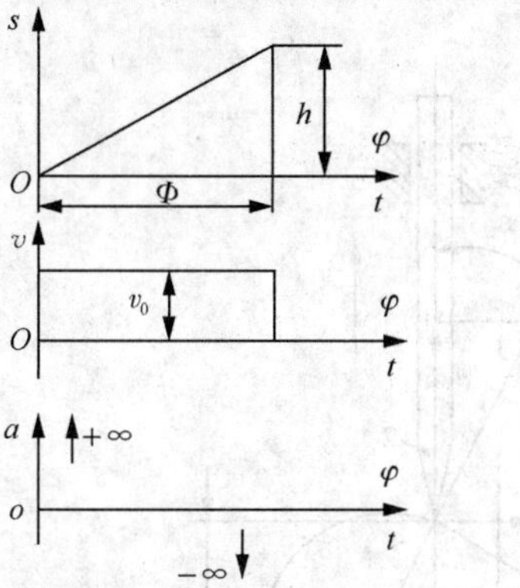	运动开始和终止时，从动件速度发生突变，加速度趋近无穷大	刚性冲击	不宜单独使用
简谐运动	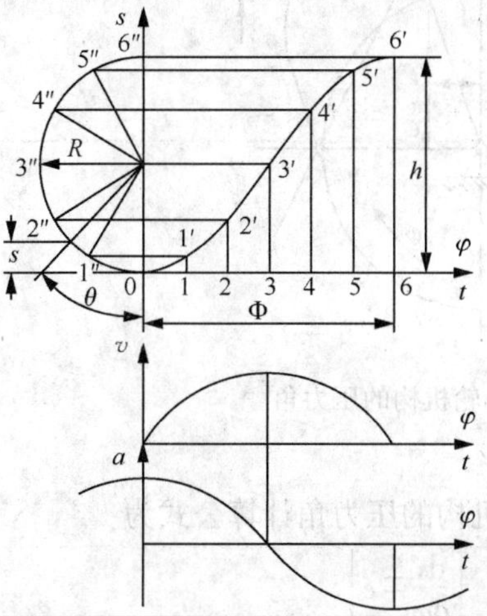	运动开始和运动终止时，加速度出现有限值突变	柔性冲击	只宜用于中、低速凸轮机构
正弦加速度运动	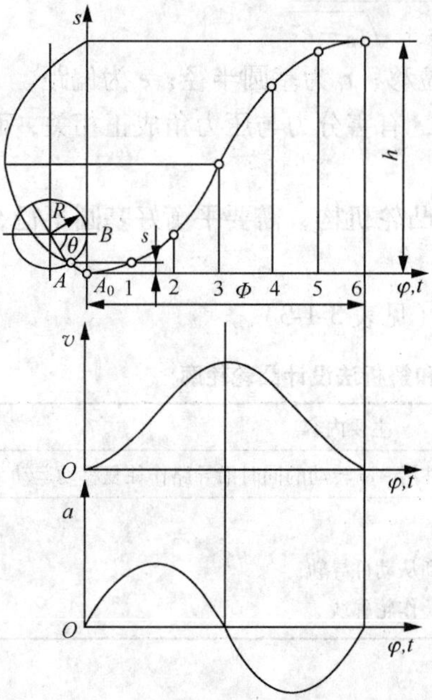	无速度突变，也没有加速度突变	不产生刚性或柔性冲击	可用于高速凸轮机构

三、凸轮机构的压力角

1. 压力角与作用力的关系

$$F'' = F'\tan\alpha$$

式中，F''为有害分力；F'为有用分力。

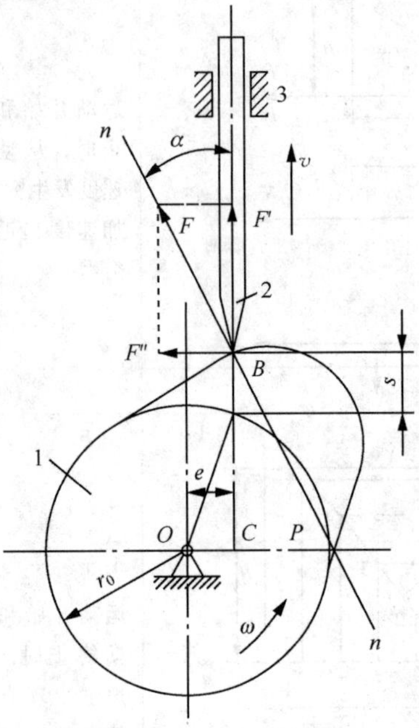

图 3-1-2　凸轮机构的压力角

2. 压力角与凸轮机构尺寸的关系

如图 3-1-2 所示，直动从动件盘形凸轮机构的压力角计算公式为

$$\tan\alpha = \frac{\left|\frac{ds}{d\varphi} \mp e\right|}{s + \sqrt{r_0^2 - e^2}}$$

式中，s 为对应凸轮转角 φ 的从动件的位移；r_0为基圆半径；e 为偏距。

从以上两式可以得出：有用分力一定时，有害分力与压力角成正相关，而压力角不仅与基圆半径成负相关，与偏距也有一定关系。

所以要想得到一个高效率、结构紧凑的凸轮机构，需要平衡好基圆半径、压力角和偏距三者的取值。

四、图解法和解析法设计凸轮轮廓(见表 3-1-3)

表 3-1-3　图解法和解析法设计凸轮轮廓

要点	主要内容	
图解法	反转法	凸轮保持相对静止，从动件沿 $-\omega$ 转动的同时沿导路作往复移动运动
	步骤	①确定位移曲线，并等分。 ②作基圆，并等分基圆得到从动件导轨。 ③量取从动件相应的位移，作轮廓线

续表

要点	主要内容		
解析法	滚子直动从动件盘形凸轮	极坐标方程	$\rho_T = \sqrt{\rho^2 + r_T^2 - 2\rho r_T \cos\lambda}$ $\theta_T = \theta + \delta$
		直角坐标方程	$x' = \rho_T \cos(\theta_T + \beta_0)$ $y' = \rho_T \sin(\theta_T + \beta_0)$
	平底直动从动件盘形凸轮	极坐标方程	$\rho_T = \sqrt{\left(\frac{ds}{d\varphi}\right)^2 + (r_0 + s)^2}$ $\theta_T = \varphi + \beta$
		直角坐标方程	$x' = \rho_T \cos\theta_T = \rho_T \cos(\varphi + \beta) = \rho_T \cos\beta\cos\varphi - \rho_T \sin\beta\sin\varphi$ $y' = \rho_T \sin\theta_T = \rho_T \sin(\varphi + \beta) = \rho_T \cos\beta\sin\varphi - \rho_T \sin\beta\cos\varphi$

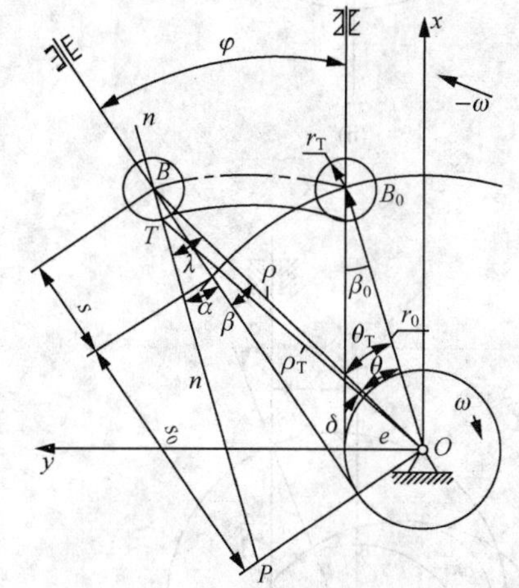

图 3-1-3　滚子直动从动件盘形凸轮轮廓

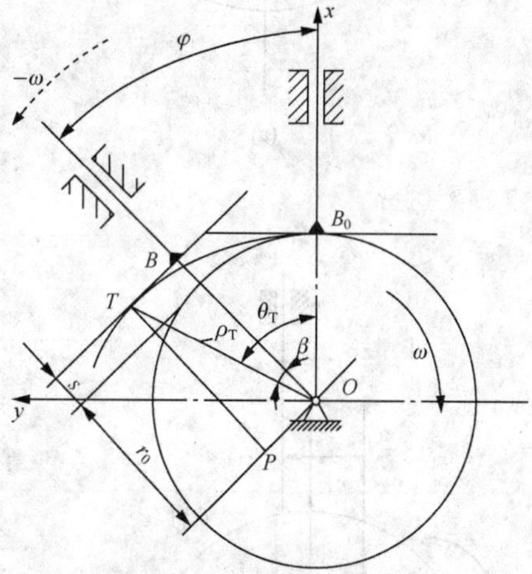

图 3-1-4　平底直动从动件盘形凸轮——极坐标

3.2　课后习题详解

3-1　图 3-2-1 所示为一偏置直动从动件盘形凸轮机构，凸轮为圆心位于 G 的偏心圆盘，转向见图。已知：$R = 30\text{mm}$，$l_{OG} = 10\text{mm}$，偏距 $e = 15\text{mm}$。(1)选择比例尺，绘制 OG 垂直于从动件移动方向时的机构位置图；(2)画出凸轮的基圆，标出基圆半径 r_0；(3)标出凸轮的推程运动角 Φ 和回程运动角 Φ'；(4)标出从动件推程开始时的压力角 α_b 和推程结束时的压力角 α_e。

图 3-2-1

解：(1) OG 垂直于从动件移动方向时的机构位置图如下图 3-2-2 所示。

(2)凸轮的基圆 r_0 如下图 3-2-3 所示。

(3)凸轮的推程运动角 Φ 和回程运动角 Φ' 如下图 3-2-3 所示。

(4)从动件推程开始时的压力角 α_b 和推程结束时的压力角 α_e 如下图 3-2-4 所示。

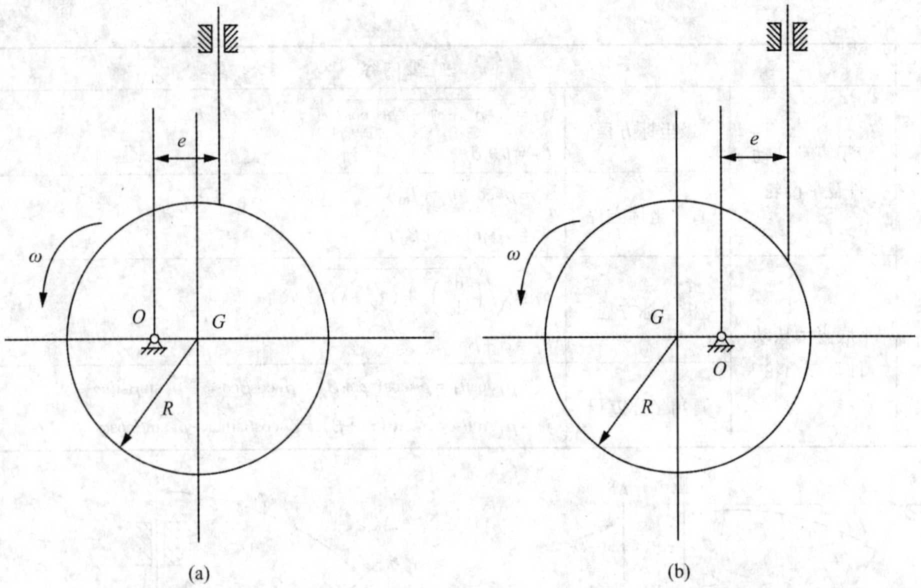

图 3-2-2

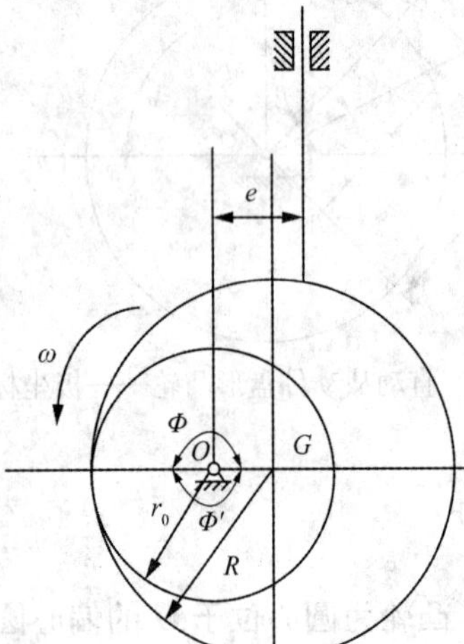

图 3-2-3

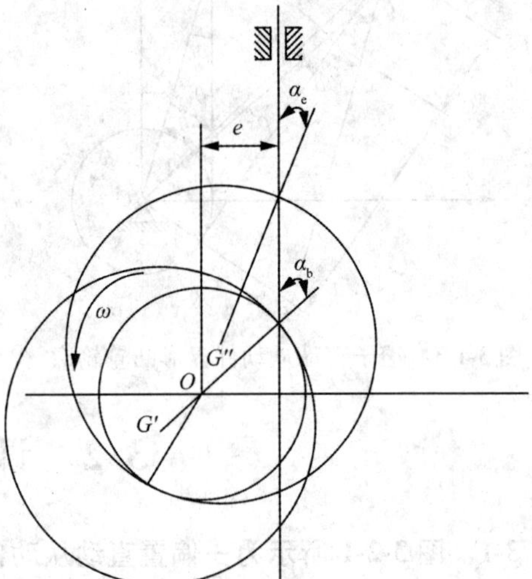

图 3-2-4

3-2　图 3-2-5 所示为滚子接触摆动从动件盘形凸轮机构，凸轮 1 为圆心位于 G 的偏心圆盘，转向见图。已知：$R=25$mm，$l_{OG}=10$mm，$l_{OA}=50$mm，$l_{AB}=40$mm，滚子半径 $r_T=5$mm。（1）选择比例尺，绘制 $\angle AOG=30°$ 时的机构位置图；（2）画出凸轮的基圆，标出基圆半径 r_0；（3）标出凸轮的推程运动角 Φ 和回程运动角 Φ'；（4）标出图示位置从动件 2 的压力角 α。

解：$\angle AOG=30°$时的机构位置、凸轮的基圆 r_0、推程运动角 Φ 和回程运动角 Φ'、从动件 2 的压力角 α 如下图 3-2-6 所示。

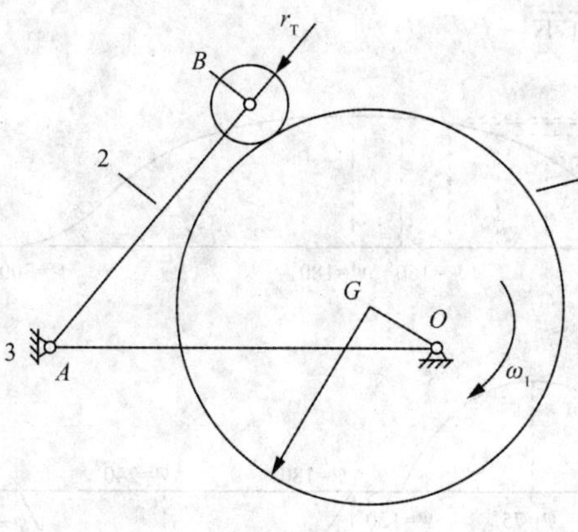

图 3-2-5

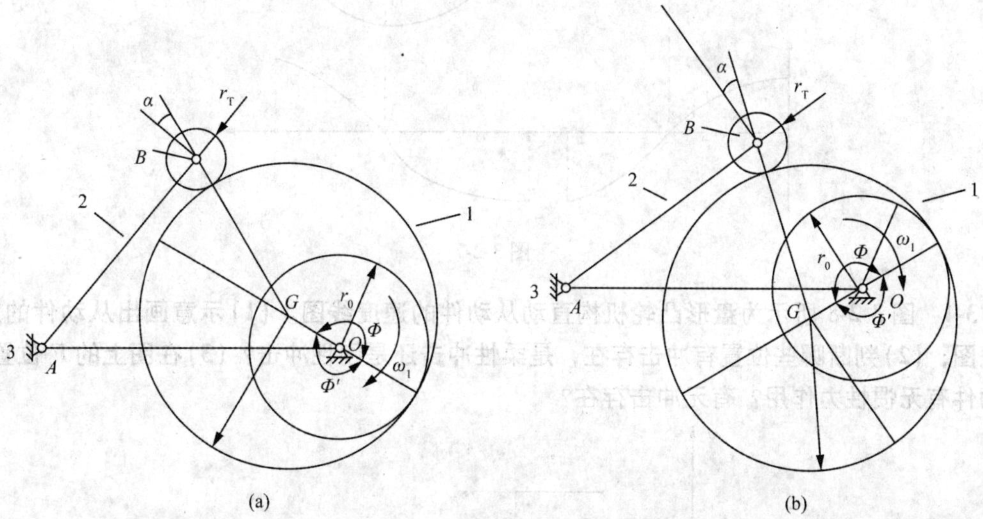

图 3-2-6

3-3　已知直动从动件升程 $h=30\text{mm}$，$\Phi=150°$，$\Phi_s=30°$，$\Phi'=120°$，$\Phi_s'=60°$，从动件在推程和回程均作简谐运动，试运用作图法或公式绘出其运动线图 $s-t$、$v-t$ 和 $a-t$。

解：(1)推程段运动规律的位移、速度、加速度如下

$$\begin{cases} s_1=\dfrac{h}{2}\left[1-\cos\left(\dfrac{\pi}{\Phi}\varphi\right)\right] \\ v_1=\dfrac{\pi h\omega}{2\Phi}\sin\left(\dfrac{\pi}{\Phi}\varphi\right) \\ a_1=\dfrac{\pi^2 h\omega^2}{2\Phi}\cos\left(\dfrac{\pi}{\Phi}\varphi\right) \end{cases}\qquad 0°\leqslant\varphi\leqslant150°$$

(2)回程：简谐运动规律的位移、速度、加速度如下

$$\begin{cases} s_2=\dfrac{h}{2}\left[1+\cos\left(\dfrac{\pi}{\Phi'}\varphi\right)\right] \\ v_2=-\dfrac{\pi h\omega}{2\Phi'}\sin\left(\dfrac{\pi}{\Phi'}\varphi\right) \\ a_2=-\dfrac{\pi^2 h\omega^2}{2\Phi'^2}\cos\left(\dfrac{\pi}{\Phi'}\varphi\right) \end{cases}\qquad 0°\leqslant\varphi\leqslant120°$$

作图，图形如图 3-2-7 所示。

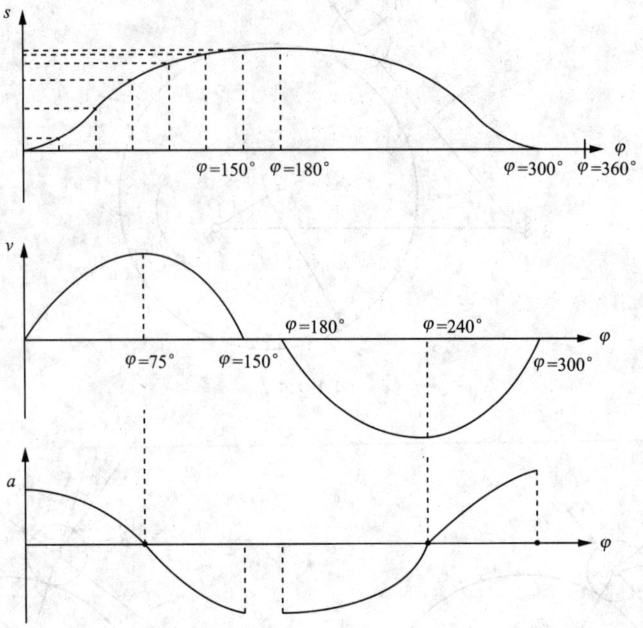

图 3-2-7

3-4　图 3-2-8 所示为盘形凸轮机构直动从动件的速度线图。(1) 示意画出从动件的加速度线图；(2) 判断哪些位置有冲击存在，是柔性冲击还是刚性冲击？(3) 在图上的 *F* 位置时，从动件有无惯性力作用？有无冲击存在？

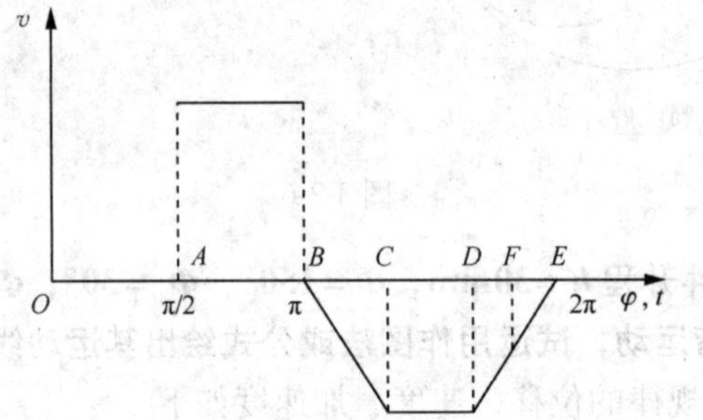

图 3-2-8

解：(1) 可依据 $a=\frac{dv}{dt}$ 来画出从动件的加速度线图，如图 3-2-9 所示。

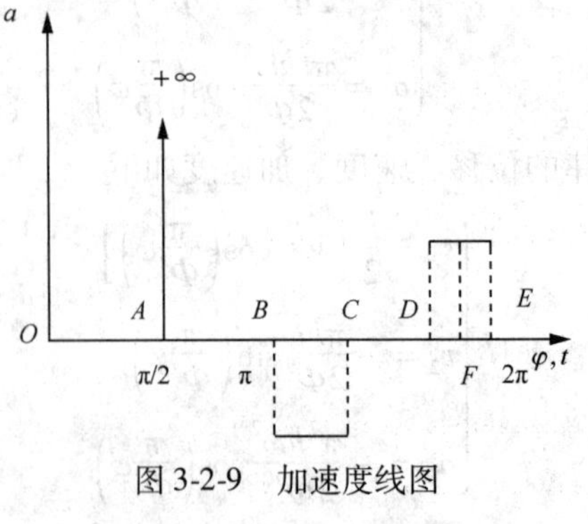

图 3-2-9　加速度线图

(2)根据 $a-t$ 图，可知，A 点存在刚性冲击，B、C、D、E 点存在柔性冲击。

(3)在 F 点处，存在加速度，故有惯性力；加速度为恒值，故不存在冲击。

3-5　在图 3-2-10(a)所示对心尖顶直动从动件凸轮机构中，凸轮为偏心圆盘，O 为凸轮几何中心，O_1 为凸轮转动中心，直线 $AC \perp BD$，$O_1O = OA/2$，圆盘半径 $R = 60$mm。(1)求凸轮基圆半径 r_0，从动件升程 h，从动件尖顶与凸轮轮廓接触与 C 点时的压力角 α_C、接触于 D 点时的压力角 α_D 和从动件 h_D；(2)若将图 3-2-10(a)中的从动件由尖顶改为滚子(图 3-2-10(b))，滚子半径 $r_T = 10$mm，试求凸轮机构的上述参数 r_0、h、α_c 和 α_D、h_D，并分别比较由尖顶改为滚子时上述参数的变化情况。

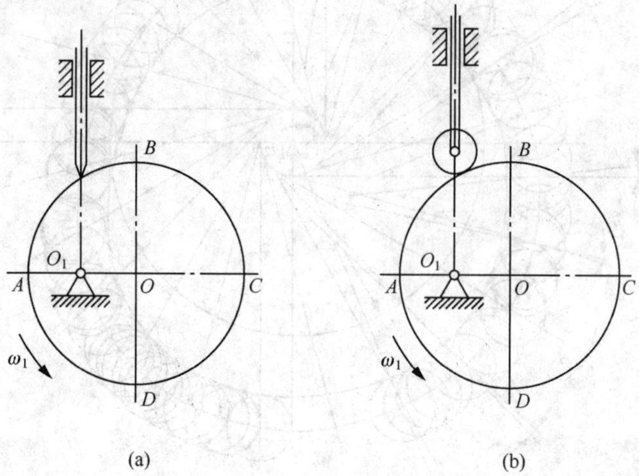

图 3-2-10

解：(1)基圆是以 O_1 为圆心，其半径为 $r_0 = O_1A = 30$mm。

由图可知，行程即为 $h = O_1C - O_1A$，故有 $h = 60$mm。

C 点的压力角为

$$\alpha_C = 0°$$

D 点的位移为

$$h_D = O_1D - O_1A = \sqrt{30^2 + 60^2} - 30 \approx 37.1\text{mm}$$

D 点的压力角为

$$\alpha_D = \arctan\frac{OO_1}{OD} = \arctan 0.5 \approx 26.57°$$

(2)从动件由尖底改为滚子后，基圆半径变大为

$$r_0 = O_1A + r_T = 40\text{mm}$$

行程 h、C 点压力角 α_C 则不变化。

D 处的位移和压力角两者均减小为

$$h_D = \sqrt{30^2 + (60+10)^2} - 40 \approx 36.16\text{mm}$$

$$\alpha_D = \arctan\frac{30}{60+10} \approx 23.2°$$

图 3-2-11

3-6　设计图 3-2-11 所示偏置直动滚子从动件盘形凸轮。已知凸轮以等角速度顺时针方向回转，偏距 $e = 10$mm，凸轮基圆半径 $r_0 = 60$mm，

滚子半径 $r_T=10mm$，从动件的升程及运动规律与题 3－3 相同，试用图解法绘出凸轮的轮廓并校核推程压力角。

解： 取适当比例尺作图，如图 3-2-12 所示。

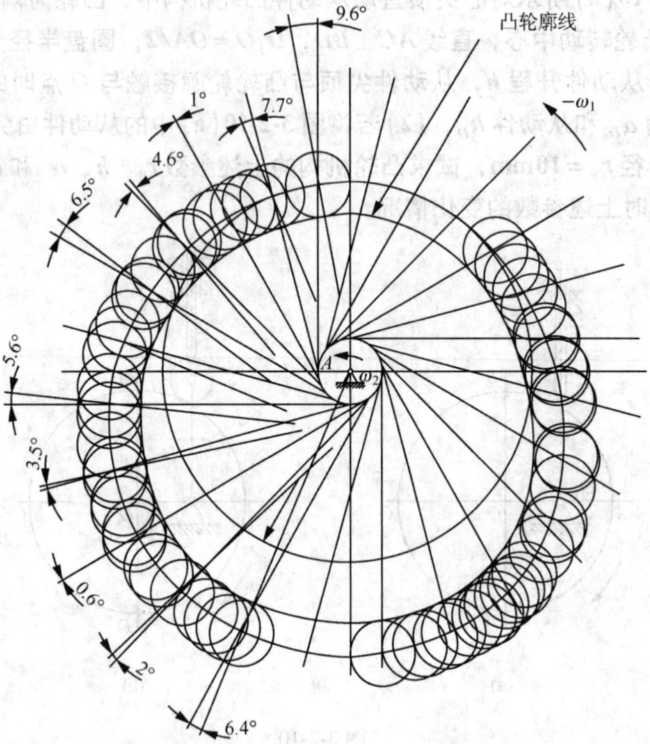

图 3-2-12

由图量得凸轮机构最大压力角发生在推程开始处，且 $\alpha_{max}=9.6°<[\alpha]=30°$，满足要求。

3-7　已知条件同题 3-6，试用解析法通过计算机辅助设计求出凸轮理论轮廓和实际轮廓上各点的坐标值（每隔 2°计算一点），推程 a_{max} 的数值，并打印凸轮轮廓。

解：（1）计算推杆的位移并对凸轮转角求导

①简谐规律上升阶段，$h=30mm$。

对应的位移 $s=\frac{h}{2}\left[1-\cos\left(\frac{\pi\varphi}{\Phi}\right)\right]$，$\left(0\leqslant\varphi\leqslant\frac{5\pi}{6}\right)$，求导得

$$\frac{ds}{d\varphi}=\frac{15\pi}{\Phi}\sin\left(\frac{\pi\varphi}{\Phi}\right)=18\sin\left(\frac{6\varphi}{5}\right),\ \left(0\leqslant\varphi\leqslant\frac{5\pi}{6}\right)$$

②远休阶段，$s=30mm$，$\left(\frac{5\pi}{6}\leqslant\varphi\leqslant\pi\right)$，求导得

$$\frac{ds}{d\varphi}=0,\ \left(\frac{5\pi}{6}\leqslant\varphi\leqslant\pi\right)$$

③按简谐运动规律下降阶段，$s=\frac{h}{2}\left[1+\cos\frac{\pi}{\Phi'}(\varphi-\pi)\right]$，$\left(\pi\leqslant\varphi\leqslant\frac{5\pi}{3}\right)$，求导得

$$\frac{ds}{d\varphi}=-\frac{15\pi}{\Phi'}\sin\left[\frac{\pi}{\Phi'}(\varphi-\pi)\right]=-9\sin\left[\frac{3}{5}(\varphi-\pi)\right],\ \left(\pi\leqslant\varphi\leqslant\frac{5\pi}{3}\right)$$

④从动件近休阶段，$s=0$，$\left(\frac{5\pi}{3}\leqslant\varphi\leqslant 2\pi\right)$，求导得

$$\frac{ds}{d\varphi}=0,\left(\frac{5\pi}{3}\leqslant\varphi\leqslant 2\pi\right)$$

(2)计算凸轮的理论廓线和实际廓线

凸轮理论廓线上滚子中心 B 点的直角坐标为

$$x=(s_0+s)\cos\varphi-e\sin\varphi$$

$$y=(s_0+s)\sin\varphi+e\cos\varphi$$

其中

$$s_0=\sqrt{r_0^2-e^2}=\sqrt{60^2-10^2}=59.2\text{mm}$$

凸轮实际廓线的方程，点 B' 的坐标方程式为

$$x'=x-r_r\cos\theta=x-10\cos\theta$$

$$y'=y-r_r\sin\theta=y-10\sin\theta$$

其中，$\theta=\varphi+\beta-\beta_0$，$\tan\beta=\frac{e}{s_0+s}$，$\tan\beta_0=\frac{e}{s_0}$；求得，$\beta_0=9.594°$。

由以上公式可得理论廓线和实际廓线的直角坐标，计算结果如表 3-2-1 所示。

表 3-2-1

φ	x'	y'	φ	x'	y'
0°	49. 2000	−9. 9987	180°	−79. 2156	9. 4421
10°	47. 0371	−1. 2375	190°	−75. 6762	−4. 3619
20°	44. 0189	7. 9083	200°	−68. 9462	−17. 5089
30°	40. 0511	17. 4391	210°	−59. 5449	−29. 1829
40°	34. 9814	27. 2539	220°	−48. 2120	−38. 7839
50°	28. 6439	37. 1280	230°	−35. 8002	−45. 9899
60°	20. 9098	46. 7107	240°	−23. 1525	−50. 7712
70°	11. 7382	55. 5439	250°	−10. 9880	−53. 3527
80°	1. 2167	63. 1017	260°	0. 1856	−54. 1362
90°	−10. 4128	68. 8438	270°	10. 1149	−53. 5941
100°	−22. 7501	72. 2782	280°	18. 7949	−52. 1587
110°	−35. 2547	73. 0230	290°	26. 4135	−50. 1281
120°	−47. 2861	70. 8594	300°	33. 2613	−47. 6078
130°	−58. 1600	65. 7683	310°	39. 2866	−44. 1165
140°	−67. 2153	57. 9441	320°	44. 1181	−39. 2846
150°	−73. 8817	47. 7849	330°	47. 6091	−33. 2592
160°	−78. 0493	35. 9660	340°	49. 6535	−26. 2231
170°	−79. 8455	23. 0543	350°	50. 1892	−18. 3903
180°	−79. 2156	9. 4421	360°	49. 2000	−9. 9987

3-8 在图 3-2-13 所示自动车床控制刀架移动的滚子摆动从动件凸轮机构中，已知 $l_{OA}=60\text{mm}$，$l_{AB}=36\text{mm}$，$r_0=35\text{mm}$，$r_T=8\text{mm}$。从动件的运动规律如下：当凸轮以等角速度 ω 逆时针方向回转 150°时，从动件以简谐运动向上摆 15°；当凸轮自 150°转到 180°时，从动件停止不动；当凸轮自 180°转到 300°时，从动件以简谐运动摆回原处；当凸轮自 300°转到 360°时，从动件又停止不动。试绘制凸轮的轮廓。

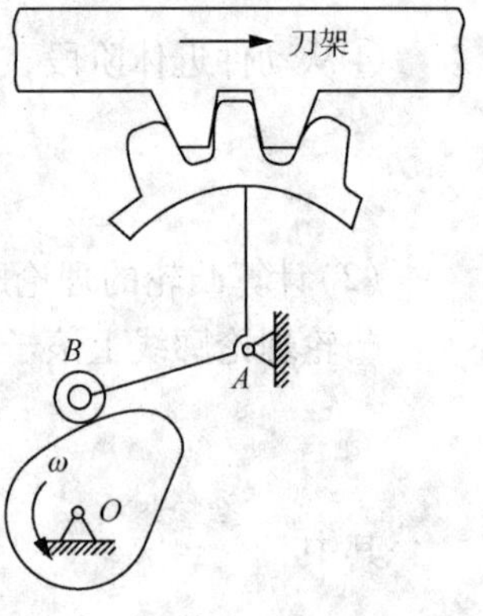

图 3-2-13

解：如图 3-2-14(a)所示从动件的位移图，纵坐标为从动件的角位移 Φ，横坐标为凸轮转角 δ。

从动件在推程及回程段运动规律的角位移方程为：

(1)推程，按简谐运动规律上升：$\Phi=\Phi_{max}[1-\cos(\pi\delta/\delta_0)]/2$，$(0°\leqslant\delta\leqslant150°)$；其中，$\delta_0=150°$。

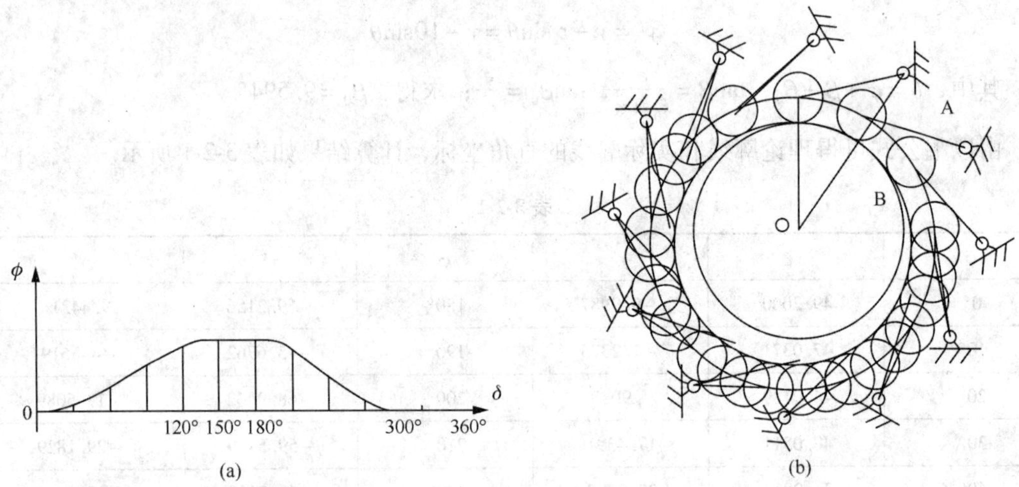

图 3-2-14

(2)远休，$\Phi=15°$，$(150°\leqslant\delta\leqslant180°)$；

(3)回程，简谐规律下降：$\Phi=\Phi_{max}\{1+\cos\pi[(\delta-\pi)/\delta_0']\}/2$，$(180°\leqslant\delta\leqslant300°)$；其中，$\delta_0'=120°$。

(4)近休，$\Phi=0°$，$(300°\leqslant\delta\leqslant360°)$。

计算各分点的位移如表 3-2-2 所示。

表 3-2-2

总转角(°)	0	30	60	90	120	150
角位移(°)	0	1.432	5.182	9.818	13.568	15
总转角(°)	180	210	240	270	300	330
角位移(°)	15	12.803	7.5	2.197	0	0

3-9 设计一平底直动从动件盘形凸轮机构。已知凸轮以等角速度 ω 逆时针方向回转，凸轮的基圆半径 $r_0=40\text{mm}$，从动件升程 $h=10\text{mm}$，$\Phi=120°$，$\Phi_s=30°$，$\Phi'=120°$，$\Phi_s'=90°$，从动件在推程和回程均作简谐运动。试绘出凸轮的轮廓。

解： 如图 3-2-15(a)所示从动件的位移图，纵坐标为从动件的角位移 s，横坐标为凸轮转角 δ。

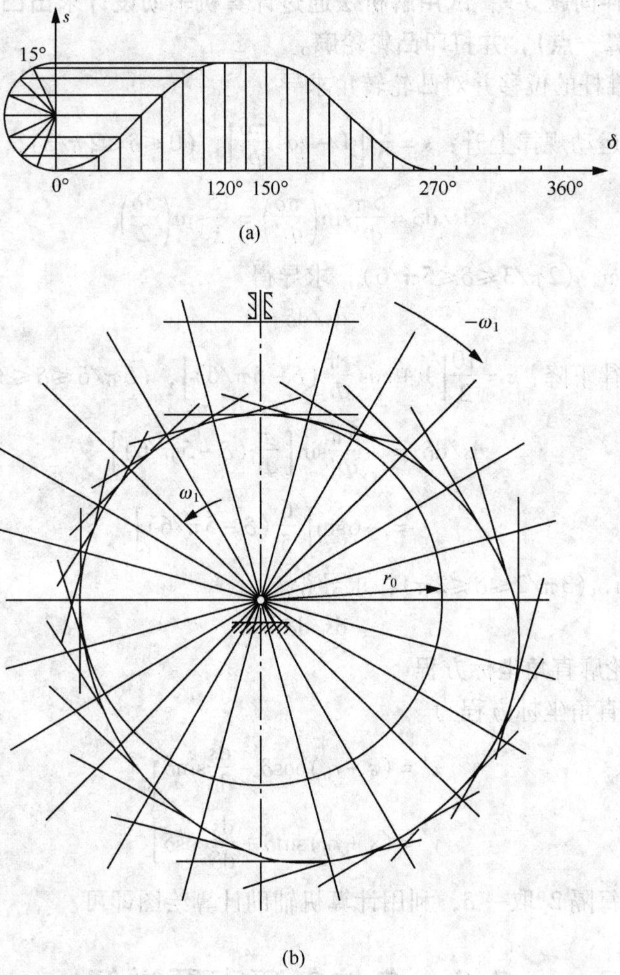

图 3-2-15

从动件在推程及回程段运动规律的角位移方程为：

(1) 推程，按简谐运动规律上升：$s=\dfrac{h}{2}\left[1-\cos\dfrac{\pi\delta}{\Phi}\right]$，$(0°\leqslant\delta\leqslant120°)$；

(2) 回程，简谐规律下降：$s=\dfrac{h}{2}\left[1+\cos\dfrac{\pi\delta}{\Phi'}\right]$，$(0°\leqslant\delta\leqslant120°)$。

计算各分点的位移值如表 3-2-3 所示。

表 3-2-3

总转角(°)	0	15	30	45	60	75	90	105
位移(mm)	0	0. 761	2. 929	6. 173	10	13. 827	17. 071	19. 239
位移(mm)	20	20	20	19. 239	17. 071	13. 827	10	6. 173
总转角(°)	120	135	150	165	180	195	210	225
总转角(°)	240	255	270	285	300	315	330	345
位移(mm)	2. 929	0. 761	0	0	0	0	0	0

以光滑曲线连的包络线，即得凸轮的轮廓曲线，如图3-2-15(b)所示。

3-10　已知条件同题3-9，试用解析法通过计算机辅助设计求出凸轮实际轮廓上各点的坐标值(每隔2°计算一点)，并打印凸轮轮廓。

解：(1)计算推杆的位移并对凸轮转角求导

推程，按简谐运动规律上升：$s=\frac{10}{2}\left[1-\cos\frac{\pi\delta}{\Phi'}\right]$，$(0\leqslant\delta\leqslant 2\pi/3)$，求导得

$$\mathrm{d}s/\mathrm{d}\delta=\frac{5\pi}{\Phi'}\sin\left(\frac{\pi\delta}{\Phi'}\right)=\frac{15}{2}\sin\left(\frac{3\delta}{2}\right)$$

远休：$s=10\mathrm{mm}$，$(2\pi/3\leqslant\delta\leqslant 5\pi/6)$；求导得

$$\mathrm{d}s/\mathrm{d}\delta=0$$

回程，简谐规律下降：$s=\frac{10}{2}\left[1+\cos\frac{\pi}{\Phi'}(\delta-5\pi/6)\right]$，$(5\pi/6\leqslant\delta\leqslant 3\pi/2)$；

$$\begin{aligned}\mathrm{d}s/\mathrm{d}\delta&=-\frac{5\pi}{\Phi'}\sin\left[\frac{\pi}{\Phi'}(\delta-5\pi/6)\right]\\&=-6\sin\left[\frac{6}{5}(\delta-5\pi/6)\right]\end{aligned}$$

远休：$s=0\mathrm{mm}$，$(3\pi/2\leqslant\delta\leqslant 2\pi)$；求导得

$$\mathrm{d}s/\mathrm{d}\delta=0$$

(2)凸轮实际轮廓直角坐标方程

凸轮实际轮廓直角坐标方程为

$$\left.\begin{aligned}x'&=(s+r_0)\cos\delta-\frac{\mathrm{d}s}{\mathrm{d}\delta}\sin\delta\\y'&=(s+r_0)\sin\delta+\frac{\mathrm{d}s}{\mathrm{d}\delta}\cos\delta\end{aligned}\right\}$$

将上式代入，每隔2°取一δ，利用计算机辅助计算绘图即可。

3.3　名校考研真题详解

一、选择题

1. 与螺旋传动相比，凸轮传动机构最大的优点是(　　)。[浙江大学2012研]

A. 制造方便　　B. 可实现各种预期的运动规律

C. 便于润滑　　D. 能输出较大的力

【答案】B

【解析】凸轮机构结构简单、紧凑，能方便地设计凸轮轮廓以实现从动件预期的运动规律。

2. 在凸轮机构中，从动件采用等速运动规律，则产生(　　)。[浙江大学2013研]

A. 刚性冲击　　B. 柔性冲击　　C. 高频冲击　　D. 低频冲击

【答案】A

【解析】在凸轮机构中，若从动件的运动速度有突变则会产生刚性冲击，若从动件的加速度有突变则会产生柔性冲击。因此从动件采用等速运动会产生刚性冲击，从动件采用等加速等减速运动或简谐运动会产生柔性冲击，从动件采用正弦加速度运动规律则没有冲击。

3. (　　)盘形凸轮机构的压力角恒等于常数。[浙江大学 2013 研]

A. 摆动尖底推杆　　B. 直动滚子推杆

C. 摆动平底推杆　　D. 摆动滚子推杆

【答案】C

【解析】摆动平底推杆所受的力和其速度的夹角不变，所以摆动平底推杆盘形凸轮机构的压力角恒为常数。

4. 直动盘形凸轮机构中从动件采用余弦加速运动规律时，会产生(　　)冲击。[湘潭大学 2016 研]

A. 刚性　　B. 柔性　　C. 无冲击　　D. 刚性和柔性

【答案】B

【解析】在凸轮机构中，若从动件的运动速度有突变则会产生刚性冲击，若从动件的加速度有突变则会产生柔性冲击。因此从动件采用等速运动会产生刚性冲击，从动件采用等加速等减速运动或余弦加速度运动会产生柔性冲击，从动件采用正弦加速度运动规律则没有冲击。

二、填空题

1. 凸轮机构的优点为：只需设计适当的______，便可使从动件得到所需的______。[厦门大学 2013 研]

【答案】凸轮轮廓曲线；运动规律

【解析】只要正确地设计和制造出凸轮的轮廓曲线，就能把凸轮的回转运动准确可靠地转变成从动件所预期的复杂运动规律的运动，而且设计简单；凸轮机构结构简单、紧凑、运动可靠。但是由于是点、线接触，易磨损，且轮廓加工较困难。

2. 凸轮机构从动件常用的运动规律中，______会引起刚性冲击。[常州大学 2015 研]

【答案】等速运动规律

【解析】凸轮机构从动件的运动规律中，等速运动规律有刚性冲击；等加速等减速运动规律和简谐运动规律会引起柔性冲击；正弦加速度运动规律没有冲击。

3. 凸轮机构中摩擦、磨损较小的从动件是______；而传力性能最好的从动件则是______。[湘潭大学 2016 研]

【答案】滚子从动件；平底从动件

【解析】凸轮机构按从动件的形式不同可分为尖顶从动件、滚子从动件和平底从动件。滚子从动件使滑动摩擦变为滚动摩擦，故摩擦、磨损较小；平底从动件的压力角为定值，甚至可以为0，故传力性能最好。

三、判断题

凸轮的基圆是以凸轮实际轮廓的最小向径为半径所绘的圆。(　　)[西安石油大学 2020 年研]

【答案】错

【解析】凸轮的基圆的定义是以凸轮理论轮廓的最小向径为半径所作的圆。

四、简答题

1. 试讨论图3-3-1中凸轮基圆半径与凸轮机构压力角的关系。［厦门大学2012研］

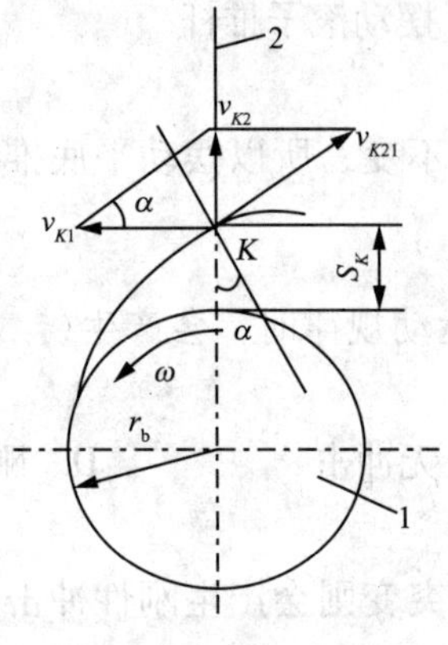

图 3-3-1

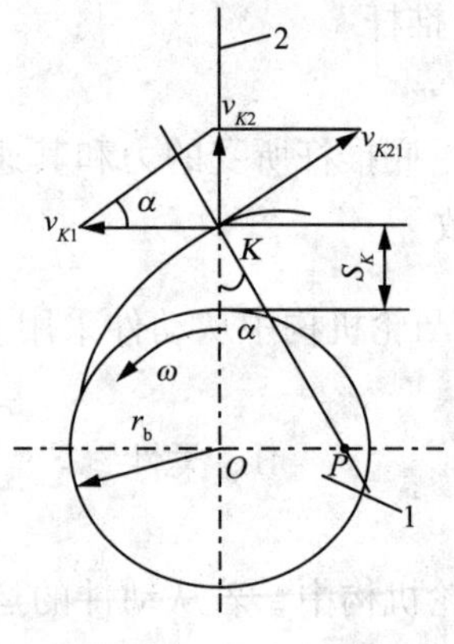

图 3-3-2

答：在图3-3-2所示的凸轮机构中，由三心定理可知，P点为推杆与凸轮的相对速度瞬心。故

$$v_P = v_{K2} = \omega\,\overline{OP}$$

从而有

$$\overline{OP} = \frac{v_{K2}}{\omega} = \frac{\mathrm{d}s}{\omega \mathrm{d}t} = \frac{\mathrm{d}s}{\mathrm{d}\delta}$$

又由图3-3-2中$\triangle OPK$可得

$$\tan\alpha = \overline{OP}/(r_b + S_K) = (\mathrm{d}s/\mathrm{d}\delta)/(r_b + S_K)$$

由此可知，在推杆的运动规律已知的情况下加大基圆半径r_b，可以减小压力角α。

2. 简述凸轮传动、连杆传动的特点，并举例说明其应用。［浙江大学2010研］

答：(1)凸轮传动的特点：

①组成凸轮机构的构件数较少，结构比较简单，只要合理的设计凸轮的轮廓曲线就可以使从动件获得各种预期的运动规律；

②凸轮与从动件之间组成了点或线接触的高副，在接触处由于相互作用力和相对运动的结果会产生较大的摩擦和磨损。

(2)连杆传动的特点：

运动具有可逆性，传力时压强小，磨损少，易于保持精度，可方便实现传动，摆动和移动等基本形式及其相互转换，能实现多种运动轨迹。

(3)举例如下：

①凸轮机构广泛应用于各种机械中，如内燃机的配气机构。

②连杆机构被广泛用于各种机械和仪器设备中，尤其是某些大、重型设备中。

五、计算题

已知一个对心滚子直动从动件盘形凸轮机构，其凸轮的理论轮廓曲线是一个半径R=70mm的圆，其圆心至凸轮轴距离e=30mm，如图3-3-3所示，起始时从动件处于最低位置。

(1)若滚子的半径为r_r为10mm，试画出凸轮的工作轮廓曲线(取内包络线)；

(2) 试确定从动件的行程 h，凸轮的基圆半径 r_0。［厦门大学 2011 研］

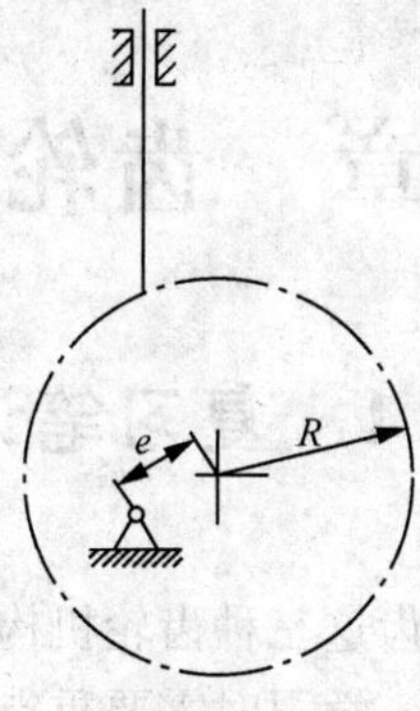

图 3-3-3

解：(1) 凸轮的工作轮廓曲线如图 3-3-4 所示。

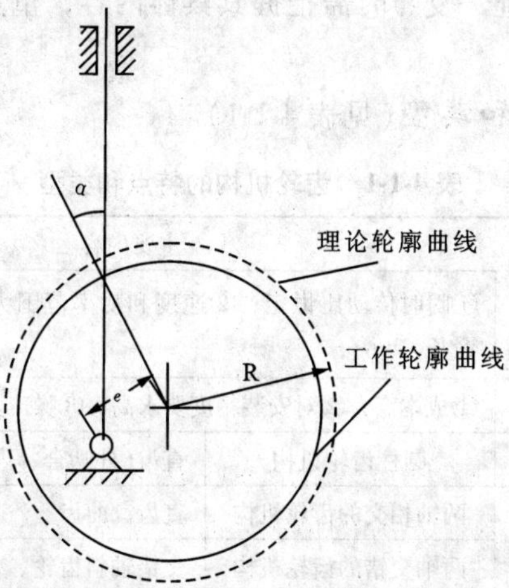

图 3-3-4

(2) 从动件的行程：$h = 2e = 2 \times 30 = 60\text{mm}$；

基圆半径：$r_0 = R - e = 70 - 30 = 40\text{mm}$。

第4章　齿轮机构

4.1　复习笔记

【通关提要】

本章主要介绍了直齿、斜齿和锥齿这三种齿轮机构的基本特点、渐开线齿廓的特点和啮合条件以及齿轮基本尺寸的计算公式。学习时需要重点掌握三种齿轮机构的特点和对应的基本尺寸的计算公式、变位齿轮的计算以及斜齿轮重合度的计算等内容。本章主要以选择题、填空题、和计算题的形式考查，复习时需把握其具体内容，重点记忆。

【重点难点归纳】

一、齿轮机构的特点和类型(见表4-1-1)

表4-1-1　齿轮机构的特点和类型

要点	主要内容		
齿轮机构的特点	优点	①瞬时传动比恒定；②速度和功率范围大；③传动效率高；④工作可靠，寿命长	
	缺点	①成本高；②对安装精度要求高；③噪声大；④对冲击和振动敏感	
齿轮机构的类型	平面齿轮机构	圆柱齿轮机构	直齿(外啮合、内啮合、齿轮齿条)、斜齿、人字齿
	空间齿轮机构	两轴相交的齿轮机构	直齿、曲齿
		两轴交错的齿轮机构	交错轴斜齿轮、蜗轮蜗杆

二、齿廓实现定角速比传动的条件

定角速比传动的条件：如图4-1-1所示，过齿廓接触点 K 所作的齿廓公法线 $n-n$ 都必须与连心线 O_1O_2 交于节点 C。

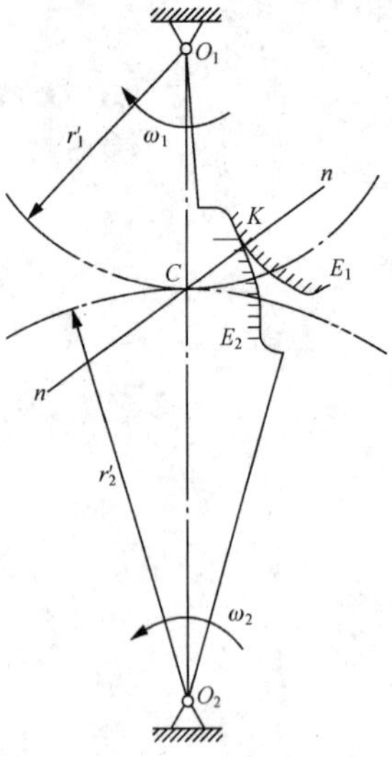

图4-1-1　齿廓实现定角速比的条件

三、渐开线齿廓(见表 4-1-2)

表 4-1-2 渐开线齿廓

要点	主要内容
压力角 α_K	由图 4-1-2 可知 $\cos\alpha_K = OB/OK = r_b/r_K$
渐开线的特性	①发生线沿基圆滚过的线段长度等于基圆上被滚过的相应弧长，即$\overline{BK} = \widehat{AB}$。 ②基圆的切线必为渐开线上某点的法线。 ③渐开线的形状只取决于基圆大小。 ④基圆之内无渐开线
定角速比	$i_{12} = n_1/n_2 = \omega_1/\omega_2 = r_2'/r_1' = r_{b2}/r_{b1}$
优点	①可分性：角速比恒定，与两轮的中心距无关。 ②压力大小和方向的不变性：啮合角为常数

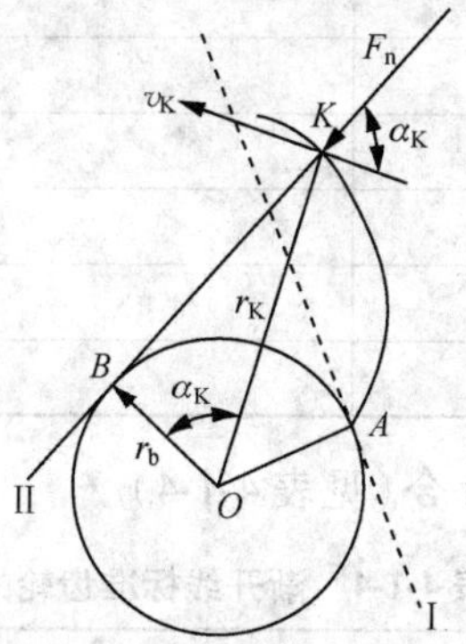

图 4-1-2 渐开线的形成

四、齿轮各部分名称及渐开线标准齿轮的基本尺寸

1. 齿轮各部分名称

齿轮各部分名称如图 4-1-3 所示。

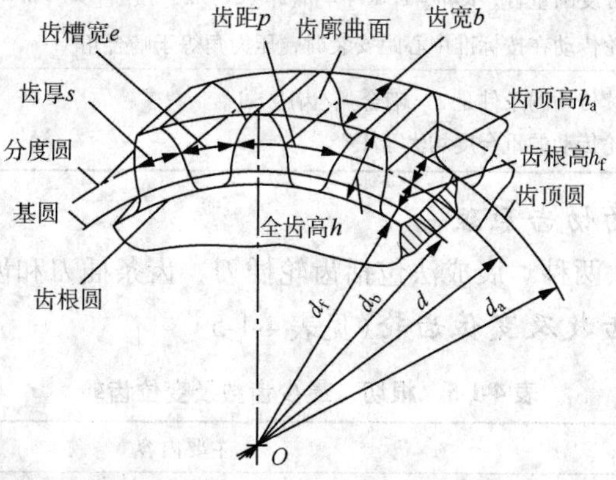

图 4-1-3 齿轮各部分名称

2. 渐开线标准齿轮的基本参数及几何尺寸计算

(1)分度圆 d 和模数 m

齿轮的分度圆直径与模数成正比，模数越大，齿距和轮齿越大，轮齿抗弯能力越强。

(2)尺寸计算公式(见表4-1-3)

表4-1-3　渐开线标准齿轮的各部分几何尺寸计算

名称	代号	公式
分度圆直径	d	$d_1=mz_1$，$d_2=mz_2$
基圆直径	d_b	$d_{b1}=mz_1\cos\alpha$，$d_{b2}=mz_2\cos\alpha$
齿顶高	h_a	$h_a=h_a^* m$
齿根高	h_f	$h_f=(h_a^*+c^*)m$
齿顶圆直径	d_a	$d_{a1}=d_1+2h_a=m(z_1+2h_a^*)$ $d_{a2}=d_2+2h_a=m(z_2+2^*h_a)$
齿根圆直径	d_f	$d_{f1}=d_1-2h_f=m(z_1-2h_a^*-2c^*)$ $d_{f2}=d_2-2h_f=m(z_2-2h_a^*-2c^*)$
分度圆齿距	p	$p=\pi m$
分度圆齿厚	s	$s=\pi m/2$
分度圆齿槽宽	e	$e=\pi m/2$
基圆齿距	p_b	$p_b=\pi m\cos\alpha$
中心距	a	$a=m(z_2\pm z_1)/2$
顶隙	c	$c=c^* m$

五、渐开线标准齿轮的啮合(见表4-1-4)

表4-1-4　渐开线标准齿轮的啮合

要点	主要内容	
正确啮合的条件	直齿圆柱齿轮	$m_1=m_2=m$，$\alpha_1=\alpha_2=\alpha$
	斜齿圆柱齿轮	$m_1=m_2=m$，$\alpha_1=\alpha_2=\alpha$，$\beta_1=\pm\beta_2$(外啮合取负，内啮合取正)
	直齿锥齿轮	两轮大端模数、压力角和外锥距必须相等
标准中心距	①节圆与分度圆重合，即$a=r_1+r_2=m(z_1+z_2)/2$；顶隙$c=c^*m=h_f-h_a$。 ②标准齿轮传动在按标准中心距安装时，压力角等于啮合角	
重合度	①齿轮连续传动的条件是ε=啮合弧/齿距>1。 ②标准齿轮传动的重合度均大于1	

六、渐开线齿轮的切齿原理

包括成形法和展成法两种。展成法包括齿轮插刀、齿条插刀和齿轮滚刀三种形式。

七、根切、最少齿数及变位齿轮(见表4-1-5)

表4-1-5　根切、最少齿数及变位齿轮

要点	主要内容	
根切	实际啮合线超过理论啮合线，而将根部部分渐开线切去一部分	
不根切的最少齿数	$z_{min}\geqslant 2h_a^*/\sin^2\alpha$，当$h_a^*=1$、$\alpha=20°$时，$z_{min}=17$	
变位齿轮	原理	改变刀具相对位置。规定刀具远离轮坯中心时，称正变位；反之为负变位
	齿厚和齿槽宽	$s=\pi m/2+2xm\tan\alpha$，$e=\pi m/2-2xm\tan\alpha$

续表

要点	主要内容	
变位齿轮类型	等移距变位	$x_1+x_2=0$，且 $x_1=-x_2\neq0$。小齿轮为正变位，大齿轮为负变位
	不等移距变位	变位系数和 $x_1+x_2\neq0$

八、平行轴斜齿轮机构

1. 斜齿轮各部分名称和几何尺寸计算

斜齿轮规定其法向参数为标准值。斜齿轮各部分名称和几何尺寸计算见教材表4-4。

2. 斜齿轮的优、缺点

(1)优点

①啮合性能好；②重合度高；③相比直齿轮，可以得到更紧凑的结构。

(2)缺点

斜齿齿面受法向力时会产生轴向分力，需要安装轴承，从而使结构复杂化。

九、锥齿轮机构

1. 锥齿轮概述

标准锥齿轮正确安装时，节圆锥与分度圆锥重合。其传动比

$$i_{12}=\omega_1/\omega_2=z_1/z_2=r_1/r_2=\sin\delta_2/\sin\delta_1$$

式中，δ_1、δ_2分别为小齿轮和大齿轮的分度圆锥角。

2. 背锥和当量齿数

一对互相啮合的锥齿轮的当量齿数为

$$z_{v1}=z_1/\cos\delta_1,\ z_{v2}=z_2/\cos\delta_2$$

3. 直齿锥齿轮的几何尺寸

直齿锥齿轮的几何尺寸计算以大端为标准。当轴交角$\sum=90°$时，其参数及几何尺寸计算公式见教材表4-5。

4.2 课后习题详解

4-1 已知一对外啮合正常齿制标准直齿圆柱齿轮 $m=3$mm，$z_1=19$，$z_2=41$，试计算这对齿轮的分度圆直径、齿顶高、齿根高、顶隙、中心距、齿顶圆直径、齿根圆直径、基圆直径、齿距、齿厚和齿槽宽。

解：(1)分度圆直径

$$d_1=mz_1=3\times19=57\text{mm},\ d_2=mz_2=3\times41=123\text{mm}$$

(2)齿顶高

$$h_a=h_a^*m=1\times3=3\text{mm}$$

其中，正常齿制 $h_a^*=1.0$，$c^*=0.25$。

(3)齿根高

$$h_f=(h_a^*+c^*)m=(1+0.25)\times3=3.75\text{mm}$$

(4)顶隙

$$c=c^*m=0.25\times3=0.75\text{mm}$$

(5)中心距

$$a=\frac{1}{2}(d_1+d_2)=\frac{1}{2}\times(57+123)=90\text{mm}$$

(6)齿顶圆直径

$$d_{a1}=d_1+2h_a=57+2\times3=63\text{mm}$$

$$d_{a2}=d_2+2h_a=123+6=129\text{mm}$$

(7)齿根圆直径

$$d_{f1}=d_1-2h_f=57-2\times3.75=49.5\text{mm}$$

$$d_{f2}=d_2-2h_f=123-2\times3.75=115.5\text{mm}$$

(8)基圆直径

$$d_{b1}=d_1\cos\alpha=57\times\cos20^\circ=53.56\text{mm}$$

$$d_{b2}=d_2\cos\alpha=123\times\cos20^\circ=115.58\text{mm}$$

(9)齿距

$$p=\pi m=3.14\times3=9.42\text{mm}$$

(10)齿厚

$$s=\frac{\pi m}{2}=4.71\text{mm}(\text{标准齿轮})$$

(11)齿槽宽

$$e=s=4.71\text{mm}(\text{标准齿轮})$$

4-2 已知一对外啮合标准直齿圆柱齿轮的标准中心距 $a=160\text{mm}$，齿数 $z_1=20$，$z_2=60$，求模数和分度圆直径。

解：由中心距计算公式

$$a=\frac{1}{2}(d_1+d_2)=\frac{1}{2}(mz_1+mz_2)=160\text{mm}$$

将已知齿数代入可得模数：$m=4\text{mm}$。

分度圆直径

$$d_1=mz_1=4\times20=80\text{mm},\ d_2=mz_2=4\times60=240\text{mm}$$

4-3 已知一正常齿制标准直齿圆柱齿轮的齿数 $z=25$，齿顶圆直径 $d_a=135\text{mm}$，求该轮的模数。

解：对于该正常齿制标准直齿圆柱齿轮，其齿顶高系数 $h_a^*=1$。

由齿顶圆计算公式：$d_a=mz+2h_a^*m$，可得：$135=25m+2m$。

解得：模数 $m=5\text{mm}$。

4-4 已知一正常齿制标准直齿圆柱齿轮 $\alpha=20^\circ$，$m=5\text{mm}$，$z=40$，试分别求出分度圆、基圆、齿顶圆上渐开线齿廓的曲率半径和压力角。

解：分度圆半径

$$r=\frac{mz}{2}=\frac{5\times40}{2}=100\text{mm}$$

基圆半径

$$r_b = \frac{mz}{2}\cos\alpha = 100 \times \cos 20° = 93.97\text{mm}$$

齿顶圆半径

$$r_a = r + h_a^* m = 100 + 1 \times 5 = 105\text{mm}$$

(1)分度圆渐开线齿廓曲率半径

$$\rho = \sqrt{r^2 - r_b^2} = \sqrt{100^2 - 93.97^2} = 34.2\text{mm}，压力角 20°$$

(2)基圆渐开线齿廓曲率半径

$$\rho_b = 0，压力角 0°$$

(3)齿顶圆渐开线齿廓曲率半径

$$\rho_a = \sqrt{r_a^2 - r_b^2} = \sqrt{105^2 - 93.97^2} = 46.85\text{mm}，压力角 \alpha_a = \arccos\frac{r_b}{r_a} = 26.5°$$

4-5 试比较正常齿制渐开线标准直齿圆柱齿轮的基圆和齿根圆，在什么条件下基圆大于齿根圆？什么条件下基圆小于齿根圆？

解：正常齿制渐开线标准直齿圆柱齿轮的齿根圆直径

$$d_f = d - 2h_f = mz - 2.5m$$

基圆直径

$$d_b = d\cos\alpha = mz\cos\alpha = mz\cos 20°$$

令 $d_b > d_f$，即 $mz\cos 20° > mz - 2.5\text{m}$，解得 $z \geqslant 42$。

故当齿数 $z < 42$ 时，正常齿制渐开线标准直齿圆柱齿轮的基圆大于齿根圆；当齿数 $z \geqslant 42$ 时，基圆小于齿根圆。

4-6 已知一对内啮合正常齿制标准直齿圆柱齿轮 $m = 4\text{mm}$，$z_1 = 20$，$z_2 = 60$，试参照教材图 4-1b 计算该对齿轮的中心距和内齿轮的分度圆直径、齿顶圆直径和齿根圆直径。

解：内啮合齿轮的中心距

$$a = \frac{1}{2}(d_2 - d_1) = \frac{1}{2}m(z_2 - z_1) = \frac{1}{2} \times 4 \times (60 - 20) = 80\text{mm}$$

内齿轮的分度圆直径

$$d_2 = mz_2 = 4 \times 60 = 240\text{mm}$$

内齿轮的齿顶圆直径

$$d_{a2} = d_2 - 2h_a^* m = 240 - 8 = 232\text{mm}$$

内齿轮的齿根圆直径

$$d_{f2} = d_2 + 2h_f = d_2 + 2(h_a^* + c^*)m = 240 + 2 \times 1.25 \times 4 = 250\text{mm}$$

4-7 根据教材图 4-15b 证明：正常齿制标准渐开线直齿圆柱齿轮用齿条刀具加工时，不发生根切的最少齿数 $z_{\min} \approx 17$。试用同样方法求短齿制标准渐开线直齿圆柱齿轮用齿条刀具加工时的最少齿数。

证明：用齿条刀具加工标准渐开线直齿圆柱齿轮，不发生根切的临界位置是极限点 N_1 正好在齿顶线上。

如图 4-2-1 所示，此时有不发生根切的关系

$$CB \leqslant CN_1 \qquad (图 15\text{-}2\text{-}1)$$

根据几何关系可得

$$CN_1 = r\sin\alpha = \frac{mz}{2}\sin\alpha,\ CB = \frac{h_a^* m}{\sin\alpha}$$

代入式(图 15-2-1)得

$$z \geqslant \frac{2h_a^*}{\sin^2\alpha}$$

正常齿制标准齿轮的 $h_a^* = 1$，$\alpha = 20°$，代入可得

$$z_{\min} = \frac{2h_a^*}{\sin^2\alpha} \approx 17$$

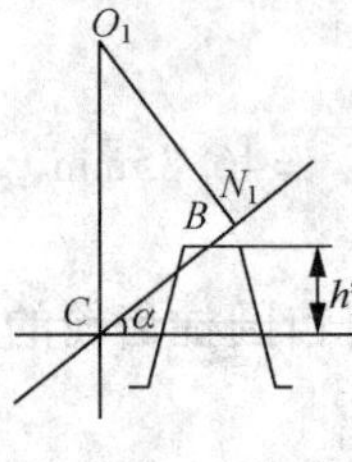

图 4-2-1

同理，短齿制标准齿轮的 $h_a^* = 0.8$，$\alpha = 20°$，可得其不发生根切的最小齿数

$$z_{\min} = \frac{2h_a^*}{\sin^2\alpha} \approx 14$$

4-8　如图 4-2-2 所示，用卡尺跨三个齿测量渐开线直齿圆柱齿轮的公法线长度。试证明：只要保证卡脚与渐开线相切，无论切于何处，测量结果均相同，其值为 $W_3 = 2p_b + s_b$（注：p_b 和 s_b 分别表示基圆齿距和基圆齿厚）。

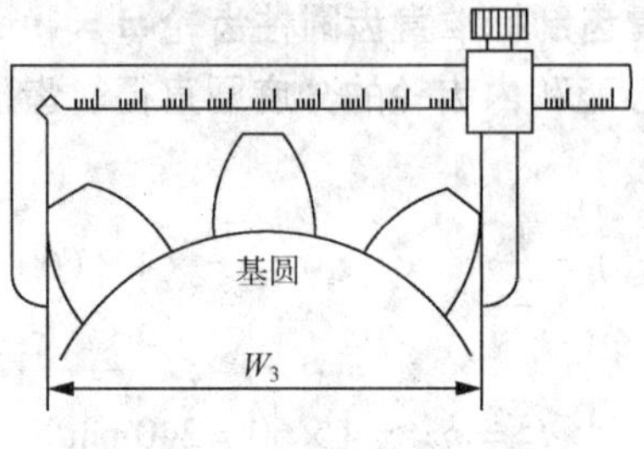

图 4-2-2

证明：设卡脚与渐开线齿廓的两切点为 A、B，根据渐开线的特性：渐开线的法线必与基圆相切，记 AB 与基圆相切点 N。又根据渐开线的特性：发生线沿基圆滚过的长度等于基圆上被滚过的弧长，可知$AN = \overset{\frown}{aN}$，$BN = \overset{\frown}{fN}$，则有$AN + BN = \overset{\frown}{aN} + \overset{\frown}{fN}$。

如图 4-2-3 所示公法线长度：$W_3 = AB = \overset{\frown}{af} = \overset{\frown}{ac} + \overset{\frown}{df} + \overset{\frown}{cd} = p_b + p_b + s_b = 2p_b + s_b$。

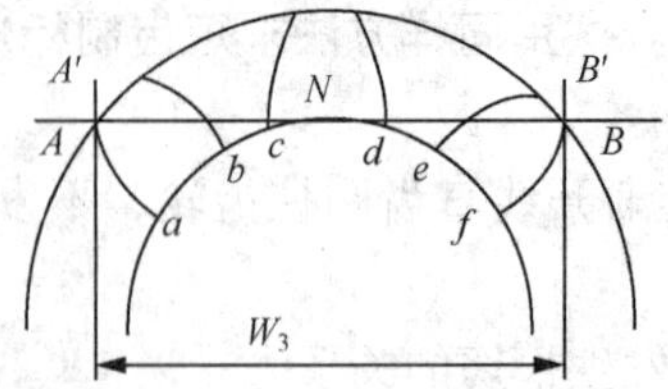

图 4-2-3

4-9　试根据渐开线特性说明一对模数相等、压力角相等但齿数不等的渐开线标准直齿圆柱齿轮，其分度圆齿厚、齿顶圆齿厚和齿根圆齿厚是否相等，哪一个较大？

答：(1)模数相等、压力角相等的两个齿轮，分度圆齿厚 $s=\frac{1}{2}\pi m$ 相等。

(2)齿数多的齿轮其齿顶圆齿厚和齿根圆齿厚较大。原因如下：

齿数多的齿轮分度圆直径大，其基圆直径就大。根据渐开线的性质，渐开线的形状取决于基圆的大小，基圆小，则渐开线曲率大；基圆大，则渐开线越趋于平直。因此，齿数多的齿轮与齿数少的齿轮相比，齿顶圆齿厚和齿根圆齿厚均较大。

4-10　试与标准齿轮相比较，说明正变位直齿圆柱齿轮的下列参数：m、α、α'、d、d'、s、s_f、h_f、d_f、d_b，哪些不变？哪些起了变化？变大还是变小？

答：(1)不变的参数有 m，α、d、d_b。原因如下：

切制变位齿轮与切制标准齿轮用的刀具相同，只是刀具的位置不同。因此，它们的模数、压力角、齿距均分别与刀具相同，因此变位齿轮与标准齿轮的分度圆直径和基圆直径也相同。故参数 m、α、d、d_b 不变。

(2)变大的参数有 s、s_f、d_f，变小的参数有 h_f。原因如下：

变位齿轮分度圆不变，但正变位齿轮的齿顶圆和齿根圆增大，且齿厚增大、齿槽宽变窄。因此 s、s_f、d_f 变大，h_f 变小。

(3)啮合角 α' 与节圆直径 d' 是一对齿轮啮合传动的范畴。

4-11　已知一对正常齿制渐开线标准斜齿圆柱齿轮 $a=250$mm，$z_1=23$，$z_2=98$，$m_n=4$mm，试计算其螺旋角、端面模数、分度圆直径、齿顶圆直径和齿根圆直径。

解：由中心距计算公式

$$a=\frac{m_n(z_1+z_2)}{2\cos\beta}=\frac{4\times(23+98)}{2\cos\beta}=250\text{mm}$$

解得：螺旋角 $\beta=14.53°$。

端面模数

$$m_t=\frac{m_n}{\cos\beta}=\frac{4}{\cos14.53°}=4.13\text{mm}$$

分度圆直径

$$d_1=\frac{m_n z_1}{\cos\beta}=\frac{4\times23}{\cos14.53°}=95.04\text{mm}$$

$$d_2=\frac{m_n z_2}{\cos\beta}=\frac{4\times98}{\cos14.53°}=404.96\text{mm}$$

齿顶圆直径

$$d_{a1}=d_1+2h_a=95.04+2\times4=103.04\text{mm}$$

$$d_{a2}=d_2+2h_a=404.96+2\times4=412.96\text{mm}$$

齿根圆直径

$$d_{f1}=d_1-2h_f=95.04-2\times1.25\times4=85.04\text{mm}$$

$$d_{f2}=d_2-2h_f=404.96-2\times1.25\times4=394.96\text{mm}$$

4-12　试设计一对外啮合圆柱齿轮，已知：$z_1=21$，$z_2=32$，$m_n=2$，实际中心距为55mm，问：(1)该对齿轮能否采用标准直齿圆柱齿轮传动？(2)若采用标准斜齿圆柱齿轮传动来满足中心距要求，其分度圆螺旋角β、分度圆直径d_1、d_2和节圆直径d_1'、d_2'各为多少？

解：(1)若采用标准直齿圆柱齿轮，则标准中心距为

$$a=\frac{1}{2}(mz_1+mz_2)=\frac{1}{2}\times(2\times21+2\times32)=53\text{mm}<a'=55\text{mm}$$

因此，可以采用标准直齿圆柱齿轮传动，但是会有齿侧间隙，使得传动不连续、传动精度低，并产生振动和噪声。

(2)采用标准斜齿圆柱齿轮传动时，由中心距计算公式$a'=\dfrac{m_n(z_1+z_2)}{2\cos\beta}$，代入解得：螺旋角$\beta=15.5°$。

分度圆直径

$$d_1=\frac{m_n z_1}{\cos\beta}=43.59\text{mm},\quad d_2=\frac{m_n z_2}{\cos\beta}=66.42\text{mm}$$

节圆与分度圆重合，节圆直径

$$d_1'=d_1=43.59\text{mm},\quad d_2'=d_2=66.42\text{mm}$$

4-13　已知一对等顶隙收缩齿渐开线标准直齿锥齿轮$\sum=90°$，$z_1=17$，$z_2=43$，$m_e=3$mm，试求分度圆锥角、分度圆直径、齿顶圆直径、齿根圆直径、外锥距、齿顶角、齿根角、顶锥角、根锥角。

解：分度圆锥角

$$\delta_2=\arctan\frac{z_2}{z_1}=68.43°$$

$$\delta_1=90°-\delta_2=21.57°$$

分度圆直径

$$d_1=m_e z_1=3\times17=51\text{mm}$$

$$d_2=m_e z_2=3\times43=129\text{mm}$$

齿顶圆直径

$$d_{a1}=d_1+2m_e\cos\delta_1=51+2\times3\times\cos21.57°=56.58\text{mm}$$

$$d_{a2}=d_2+2m_e\cos\delta_2=129+2\times3\times\cos68.43°=131.21\text{mm}$$

齿根圆直径

$$d_{f1}=d_1-2.4m_e\cos\delta_1=51-2.4\times3\times\cos21.57°=44.30\text{mm}$$

$$d_{f2}=d_2-2.4m_e\cos\delta_2=129-2.4\times3\times\cos68.43°=126.36\text{mm}$$

外锥距

$$R_e=\frac{d_2}{2\sin\delta_2}=\frac{129}{2\times\sin68.43°}=69.36\text{mm}$$

由于等顶隙，因此齿顶角齿根角相等，即

$$\theta_a=\theta_f=\arctan\frac{h_f}{R_e}=\arctan\frac{1.2m_e}{R_e}=\arctan\frac{1.2\times3}{69.36}=2.97°$$

顶锥角

$$\delta_{a1}=\delta_1+\theta_a=24.54°,\quad \delta_{a2}=\delta_2+\theta_a=71.4°$$

根锥角

$$\delta_{f1}=\delta_1-\theta_f=18.6°,\ \delta_{f2}=\delta_2-\theta_f=65.46°$$

4-14 试述一对直齿圆柱齿轮、一对斜齿圆柱齿轮、一对直齿锥齿轮的正确啮合条件。

解：(1)一对直齿圆柱齿轮正确啮合的条件是：两齿轮的模数和压力角必须分别相等，即 $m_1=m_2=m$，$\alpha_1=\alpha_2=\alpha$。

(2)一对斜齿圆柱齿轮正确啮合的条件是：两齿轮的模数和压力角分别相等，螺旋角大小相等、方向相反(－)或相同(＋)，即 $m_{n_1}=m_{n_2}$，$\alpha_{n_1}=\alpha_{n_2}$。外啮合时，$\beta_1=-\beta_2$；内啮合时，$\beta_1=\beta_2$。

(3)一对直齿圆锥齿轮正确啮合的条件是：两齿轮的大端模数和压力角分别相等，即 $m_1=m_2=m$，$\alpha_1=\alpha_2=\alpha$。

4.3 名校考研真题详解

一、选择题

1. 渐开线齿廓在基圆上的压力角为(　　)。[浙江大学2012研]

A. 0°　　B. 15°　　C. 20°　　D. 90°

【答案】A

【解析】压力角 $\cos\alpha_K=r_b/r_K=1$，$\alpha_K=0°$。

2. 一对轴线垂直的直齿圆锥齿轮传动中，若主动轮分度锥角为45°，则该对齿轮分度圆直径之间的关系是(　　)。[湘潭大学2016研]

A. 相等　　B. $d_1>d_2$　　C. $d_1<d_2$　　D. 不能确定的

【答案】A

【解析】若主动轮分锥角 $\delta_1=45°$，则从动轮分锥角 $\delta_2=90°-\delta_1=45°$，又因为 $i_{12}=\dfrac{z_2}{z_1}=\tan\delta_2=1\Rightarrow z_1=z_2$，锥齿轮大端模数相同，则 $d_1=m_ez_1=m_ez_2=d_2$。

3. 渐开线齿轮轴承磨损后，中心距变大，这时的传动比应(　　)。[湘潭大学2016研]

A. 增大　　B. 变小　　C. 不变　　D. 随机变化

【答案】C

【解析】由渐开线齿轮中心距的可分性，当中心距略有变化时，其传动比保持不变。

4. 直齿圆柱齿轮压力角的标准值是指(　　)上的压力角。[湘潭大学2016研]

A. 齿顶圆　　B. 分度圆　　C. 齿根圆　　D. 基圆

【答案】B

【解析】渐开线齿廓某一点的压力角 $\cos\alpha_K=r_b/r_K$。由此可见，同一渐开线齿廓上各点的压力角不同。国家标准中规定，分度圆上的压力角为标准值。

二、填空题

1. 直齿圆锥齿轮的正确啮合条件：两轮的______，______，______。[厦门大学2013研]

【答案】大端模数相等；压力角相等；外锥距相等

【解析】一对锥齿轮的正确啮合条件应为两轮大端的模数和压力角分别相等；对于标准

直齿锥齿轮传动，还应保证两轮的分度圆锥共顶，即锥距相等。

2. 斜齿圆柱齿轮是以______面模数为标准模数。[常州大学2015研]

【答案】法

【解析】由于在切制斜齿轮的轮齿时，刀具进刀的方向一般是垂直于其法面的，故其法面参数与刀具的参数相同，所以取为标准值。但在计算斜齿轮的几何尺寸时却需按端面参数进行。

3. 渐开线齿轮的标准压力角是指______圆上的压力角。[常州大学2015研]

【答案】分度

【解析】同一渐开线齿廓上各点的压力角不同。国家标准中规定，分度圆上的压力角为标准值。

4. 标准直齿圆柱齿轮不发生根切的最小齿数的计算公式为：$Z_{\min}=$______；标准斜齿轮不发生根切的最小齿数计算公式是$Z_{\beta\min}=$______。[湘潭大学2016研]

【答案】$2h_a^*/\sin^2\alpha$；$2h_a^*\cos^3\beta/\sin^2\alpha$

【解析】渐开线齿廓的啮合极限点落在刀具齿顶线之下，将齿根的渐开线齿廓切去一部分的现象称为根切。为了避免产生根切现象，应使$\overline{PN_1}\sin\alpha\geqslant h_a^* m$，由此可求得被切齿轮不产生根切的最少齿数为$z_{\min}=2h_a^*/\sin^2\alpha$；渐开线标准斜齿圆柱齿轮不发生根切的最少齿数可由当量齿数求得：$z_{\beta\min}=z_{\min}\cos^3\beta=2h_a^*\cos^3\beta/\sin^2\alpha$。

三、判断题

1. 渐开线齿轮传动的啮合角等于节圆上的压力角。(　　)[浙江大学2012研]

【答案】对

【解析】渐开线齿轮的啮合角始终等于节圆上压力角，当齿轮标准安装时，分度圆与节圆重合，啮合角等于分度圆压力角。

2. 正变位齿轮的分度圆齿厚小于标准齿轮的分度圆齿厚。(　　)[浙江大学2012研]

【答案】错

【解析】刀具作xm的正变位，其加工节线上的齿槽宽比中线上的齿槽宽增大$2xm\tan\alpha$，齿厚减小$2xm\tan\alpha$，与之相应，被切齿轮分度圆的齿厚增加$2xm\tan\alpha$，而分度圆的齿槽宽也减小了$2xm\tan\alpha$。

3. 渐开线齿轮传动啮合角等于分度圆压力角。(　　)[浙江大学2013研]

【答案】错

【解析】啮合角始终等于节圆的压力角，只有标准安装时，分度圆与节圆重合，啮合角才等于分度圆的压力角。啮合角只有在一对齿轮啮合传动时才出现，当中心距变化时啮合角也将变化；单一的齿轮齿廓上也能确定压力角，其值不受中心距大小变化的影响。

四、名词解释

1. 标准齿轮[厦门大学2012研]

答：标准齿轮是指m、α、h_a^*、c^*均为标准值，且分度圆齿厚等于齿槽宽的齿轮。

2. 共轭齿廓［厦门大学 2013 研］

答：共轭齿廓是指无论两齿廓在何位置接触，过接触点所做的齿廓公法线与两齿轮的连心线交于一定点，保证定传动比传动的一对齿轮的齿廓。

五、计算题

1. 如图 4-3-1 所示，有一渐开线直齿圆柱齿轮，用齿厚游标卡尺测量其三个齿和两个齿的公法线长度为 $W_3=61.83$mm 和 $W_2=37.55$mm，齿顶圆直径 $d_a=208$mm，齿根圆直径 $d_f=172$mm，数得齿数 $z=24$。要求确定该齿轮的模数 m、压力角 α、齿顶高系数 h_a^* 和径向间隙系数 c^*。［厦门大学 2011 研］

解：由图 4-3-1 可知

$$W_3=2p_b+s_b$$

$$W_2=p_b+s_b$$

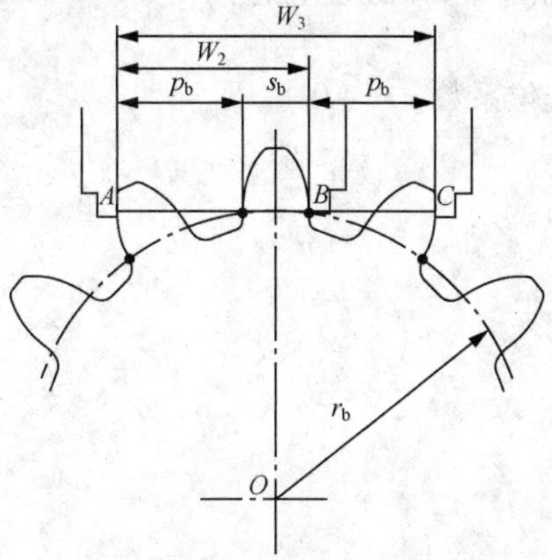

图 4-3-1

所以

$$s_b=2W_2-W_3=2\times37.55-61.83=13.27\text{mm}$$

$$p_b=W_3-W_2=61.83-37.55=24.28\text{mm}$$

已知：$d_f<d<d_a$，由于 $m=\dfrac{d}{z}$，所以$\dfrac{d_f}{z}<m=\dfrac{d}{z}<\dfrac{d_a}{z}$，将已知数据代入得：$7.17\text{mm}<m<8.67\text{mm}$，取标准值 $m=8$mm。

由于 $p_b=\pi m\cos\alpha$，所以压力角 $\alpha=15°$。

$$d_a=d+2h_a=(z+2h_a^*)m$$

解得齿顶高系数 $h_a^*=1$。

$$d_f=d-2h_f=(z-2h_a^*-2c^*)m$$

解得径向间隙系数 $c^*=0.25$。

2. 设有一对外啮合斜齿轮 $a=55$mm，$z_1=21$，$z_2=32$，$m_n=2$mm，$\alpha_n=20°$，试计算其螺旋角、端面模数、端面压力角、当量齿数。［厦门大学 2011 研］

解：由 $a=\dfrac{d_1+d_2}{2}=\dfrac{m_n}{2\cos\beta}(z_1+z_2)$，解得：$\beta=15.5°$；

由 $m_n=m_t\cos\beta$，解得：$m_t=2.08$mm；

由 $\tan\alpha_n=\tan\alpha_t\cos\beta$，解得：$\alpha_t=20.7°$；

由 $z_v=\dfrac{z}{\cos^3\beta}$，解得：$z_{v1}=23$，$z_{v2}=36$。

3. 用一把 $m=5$mm 的齿条型刀具（滚刀）加工直齿圆柱齿轮，已知刀具中线与轮坯中心的距离为 $L=100$mm，试求：（1）当 $\omega=0.1$rad/s、$v_刀=9.75$mm/s 时，被加工的齿轮齿数和变位系数分别是多少？（2）当 $\omega=0.1$rad/s，被加工齿轮的齿数为 $z=41$ 时，求 $v_刀$ 和齿轮的变位系数 x。［厦门大学 2011 研］

解：（1）由 $v_刀=r\omega=\dfrac{mz}{2}\omega$，解得：齿轮齿数 $z=39$；

由 $mx+\dfrac{mz}{2}=L$，解得：变位系数 $x=0.5$。

（2）由 $v_刀=r\omega=\dfrac{mz}{2}\omega$，解得：$v_刀=10.25$mm/s；

由 $mx+\dfrac{mz}{2}=L$，解得：变位系数 $x=-0.5$。

第5章　轮　系

5.1　复习笔记

【通关提要】

本章主要介绍了定轴轮系和周转轮系的基本特点以及轮系传动比的计算。简单介绍了几种特殊的行星传动机构。学习时需要重点掌握定轴轮系和周转轮系的判断及对应传动比的计算、复合轮系及其传动比的求解思路等内容。本章主要计算题的形式考查，复习时需把握其具体内容，重点记忆。

【重点难点归纳】

一、轮系的类型

根据齿轮轴线是否固定，分为定轴轮系和周转轮系。

二、定轴轮系及其传动比(见表5-1-1)

表5-1-1　定轴轮系及其传动比

要点	主要内容	
轮系的传动比	$i_{1K}=\frac{n_1}{n_K}=\frac{\text{轮1至轮}K\text{间所有从动轮齿数的乘积}}{\text{轮1至轮}K\text{间所有主动轮齿数的乘积}}$ 其中轮1为起始主动轮，轮K为最末从动轮	
始、末轮转向关系的确定	箭头法	①外啮合：两轮转向相反，箭头方向相反； ②内啮合：两轮转向相同，箭头方向相同； ③锥齿轮：箭头同时指向或背离啮合点； ④蜗杆：左手或右手法则
	正、负号法	其传动比可表示为 $i_{1K}=\frac{n_1}{n_K}=(-1)^m\frac{z_2z_3z_4\cdots z_K}{z_1z_{2'}z_{3'}\cdots z_{(K-1)'}}$ m为全平行轴定轴轮系齿轮1至齿轮K之间的外啮合次数。 ①当m为奇数时，传动比为“－”； ②当m为偶数时，传动比为“＋”

三、周转轮系及其传动比(见表5-1-2)

表5-1-2　周转轮系及其传动比

要点	主要内容
组成	行星轮、行星架(转臂)和中心轮(太阳轮)
分类	按自由度分为行星轮系(1个自由度)和差动轮系(2个自由度)

续表

要点	主要内容
传动比的计算	设周转轮系中任意两个齿轮分别为 G、K，行星架为 H，则 $i_{GK}^{H}=\frac{\omega_{G}^{H}}{\omega_{K}^{H}}=\frac{\omega_{G}-\omega_{H}}{\omega_{K}-\omega_{H}}=\pm\frac{\text{转换轮系中由 } G \text{ 至 } K \text{ 各从动轮齿数的乘积}}{\text{转换轮系中由 } G \text{ 至 } K \text{ 各主动轮齿数的乘积}}$ 用箭头法确定 G、K 的转向。转向相同时，传动比结果为“+”；转向相反时，结果为“-”

注：n_G、n_K和 n_H有正负之分，与假定正方向相反，取负，反之，取正。未知转速的方向则根据计算的正负来确定。

四、复合轮系及其传动比

1. 传动比求解思路

(1)区分基本周转轮系和定轴轮系；

(2)根据各基本轮系之间的关系，联立方程式求解。

2. 找基本周转轮系的一般方法

(1)根据行星轮-行星架-中心轮的顺序，依次确定各构件；

(2)确定各个基本周转轮系以后，剩下的即为定轴轮系。

五、轮系的应用

轮系的主要功用为：①实现两轴间远距离的运动和动力的传递；②实现变速、变向的要求；③实现大传动比的要求；④实现运动的合成和分解。

六、几种特殊的行星传动简介

包括：渐开线少齿差行星传动、摆线针轮行星传动和谐波齿轮传动，非重点内容，在此不再赘述。

5.2 课后习题详解

5-1 在图 5-2-1 所示双级蜗轮传动中，已知右旋蜗杆 1 的转向如图所示，试判断蜗轮 2 和蜗轮 3 的转向，用箭头表示。

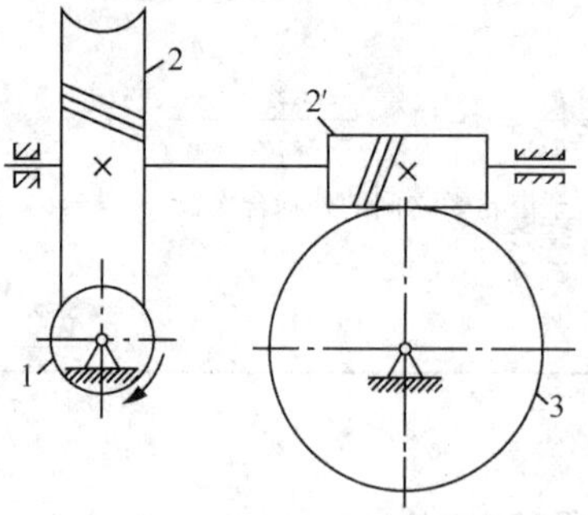

图 5-2-1

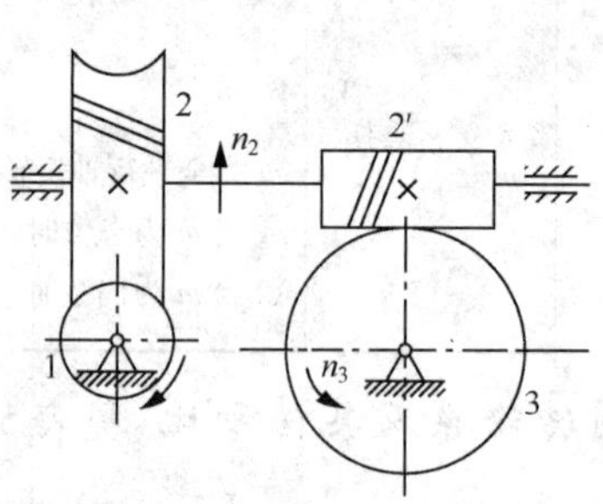

图 5-2-2

答：蜗杆 1 右旋，对 1 使用右手法则知，1 相对 2 有垂直纸面向里的运动趋势；蜗轮 2′左旋，对 2′使用左手法则知，2′相对 3 有向右的运动趋势。

蜗轮 2 和蜗轮 3 的转向如图 5-2-2 箭头所示。

5-2　在图 5-2-3 所示轮系中，已知 $z_1=15$，$z_2=25$，$z_{2'}=15$，$z_3=30$，$z_{3'}=15$，$z_4=30$，$z_{4'}=2$(右旋)，$z_5=60$，$z_{5'}=20$($m=4$mm)，若 $n_1=500$r/min，求齿条 6 线速度 v 的大小和方向。

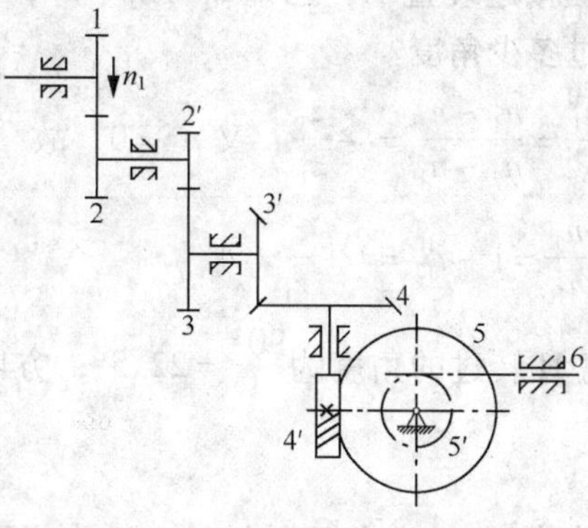

图 5-2-3

解： 这是一个定轴轮系，由题意可得

$$i_{15}=\frac{n_1}{n_5}=\frac{z_2z_3z_4z_5}{z_1z_{2'}z_{3'}z_{4'}}=\frac{25\times30\times30\times60}{15\times15\times15\times2}=200$$

$$n_5=\frac{n_1}{i_{15}}=\frac{500}{200}=2.5\text{r/min}$$

齿轮 5′的转速和齿轮 5 的转速相等，则齿条 6 的线速度

$$v_6=v_{5'}=\frac{2\pi n_{5'}}{60}\times\frac{d_{5'}}{2}=\frac{\pi d_{5'}n_{5'}}{60}=\frac{\pi n_{5'}mz_{5'}}{60}=\frac{3.15\times2.5\times4\times20}{60}=10.5\text{mm/s}$$

通过箭头法判断可得齿轮 5′顺时针转，则齿条 6 方向为水平向右。

5-3　在图 5-2-4 所示钟表传动示意图中，E 为擒纵轮，N 为发条盘，S、M、H 分别为秒针、分针、时针。设 $z_1=72$，$z_2=12$，$z_3=64$，$z_4=8$，$z_5=60$，$z_6=8$，$z_7=60$，$z_8=6$，$z_9=8$，$z_{10}=24$，$z_{11}=6$，$z_{12}=24$。求秒针与分针的传动比 i_{SM} 和分针与时针的传动比 i_{MH}。

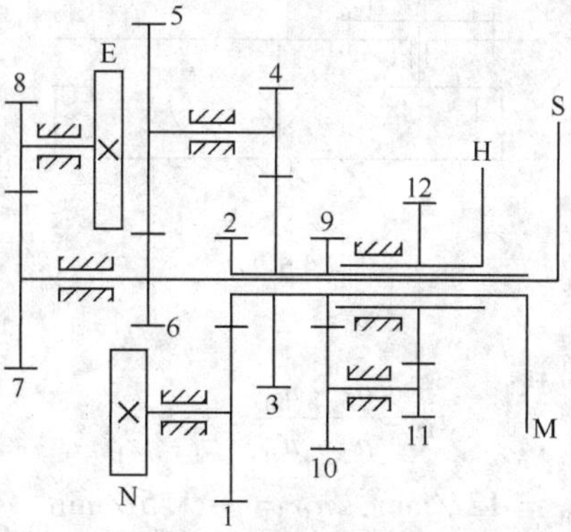

图 5-2-4

解： 秒针到分针的传递路线为：6→5→4→3，齿轮 3 上带着分针，齿轮 6 上带着秒针，因此 $i_{SM}=\frac{z_5z_3}{z_6z_4}=\frac{60\times64}{8\times8}=60$。

分针到时针的传递路线为：9→10→11→12，齿轮 9 上带着分针，齿轮 12 上带着时针，

因此 $i_{MH}=\dfrac{z_{10}z_{12}}{z_9 z_{11}}=\dfrac{24\times 24}{8\times 6}=12$。

5-4　在图 5-2-5 所示行星减速装置中，已知 $z_1=z_2=17$，$z_3=51$。当手柄转过 90°时，转盘 H 转过多少角度？

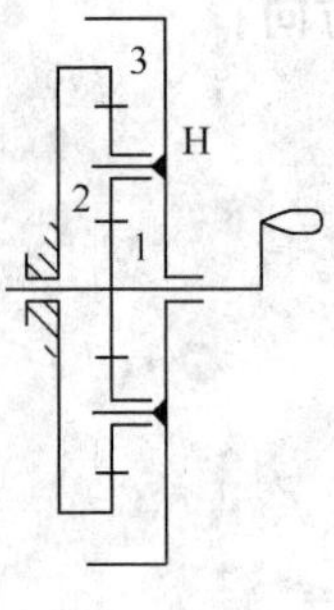

图 5-2-5

解：由题意可得：$i_{13}^{H}=\dfrac{n_1^H}{n_3^H}=\dfrac{n_1-n_H}{n_3-n_H}=-\dfrac{z_3}{z_1}$，又 $n_3=0$，故

$$i_{1H}=\frac{n_1}{n_H}=1-i_{13}^{H}=1+\frac{z_3}{z_1}=4$$

当手柄转过 90°时，转盘 H 转过的角度为 $\dfrac{90^\circ}{4}=22.5^\circ$，方向与手柄方向相同。

5-5　在图 5-2-6 所示手动葫芦中，S 为手动链轮，H 为起重链轮。已知 $z_1=12$，$z_2=28$，$z_{2'}=14$，$z_3=54$，求传动比 i_{SH}。

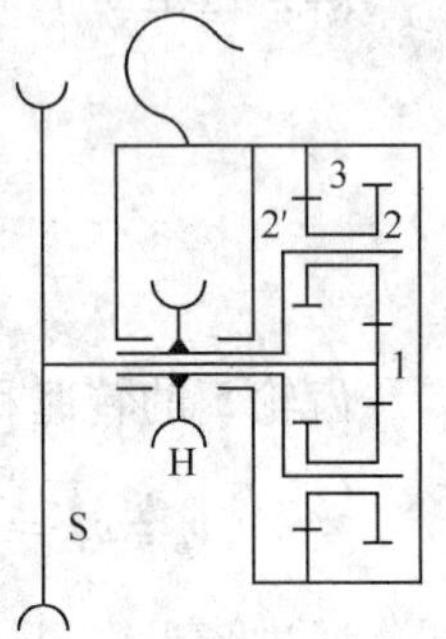

图 5-2-6

解：由题意可得：$i_{13}^{H}=\dfrac{n_1^H}{n_3^H}=\dfrac{n_1-n_H}{n_3-n_H}=-\dfrac{z_2 z_3}{z_1 z_{2'}}=-\dfrac{28\times 54}{12\times 14}=-9$。

又由 $n_3=0$，$n_1=n_s$，所以

$$\frac{n_S-n_H}{0-n_H}=-9$$

解得：$n_S=10n_H$。则

$$i_{SH}=\frac{n_S}{n_H}=10$$

构件 S 与 H 的转向相同。

5-6　在图 5-2-7 所示液压回转台的传动机构中，已知 $z_2=15$，液压马达 M 的转速 $n_M=12\text{r/min}$，回转台 H 的转速 $n_H=-1.5\text{r/min}$，求齿轮 1 的齿数（提示：$n_M=n_2-n_H$）。

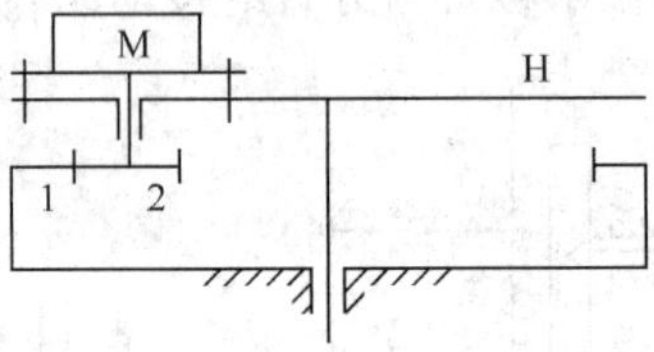

图 5-2-7

解：由题意可得

$$i_{12}^{H}=\frac{n_1-n_H}{n_2-n_H}=\frac{z_2}{z_1}=\frac{15}{z_1} \tag{5-2-1}$$

又 $n_1=0$，$n_2-n_H=n_M=12\text{r/min}$，$n_H=-1.5\text{r/min}$，代入式（5-2-1）可得轮 1 齿数 $z_1=120$。

5-7　在图 5-2-8 所示马铃薯挖掘机的机构中，齿轮 4 固定不动，挖叉 *A* 固连在最外边的齿轮 3 上。挖薯时，十字架 1 回转而挖叉却始终保持一定的方向。问各轮齿数应满足什么条件？

解：取其中一组作分析，齿轮 3、4 为中心轮，齿轮 2 为行星轮，构件 1 为行星架。这

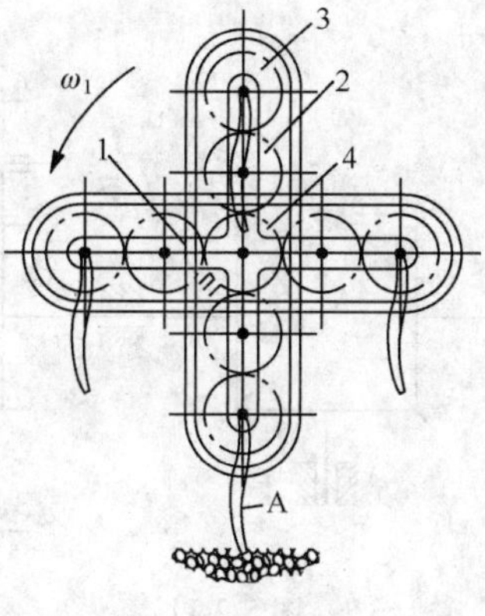

图 5-2-8

里行星轮 2 是惰轮，因此它的齿数 z_2 与传动比大小无关，可自由选取。

可得：$i_{34}^{\mathrm{H}}=\dfrac{n_3-n_{\mathrm{H}}}{n_4-n_{\mathrm{H}}}=\dfrac{z_4}{z_3}$。

由图 5-2-8 可知 $n_4=0$。又十字架 1 回转时挖叉却始终保持一定的方向，有 $n_3=0$，则齿数应满足条件 $z_4=z_3$，且与 z_2 无关。

5-8　在图 5-2-9 所示锥齿轮组成的行星轮系中，已知各轮的齿数 $z_1=20$、$z_2=30$、$z_{2'}=50$、$z_3=80$，$n_1=50\mathrm{r/min}$，求 n_{H}的大小和方向。

解：由题意可得

$$i_{13}^{\mathrm{H}}=\frac{n_1^{\mathrm{H}}}{n_3^{\mathrm{H}}}=\frac{n_1-n_{\mathrm{H}}}{n_3-n_{\mathrm{H}}}=-\frac{z_2z_3}{z_1z_{2'}}=-\frac{30\times80}{20\times50}=-2.4$$

又 $n_3=0$，则有：$\dfrac{50-n_{\mathrm{H}}}{0-n_{\mathrm{H}}}=-2.4$，$n_{\mathrm{H}}=14.7\mathrm{r/min}$。

n_{H} 方向与 n_1 相同。

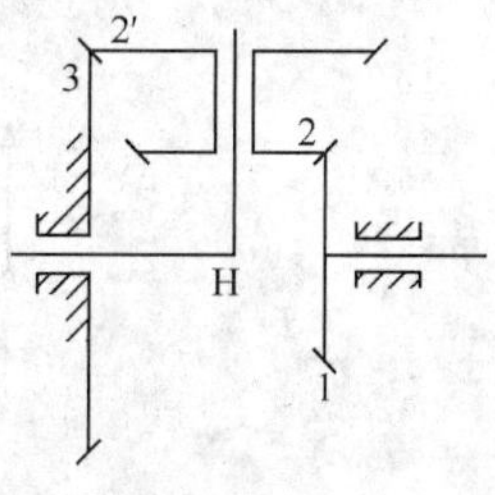

图 5-2-9

5-9　在图 5-2-10 所示差动轮系中，已知各轮的齿数 $z_1=30$、$z_2=25$、$z_{2'}=20$、$z_3=75$，齿轮 1 的转速为 200r/min（箭头向上），齿轮 3 的转速为 50r/min（箭头向下），求行星架转速 n_{H}的大小和方向。

解：这是一个周转轮系，其中齿轮 1、3 为中心轮，齿轮 2、2′为行星轮，H 为行星架，则有

$$i_{13}^{\mathrm{H}}=\frac{n_1-n_{\mathrm{H}}}{n_3-n_{\mathrm{H}}}=-\frac{z_2z_3}{z_1z_{2'}}=-\frac{25\times75}{30\times20}=-\frac{25}{8}$$

设轮 1 方向为正，则有 $n_1=200\mathrm{r/min}$，$n_3=-50\mathrm{r/min}$，代入上式得：$n_{\mathrm{H}}=10.61\mathrm{r/min}$，转向与轮 1 转向相同。

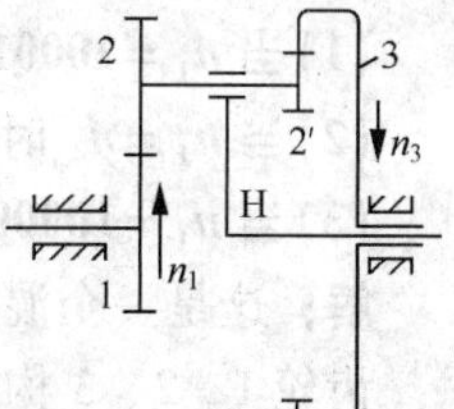

图 5-2-10

5-10　在图 5-2-11 所示轮系中，已知 $z_1=1$（右旋蜗杆），$z_2=40$，$z_{2'}=20$，$z_3=25$，$z_4=20$，$z_{4'}=20$，$z_5=30$，$z_6=80$，$n_1=1000\mathrm{r/min}$（方向如图）。试求 n_H的大小和方向。

解：根据蜗轮蜗杆传动规律，得到图 5-2-12 所示的转动方向以及转动速度为：

$$n_2=i_{21}n_1=z_1n_1/z_2=25\mathrm{r/min}$$

由 2－2′、3、4－4′组成定轴轮系，有：

$$n_{4'}=z_{2'}n_2/z_4=25\mathrm{r/min}$$

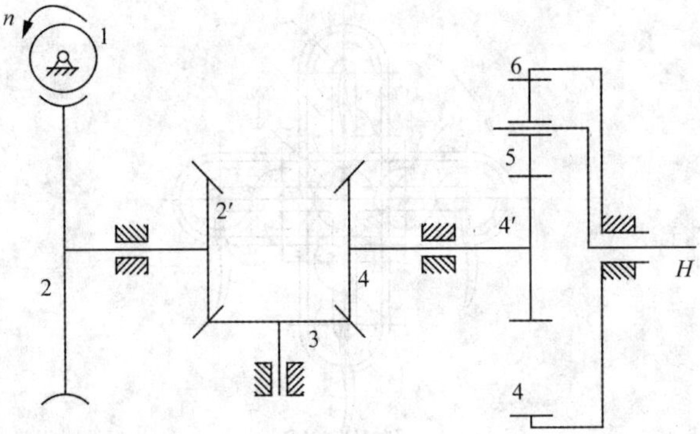

图 5-2-11

由 4－4′、5、6、H 组成周转轮系，则有：

$$i_{4'6}^{H}=n_{4'}^{H}/n_{6}^{H}=(n_{4'}-n_{H})/(n_{6}-n_{H})=-z_{6}z_{5}/(z_{5}z_{4'})=-4$$

由 $n_6=0$，则有

$$(n_{4'}-n_{H})/-n_{H}=-4$$

即：$n_H=5\mathrm{r/min}$，方向如图 5-2-12 所示。

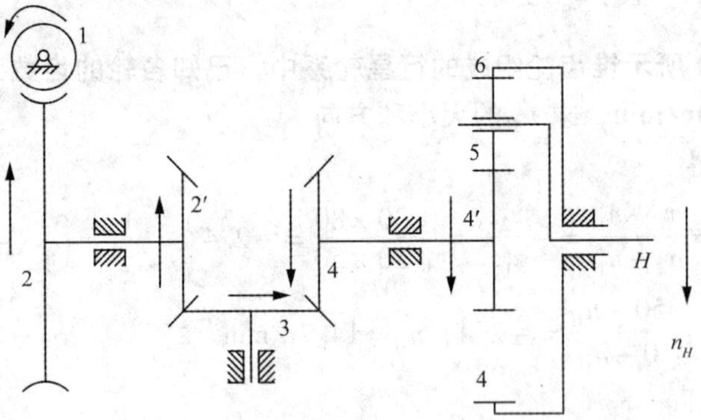

图 5-2-12

5-11　在图 5-2-13 所示机构中，已知 $z_1=17$，$z_2=20$，$z_3=85$，$z_4=18$，$z_5=24$，$z_6=21$，$z_7=63$，求：

(1) 当 $n_1=10001\mathrm{r/min}$、$n_4=10000\mathrm{r/min}$ 时，$n_p=$?

(2) 当 $n_1=n_4$ 时，$n_p=$?

(3) 当 $n_1=10000\mathrm{r/min}$、$n_4=10001\mathrm{r/min}$ 时，$n_p=$?

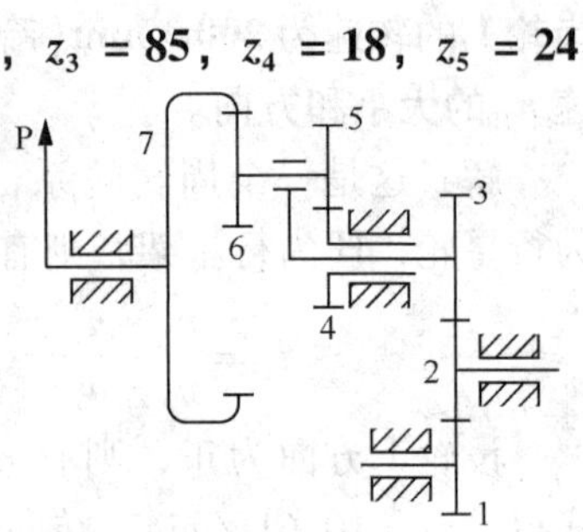

图 5-2-13

解：这是一个混合轮系，其中：

齿轮 1、2、3 构成定轴轮系，有

$$i_{13}=\frac{n_1}{n_3}=\frac{z_3}{z_1}=\frac{85}{17}=5 \qquad (5\text{-}2\text{-}2)$$

齿轮 4、5、6、7 和由齿轮 3 引出的杆件 H 构成周转轮系，有

$$i_{47}^{\mathrm{H}}=\frac{n_4-n_{\mathrm{H}}}{n_7-n_{\mathrm{H}}}=-\frac{z_5z_7}{z_4z_6}=-\frac{24\times 63}{18\times 21}=-4 \qquad (5\text{-}2\text{-}3)$$

又 $n_{\mathrm{H}}=n_3$，$n_{\mathrm{P}}=n_7$，联立式(5-2-2)和(5-2-3)可得

$$n_p=\frac{1}{4}(n_1-n_4)$$

(1) 当 $n_1 = 10001\text{r/min}$、$n_4 = 10000\text{r/min}$ 时，可得

$$n_p = \frac{1}{4}(n_1 - n_4) = \frac{1}{4}(10001 - 10000) = 0.25\text{r/min}$$

p 和转向和齿轮 1 的转向相同。

(2) 当 $n_1 = n_4$ 时，$n_p = 0$。

(3) 当 $n_1 = 10000\text{r/min}$、$n_4 = 10001\text{r/min}$ 时，可得

$$n_p = \frac{1}{4}(n_1 - n_4) = \frac{1}{4}(10000 - 10001) = -0.25\text{r/min}$$

p 的转向和齿轮 1 的转向相反。

5-12　图 5-2-14 所示直齿圆柱齿轮组成的单排内外啮合行星轮系中，已知两中心轮的齿数 $z_1 = 19$、$z_3 = 53$，若全部齿轮都采用标准齿轮，求行星轮齿数 z_2。

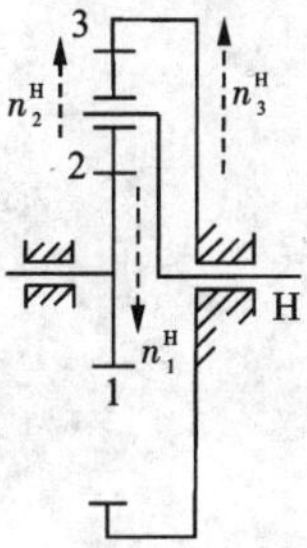

图 5-2-14

解：根据几何关系可得：$r_1 + 2r_2 = r_3$。

由于该轮系全部齿轮采用标准齿轮，且相啮合的齿轮的模数相等，故有 $z_1 + 2z_2 = z_3$。

将已知轮 1、轮 3 的齿数代入，即可得行星轮 2 的齿数：$z_2 = \frac{53 - 19}{2} = 17$。

5－13　在图 5-2-15 所示大传动比行星轮系中的两对齿轮，能否全部采用直齿标准齿轮传动？试提出两对齿轮传动的选择方案。

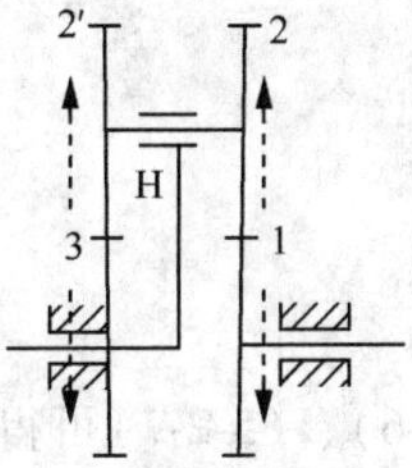

图 5-2-15

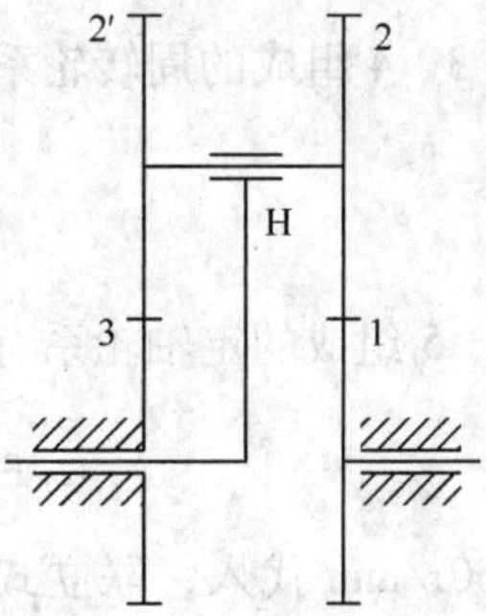

图 5-2-16

解：不能全部采用直齿标准齿轮传动，应至少有一对是采用变位齿轮。

欲采用图 5-2-16 所示大传动比行星齿轮，则各轮齿数应满足

$$z_1 = z_{2'},\ z_2 = z_1 - 1,\ z_3 = z_1 + 1$$

又因为齿轮 1 与齿轮 3 共轴线，设齿轮 1、2 的模数为 m_1，齿轮 2′、3 的模数为 m_2，则有

$$\frac{m_1(z_1 + z_2)}{2} = \frac{m_2(z_{2'} + z_3)}{2}$$

联立以上各式可得

$$\frac{m_1}{m_2} = \frac{2z_1 + 1}{2z_1 - 1} = 1 + \frac{2}{2z_1 - 1} \tag{5-2-4}$$

当 $z_1 = z_{min} = 17$ 时，式(5-2-4)可取得最大值 1.061；当 $z_1 \to +\infty$ 时，式(5-2-4)接近 1，

但不可能取到1。

因此，m_1/m_2 的取值范围是(1，1.061)，而标准直齿圆柱齿轮的模数比是大于1.07的，故图5-2-15所示的大传动比行星齿轮不可能两对都采用直齿标准齿轮传动，至少有一对是采用变位齿轮。

5-14　在图5-2-17所示汽车后桥差速器中，已知 $z_4=60$、$z_5=15$、$z_1=z_3$，轮距 $B=1200\text{mm}$，传动轴输入转速 $n_5=250\text{r/min}$，当车身左转弯内半径 $r'=2400\text{mm}$ 时，左、右二轮的转速各为多少？

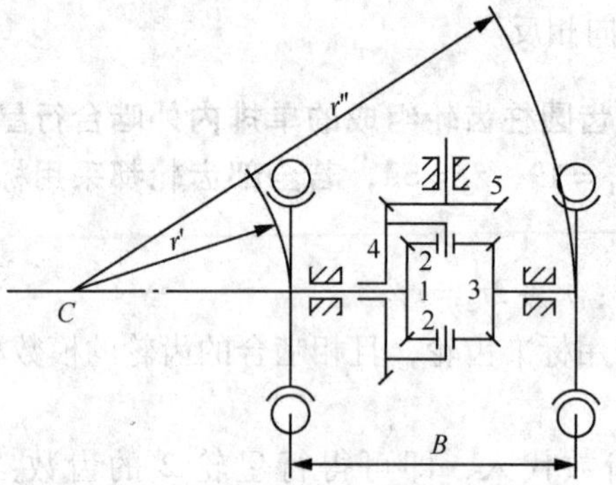

图5-2-17

解：当车身绕 C 点转动时，左右两轮走过的弧长分别与 r' 及 $r''(r'+B)$ 成正比，即

$$\frac{n_1}{n_3}=\frac{r'}{r'+B}=\frac{2400}{2400+1200}=\frac{2}{3} \tag{5-2-5}$$

在齿轮1、2、3、4组成的周转轮系中有 $i_{13}^4=\dfrac{n_1^4}{n_3^4}=\dfrac{n_1-n_4}{n_3-n_4}=-\dfrac{z_3}{z_1}=-1$。

可得

$$2n_4=n_1+n_3 \tag{5-2-6}$$

又对于齿轮4、5组成的定轴轮系有

$$i_{45}=\frac{n_4}{n_5}=\frac{z_5}{z_4}=\frac{15}{60}=\frac{1}{4} \tag{5-2-7}$$

将已知 $n_5=250\text{r/min}$ 代入，联立式(5-2-5)、(5-2-6)、(5-2-7)可得左右两轮的转速分别为 $n_1=50\text{r/min}$，$n_3=75\text{r/min}$。

5-15　在图5-2-18所示自行车里程表机构中，C为车轮轴。已知 $z_1=17$，$z_3=23$，$z_4=19$，$z_{4'}=20$，$z_5=24$，设轮胎受压变形后使28英寸的车轮有效直径约为0.7m。当车行1km时，表上的指针要刚好回转一周，求齿轮2的齿数。

解：齿轮3、4、4′、5和行星架H组成的周转轮系中，可得

$$i_{35}^{\mathrm{H}}=\frac{n_3-n_{\mathrm{H}}}{n_5-n_{\mathrm{H}}}=\frac{z_4z_5}{z_3z_{4'}}=\frac{19\times24}{23\times20}=\frac{114}{115}$$

在齿轮1、2组成的定轴轮系中，有

$$i_{12}=\frac{n_1}{n_2}=-\frac{z_2}{z_1}=-\frac{z_2}{17}$$

又 $n_P=n_5=1$ 时，车行1km，即 $n_1=\dfrac{1000}{0.7\pi}\approx455$。

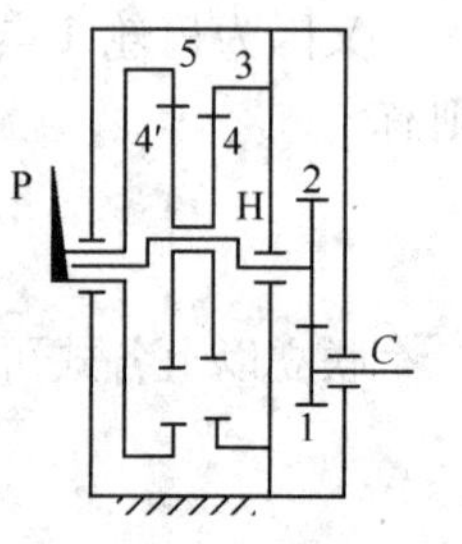

图5-2-18

又 $n_3=0$，$n_H=n_2$，联立以上各式，可得齿轮 2 的齿数 $z_2=68$。

5-16　图 5-2-19 所示为一小型起重机构。一般工作情况下，单头蜗杆 5 不转，动力由电动机 M 输入，带动卷筒 N 转动。当电动机发生故障或需慢速吊重时，电动机停转并刹住，用蜗杆传动。已知 $z_1=53$，$z_{1'}=44$，$z_2=48$，$z_{2'}=53$，$z_3=58$，$z_{3'}=44$，$z_4=87$，求一般工作情况下的传动比 i_{H4} 和慢速吊重时的传动比 i_{54}。

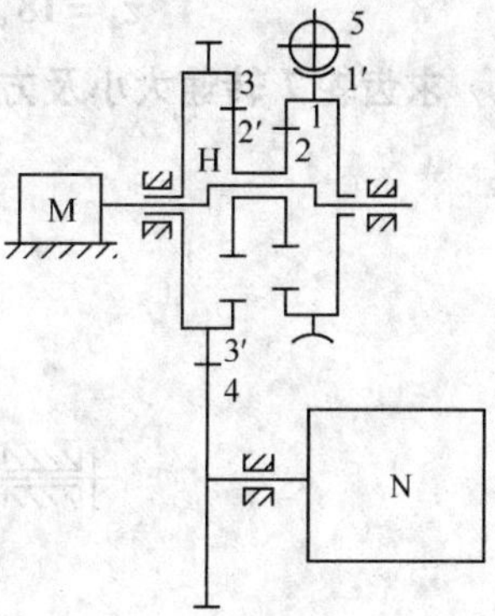

图 5-2-19

解：(1)一般工作情况下，蜗杆 5 不发生转动，所以蜗轮也不动，故 $n_1=0$。

齿轮 1、2、2′、3 和 H 组成的周转轮系中，有

$$i_{13}^{H}=\frac{n_1-n_H}{n_3-n_H}=\frac{z_2z_3}{z_1z_{2'}} \tag{5-2-8}$$

在轮 3′、4 组成的定轴轮系中，有 $i_{3'4}=\frac{n_{3'}}{n_4}=-\frac{z_4}{z_{3'}}$，即

$$n_{3'}=-n_4\frac{z_4}{z_{3'}} \tag{5-2-9}$$

将 $n_{3'}=n_3$ 代入式(5-2-9)，联立式(5-2-8)，可得：$i_{H4}=\frac{n_H}{n_4}\approx 220$。

(2)慢速吊重时，电机停转，即有 $n_H=0$，此时该轮系为定轴轮系，故有

$$i_{54}=\frac{n_5}{n_4}=\frac{z_{1'}z_2z_3z_4}{z_5z_1z_{2'}z_{3'}}=\frac{44\times48\times58\times87}{1\times53\times53\times44}\approx 86$$

5-17　在图 5-2-20 所示大传动比减速器中，已知蜗杆 1 和 5 的线数 $z_1=1$、$z_5=1$，且均为右旋。其余各轮齿数 $z_{1'}=101$，$z_2=99$，$z_{2'}=z_4$，$z_{4'}=100$，$z_{5'}=100$，求传动比 i_{1H}。

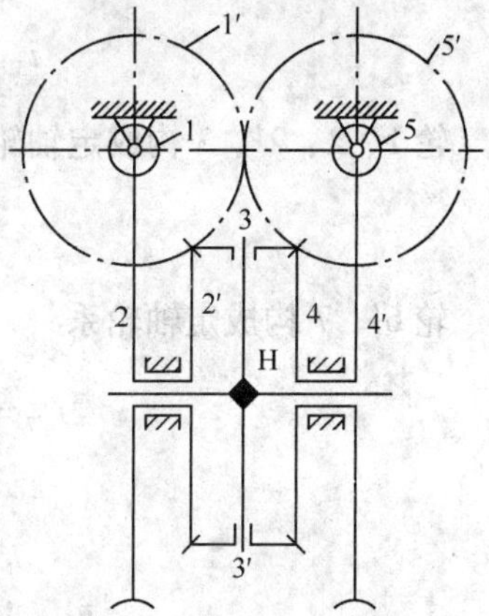

图 5-2-20

解：在齿轮 2′、3′、3、4 组成的周转轮系中，有

$$i_{2'4}^{H}=\frac{n_{2'}-n_H}{n_4-n_H}=-\frac{z_4}{z_{2'}}=-1$$

在蜗轮蜗杆 1、2 组成的定轴轮系中，有

$$i_{12}=\frac{n_1}{n_2}=\frac{z_2}{z_1}=99$$

在蜗杆蜗轮 5、4′组成的定轴轮系中，有

$$i_{54'}=\frac{n_5}{n_4'}=\frac{z_{4'}}{z_5}=100$$

在齿轮 1′，5′组成的定轴轮系中，有

$$i_{1'5'}=\frac{n_{1'}}{n_{5'}}=-\frac{z_{5'}}{z_{1'}}=-\frac{100}{101}$$

又

$$n_{1'}=n_1,\ n_{2'}=n_2,\ n_{4'}=n_4,\ n_{5'}=n_5$$

联立上式可得

$$i_{1H}=\frac{n_1}{n_H}=1980000$$

5.3 名校考研真题详解

计算题

1. 图 5-3-1 所示轮系中，若齿轮 1 每分钟转 19 转，

$$z_1=90,\ z_2=60,\ z_{2'}=40,\ z_3=30,\ z_{3'}=24$$

$$z_4=18,\ z_5=15,\ z_{5'}=30,\ z_6=105,\ z_{6'}=35,\ z_7=32$$

求齿轮 7 转速大小及方向。［华中科技大学 2013 研］

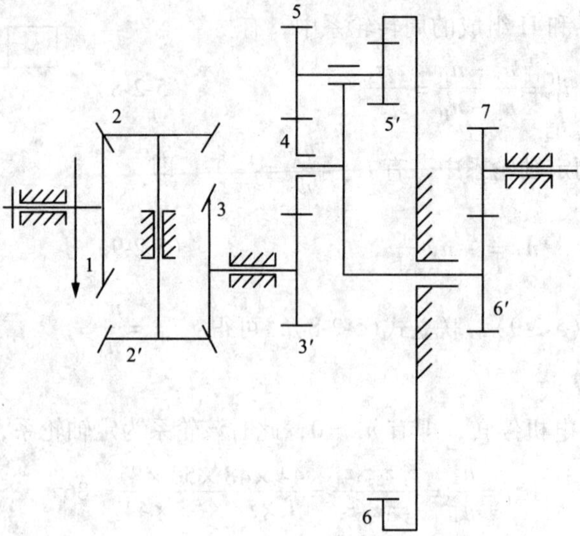

图 5-3-1

解：轮 3′、4、5、5′、6 与行星架 H(6′)构成周转轮系

$$i_{3'H}=\frac{n_{3'}}{n_H}=1-i_{3'6}^H=1-\frac{z_4z_5z_6}{z_{3'}z_4z_{5'}}=-\frac{19}{16} \quad ①$$

轮 1、2、2′、3 构成定轴轮系

$$i_{13}=\frac{n_1}{n_3}=\frac{z_2z_3}{z_1z_{2'}}=\frac{1}{2} \quad ②$$

轮 6′、7 构成定轴轮系

$$i_{6'7}=\frac{n_{6'}}{n_7}=-\frac{z_7}{z_{6'}}=-\frac{32}{35} \quad ③$$

$$n_{6'}=n_H \quad ④$$

$$n_{3'}=n_3 \quad ⑤$$

由式①②③④⑤可得$\frac{n_1}{n_7}=\frac{19}{35}$。

因为 $n_1=19\text{r/min}$，所以 $n_7=35\text{r/min}$，方向与轮 1 转向相同。

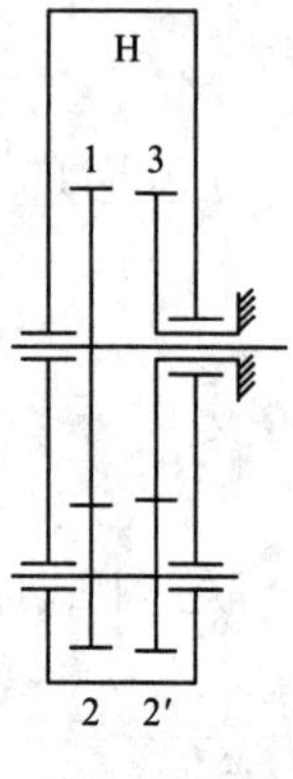

图 5-3-2

2. 已知：$z_1=61$，$z_3=60$，双联齿轮 $z_2=29$，$z_{2'}=30$。求行星架 H 与齿轮 1 的转速之比和方向关系(图 5-3-2)。［浙江大学 2013 研］

解：对于周转轮系 1－2－2′－3－H，有转化轮系传动比为

$$i_{13}^H=\frac{n_1-n_H}{n_3-n_H}=\frac{z_2\cdot z_3}{z_1\cdot z_{2'}}$$

解得

$$i_{1H}=\frac{n_1}{n_H}=\frac{3}{61}$$

行星架 H 与齿轮 1 的转向相同。

3. 在如图 5-3-3 所示的轮系中，已知 $n_1=3549\text{r/min}$，各轮齿数为 $z_1=36$，$z_2=60$，$z_3=23$，$z_4=49$，$z_{4'}=69$，$z_5=31$，$z_6=131$，$z_7=94$，$z_8=36$，$z_9=167$，试求行星架 H 的转速 n_H（大小及转向）。［厦门大学 2013 研］

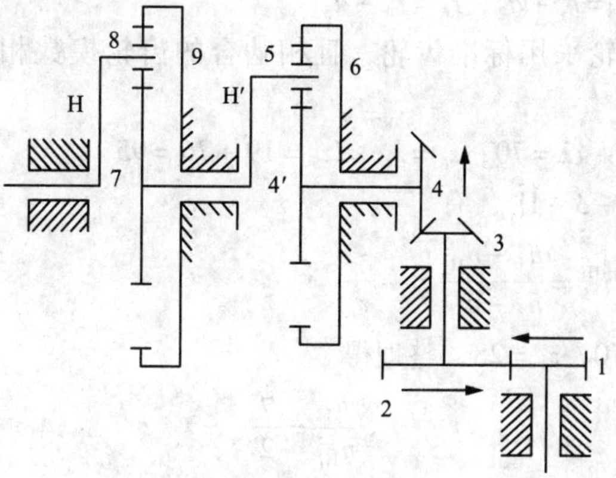

图 5-3-3

解：对于周转轮系 7－8－9－H，有

$$i_{79}^{H}=\frac{n_7-n_H}{n_9-n_H}=-\frac{z_9}{z_7}$$

式中：$n_9=0$，$z_7=94$，$z_9=167$，整理得

$$\frac{n_7}{n_H}=\frac{261}{94} \tag{1}$$

对于周转轮系 4′－5－6－H′(5)，有

$$i_{4'6}^{H'}=\frac{n_{4'}-n_{H'}}{n_6-n_{H'}}=-\frac{z_6}{z_{4'}}$$

式中：$n_6=0$，$z_6=131$，$z_{4'}=69$，整理得

$$\frac{n_{4'}}{n_{H'}}=\frac{200}{69} \tag{2}$$

对于定轴轮系 1－2－3－4，有

$$i_{14}=\frac{n_1}{n_4}=\frac{z_2z_4}{z_1z_3}$$

式中：$n_1=3549\text{r/min}$，$z_1=36$，$z_2=60$，$z_3=23$，$z_4=49$，解得

$$n_4\approx 1000\text{r/min}$$

由 $n_4=n_{4'}$，代入方程(2)得

$$n_{H'}=345\text{r/min}$$

由 $n_{H'}=n_7$，代入方程(1)得

$$n_H=124\text{r/min}$$

n_H 的方向与 n_4 的方向相同。

4. 如图 5-3-4 所示正常安装标准圆柱直齿轮轮系中，已知各轮齿齿数为 $z_1=28$，$z_2=21$，$z_4=19$，$z_5=38$，且齿轮 1、齿轮 4 和齿轮 6 的圆心在同一轴线上，求齿数 z_3、z_6 和传动比 i_{1H_2}。［厦门大学 2013 研］

解：由题意可知，此轮系中包含两个周转轮系，即由齿轮 1、2、3 及行星架 H_1 组成的周转轮系和由齿轮 4、5、6 及行星架 H_2 组成的周转轮系。因为齿轮 3、6 固定不动，$n_3=n_6=0$ 根据几何关系可得

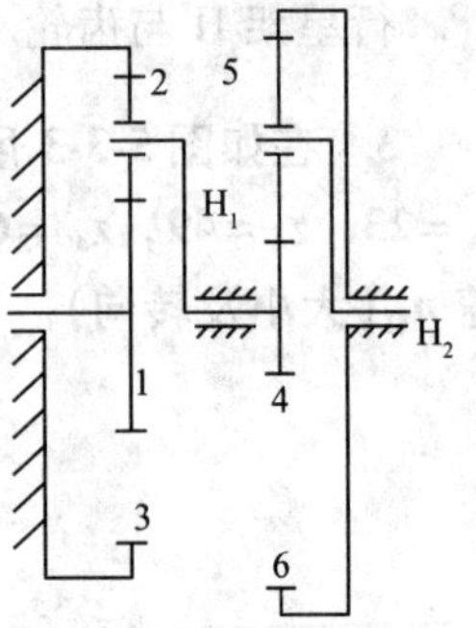

图 5-3-4

$$r_3=r_1+d_2;\ r_6=r_4+d_5$$

由于该轮系全部齿轮采用标准齿轮，且相啮合的齿轮模数相等，由 $d=mz$，故有

$$z_3=z_1+2z_2=28+42=70;\ z_6=z_4+2z_5=19+76=95$$

对于周转轮系 $1-2-3-H_1$，有

$$i_{13}^{H_1}=\frac{n_1-n_{H_1}}{n_3-n_{H_1}}=-\frac{z_3}{z_1}$$

式中：$n_3=0$，$z_3=70$，$z_1=28$，整理得

$$\frac{n_1}{n_{H_1}}=\frac{7}{2} \tag{1}$$

对于周转轮系 $4-5-6-H_2$，有

$$i_{46}^{H_2}=\frac{n_4-n_{H_2}}{n_6-n_{H_2}}=-\frac{z_6}{z_4}$$

式中：$n_6=0$，$z_4=19$，$z_6=95$，整理得

$$\frac{n_4}{n_{H_2}}=6 \tag{2}$$

由于同一根轴的转速相同，故

$$n_4=n_{H_1} \tag{3}$$

联立方程组(1)、(2)、(3)，解得

$$i_{1H_2}=\frac{n_1}{n_{H_2}}=21$$

5. 如图 5-3-5 所示，已知各轮齿数分别为 $z_1=24$，$z_2=48$，$z_{2'}=30$，$z_3=90$，$z_{3'}=20$，$z_4=30$，$z_5=80$。求轮系速比 i_{1H}。［浙江大学 2012 研］

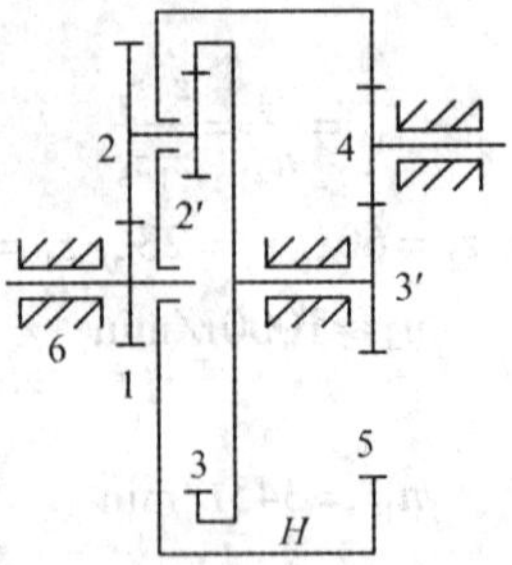

图 5-3-5

解：由题意分析知，齿轮 1、2－2′、3 和行星架 H 组成周转轮系。齿轮 3′、4、5 组成

一个定轴轮系。二者构成一个复合轮系，其中齿轮 5 和 H 是同一构件。

对于周转轮系 $1-2-2'-3-H(5)$，其转化轮系传动比为

$$i_{13}^{H}=\frac{n_1-n_H}{n_3-n_H}=-\frac{z_2z_3}{z_1z_{2'}}=-\frac{48\times 90}{24\times 30}=-6$$

对于定轴轮系 $3'-4-5$，其传动比为

$$i_{3'5}=\frac{n_{3'}}{n_5}=-\frac{z_4z_5}{z_{3'}z_4}=-\frac{30\times 80}{20\times 30}=-4$$

其中 $n_3=n_{3'}$，$n_5=n_H$，联立等式得到

$$i_{13}^{H}=\frac{n_1-n_H}{n_{3'}-n_H}=\frac{n_1-n_H}{-4n_H-n_H}=-\frac{1}{5}\frac{n_1}{n_H}+\frac{1}{5}$$

联立上式解得

$$i_{1H}=n_1/n_H=31$$

第 6 章　间歇运动机构

6.1　复习笔记

【通关提要】

本章主要介绍了棘轮机构、槽轮机构、不完全齿轮机构和凸轮间歇运动机构这四种间歇运动机构的基本原理和特点。学习时需要牢记特点和相关计算公式。本章多以判断题和简答题的形式出现，但是在考研中本章出现的几率较小，复习时需酌情删减内容，重点记忆。

【重点难点归纳】

一、棘轮机构(见表 6-1-1)

表 6-1-1　棘轮机构

要点	主要内容	
分类	①双动式棘轮机构；②可变向棘轮机构；③摩擦式棘轮机构	
棘爪工作条件	①AO_2 垂直于 AO_1。 ②$F_n L\sin\varphi > F_f L\cos\varphi$，其中 $F_f = fF_n$，$f = \tan\rho$，故 $\varphi > \rho$	
棘轮棘爪的几何尺寸	顶圆直径 D	$D = mz$
	齿高 h	$h = 0.75\text{m}$
	齿顶厚 a	$a = m$
	齿槽夹角 θ	$\theta = 60°$或 $55°$
	棘爪长度 L	$L = 2\pi m$

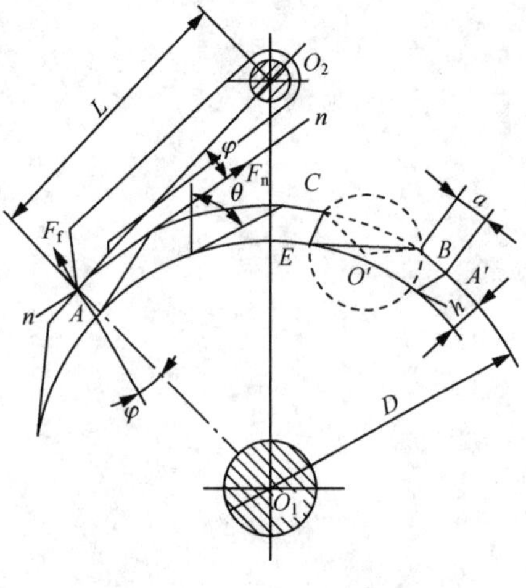

图 6-1-1　棘爪受力分析

二、槽轮机构(见表6-1-2)

表6-1-2　槽轮机构

要点		主要内容
结构	由径向槽的槽轮2、带有圆销 A 的拨盘1和机架组成	
主要参数计算	槽数 z	$\tau = t_m/t = 2\varphi_1/(2\pi) = 1/2 - 1/z$，$\tau$ 为运动特性系数
	拨盘圆销数 K	①$\tau = K(z-2)/2z$； ②$\tau < 1$，则 $K < 2z/(z-2)$

注：为保证槽轮运动，$\tau > 0$，则 $z \geqslant 3$。

三、不完全齿轮机构

由只有一个齿或几个齿的不完全齿轮(主动轮)和正常齿并带锁止弧的从动轮组成。

四、凸轮间歇运动机构

1. 形式

凸轮间歇运动机构通常有两种形式：圆柱形凸轮间歇运动机构和蜗杆形凸轮间歇运动机构。

2. 优点

运转可靠、传动平稳，适用于高速传动，转盘转动与停歇时间的比值可以通过改变凸轮推程运动角来得到。

6.2　课后习题详解

6-1　已知一棘轮机构，棘轮模数 $m = 5$mm，齿数 $z = 12$，试确定机构的几何尺寸并画出棘轮的齿形。

解：顶圆直径：$D = mz = 5 \times 12 = 60$mm；

齿高：$h = 0.75m = 0.75 \times 5 = 3.75$mm；

齿顶厚：$a = m = 5$mm；

齿槽夹角：$\theta = 60°$；

棘爪长度：$L = 2\pi m = 2\pi \times 5 = 10\pi$mm；

棘轮的齿形如图6-2-1所示。

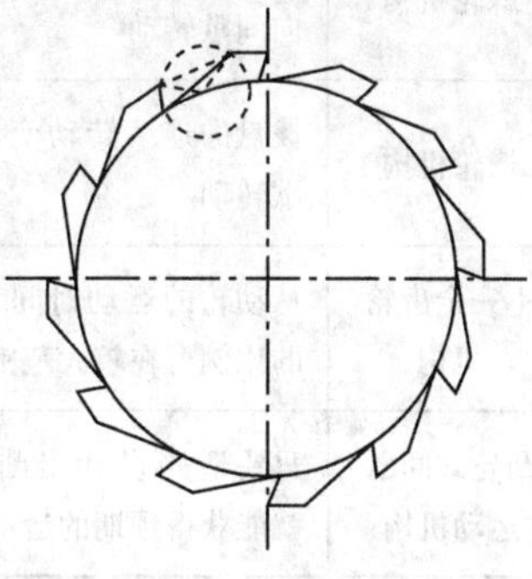

图6-2-1

6-2　已知槽轮的槽数 $z = 6$，拨盘的圆销数 $K = 1$，转速 $n_1 = 60$r/min，求槽轮的运动时间 t_m 和静止时间 t_s。

解：槽轮机构的运动特性系数：$\tau = \dfrac{t_m}{t} = \dfrac{2\varphi_1}{2\pi} = \dfrac{z-2}{2z} = \dfrac{1}{3}$。

当拨盘转过的角度 $2\varphi_1 = \dfrac{2}{3}\pi$ 时，槽轮转过的角度为 $2\varphi_2 = \dfrac{1}{3}\pi$。

拨盘转速 $n_1 = 60$r/min，故拨盘转1转所用的时间为1s。

槽轮的运动时间：$t_m = \tau t = \dfrac{1}{3} \times 1 = \dfrac{1}{3}$s。

槽轮的静止时间：$t_s = t - t_m = \dfrac{2}{3}$s。

6-3　在转塔车床上六角刀架转位用的槽轮机构中，已知槽数 $z=6$，槽轮静止时间 $t_s=5/6s$，运动时间 $t_m=2t_s$，求槽轮机构的运动特性系数 τ 及所需的圆销数 K。

解：根据题意可得，主动件转一周所需的时间：$t=t_s+t_m=\frac{5}{2}s$；

槽轮特性系数：$\tau=\frac{t_m}{t}=\frac{10}{6}\times\frac{2}{5}=\frac{2}{3}$；

又 $\tau=\frac{K(z-2)}{2z}$，即 $\frac{2}{3}=\frac{K(z-2)}{2z}$，则该槽轮机构所需的圆销数 $K=2$。

6-4　设计一槽轮机构，要求槽轮的运动时间等于静止时间，试选择槽轮的槽数和拨盘的圆销数。

解：由题意可知 $t_m=t_s$，且 $t=t_m+t_s$，则槽轮特性系数：$\tau=\frac{t_m}{t}=\frac{t_m}{t_m+t_s}=\frac{1}{2}$。

又 $\tau=\frac{K(z-2)}{2z}$，即 $\frac{1}{2}=\frac{K(z-2)}{2z}$，解得：$z=K(z-2)$。

故当取槽数 $z=4\sim8$ 时，满足已知条件的合理组合只有一种：$K=2$，$z=4$。

6-5　本章介绍的四种间歇运动机构：棘轮机构、槽轮机构、不完全齿轮机构和凸轮间歇运动机构，在运动平稳性、加工难易和制造成本方面各具有哪些优、缺点？各适用于什么场合？

解：各机构优缺点及使用场合如表 6-2-1 所示。

表 6-2-1

机构类型	工作特点	结构、运动及动力性能	适用场合
棘轮机构	摇杆的往复摆动变成棘轮的单向间歇转动	结构简单、加工方便，运动可靠，但冲击、噪音大，运动精度低	适用于低速、转角不大场合，如转位、分度以及超越等
槽轮机构	拨盘的连续转动变成槽轮的间歇转动	结构简单，效率高，传动较平稳，但有柔性冲击	用于转速不高的轻工机械中
不完全齿轮机构	从动轮的运动时间和静止时间的比例可在较大范围内变化	需专用设备加工，有较大冲击	用于具有特殊要求的专用机械中
凸轮式间歇运动机构	只要适当设计出凸轮的轮廓，就能获得预期的运动规律	运转平稳、定位精度高，动荷小，但结构较复杂	可用于载荷较大的场合

6.3　名校考研真题详解

一、判断题

1. 单销槽轮机构槽轮的槽数应大于或等于 3。(　　)［浙江大学 2012 研］

【答案】对

【解析】单销槽轮机构的运动系数为 $\tau=\frac{z-2}{2z}$，要使运动系数大于 0，槽数应该大于等于 3。

2. 单销槽轮机构运动系数 $\tau \leqslant 0.5$。(　　)[浙江大学 2013 研]

【答案】错

【解析】由 $\tau = \frac{z-2}{2z} = \frac{1}{2} - \frac{1}{z}$ 可得，运动系数必小于 0.5。

二、名词解释

间歇运动机构[厦门大学 2013 研]

答：间歇运动机构是指能够将原动件的连续运动转变为从动件的周期性时动时停运动的机构。常见的间歇运动机构有凸轮机构、不完全齿轮机构、棘轮机构、槽轮机构等。

第 7 章　机械运转速度波动的调节

7.1　复习笔记

【通关提要】

本章主要介绍了机械运转速度波动调节的目的和方法。简单介绍了飞轮主要尺寸的确定。学习时需要重点掌握飞轮平均速度、不均匀系数和利用能量指示图计算最大盈亏功 A_{max} 的等内容。本章主要计算题的形式考查，复习时需把握其具体内容，重点记忆。

【重点难点归纳】

一、机械运转速度波动调节的目的和方法

目的：降低速度波动对机械振动、机械效率和产品质量的影响。

方法：周期性速度波动，安装飞轮；非周期性速度波动，通过调速器调节。

二、飞轮设计的近似方法

1. 飞轮设计的主要参数(见表 7-1-1)

表 7-1-1　飞轮设计的主要参数

要点	主要内容	
平均速度 ω_m	实际平均值	$\omega_m = \frac{1}{T}\int_0^t \omega \mathrm{d}t$
	算术平均值	$\omega_m = (\omega_{\max} + \omega_{\min})/2$
速度不均匀系数 δ	$\delta = (\omega_{\max} - \omega_{\min})/\omega_m$	
飞轮转动惯量 J	$J = W_{\max}/(\omega_m^2 \delta)$	
最大盈亏功 $W_{\max}$	$W_{\max} = E_{\max} - E_{\min} = J(\omega_{\max}^2 - \omega_{\min}^2)/2 = J\omega_m^2 \delta$	

2. 飞轮转动惯量与速度不均匀系数的关系

飞轮转动惯量 J 与速度不均匀系数 δ 的关系图如图 7-1-1 所示。

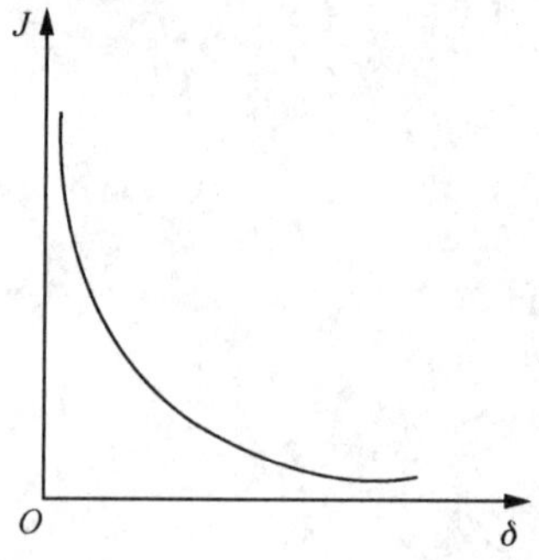

图 7-1-1　$J-\delta$ 变化曲线

(1)当 $W_{\max}$、ω_m 一定时，δ 减小，J 增大，机械运转速度越均匀。但 δ 不宜过小。

(2)当 J、ω_m 一定时，$W_{\max}$ 越大，机械运转速度越不均匀。

(3)当 $W_{\max}$、δ 一定时，ω_m 越大，所需的飞轮转动惯量越小，故宜将飞轮安装在高速

轴上。

3. 最大盈亏功 W_{max} 的确定

(1)计算输入功与输出功之差

①如图 7-1-2(a)所示，*oa* 区间的输入功与输出功之差

$$W_{oa}=\int_0^a (M'-M'')\mathrm{d}\varphi$$

$$=\int_0^a \mu_M(y'-y'')\mathrm{d}x\mu_\varphi$$

$$=\mu_M\mu_\varphi[A_1]$$

式中，$[A_1]$为 *oa* 区间 $M'-\varphi$ 与 $M''-\varphi$ 曲线之间的面积；W_{oa}为绝对值。

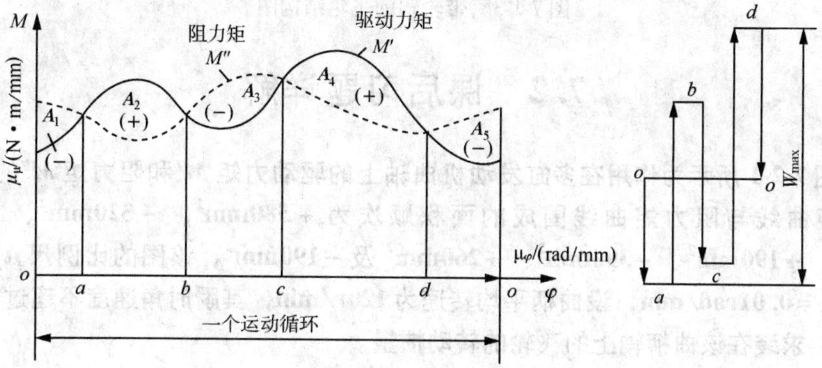

图 7-1-2　最大盈亏功的确定

②正负号

阻力矩大于驱动力矩，取负号；驱动力矩大于阻力矩，取正号。

(2)能量指示图

①盈亏功的向量表示

如图 7-1-2(b)所示，从 *o* 点出发，顺次作向量 *oa*、*ab*、*bc*、*cd*、*do* 表示相应区间的盈亏功。盈功为正，箭头朝上；亏功为负，箭头朝下。

②最大盈亏功

最大动能与最小动能之差是最大盈亏功 W_{max}，即 *a*、*d* 二位置动能之差。

三、飞轮主要尺寸的确定(见表 7-1-2)

表 7-1-2　飞轮主要尺寸的确定

要点	主要内容	
带有轮辐的飞轮	飞轮转动惯量 J	$J=m(D_m/2)^2=mD_m^2/4$
	质量 m	$m=V\rho=\pi D_m HB\rho$
实心圆盘式飞轮	飞轮转动惯量 J	$J=m(D/2)^2/2=mD^2/8$
	质量 m	$m=V\rho=\pi D^2B\rho/4$

注：D_m是带有轮辐的飞轮轮缘的平均直径；D 是实心圆盘式飞轮直径；B 是飞轮的宽度；H 是带有轮辐的飞轮的参数，如图 7-1-3 所示。

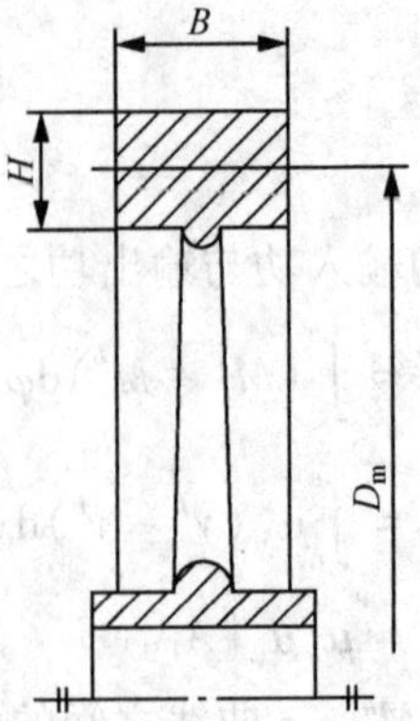

图 7-1-3　带轮辐的飞轮结构图

7.2　课后习题详解

7-1　图 7-2-1 所示为作用在多缸发动机曲轴上的驱动力矩 M' 和阻力矩 M'' 的变化曲线，其驱动力矩曲线与阻力矩曲线围成的面积顺次为 $+580mm^2$、$-320mm^2$、$+390mm^2$、$-520mm^2$、$+190mm^2$、$-390mm^2$、$+260mm^2$ 及 $-190mm^2$，该图的比例尺 $\mu_M=100N\cdot m/mm$，$\mu_\varphi=0.01rad/mm$，设曲柄平均转速为 120r/min，其瞬时角速度不超过其平均角速度的 ±3%，求装在该曲柄轴上的飞轮的转动惯量。

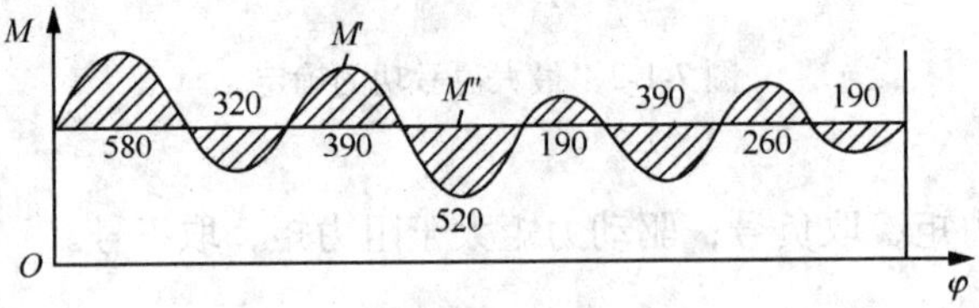

图 7-2-1

解：(1)计算得该图功的比例尺为

$$\mu_A=\mu_M\mu_\varphi=100\times0.01=1N\cdot m/mm^2$$

(2)求最大盈亏功 W_{max}

先根据图 7-2-1 作出能量指示图，如图 7-2-2 所示，知在 *cf* 区间出现最大盈亏功，其绝对值为

$$\begin{aligned}W_{\max}&=|\mu_A A_{cf}|=|\mu_A(-A_{cd}+A_{de}-A_{ef})|\\&=|1\times(-520+190-390)|\\&=720N\cdot m\end{aligned}$$

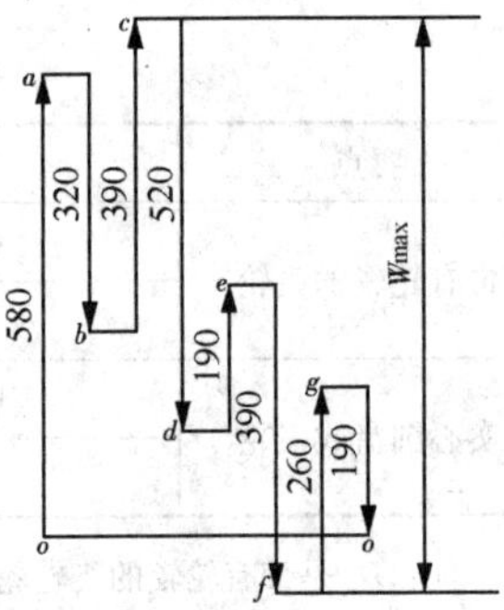

图 7-2-2

(3)求飞轮的转动惯量

曲轴的平均角速度

$$\omega_m=\frac{2\pi n}{60}=4\pi\ rad/s$$

系列的运转不均匀系数

$$\delta=\frac{\omega_{\max}-\omega_{\min}}{\omega_m}=\frac{1.03\omega_m-0.97\omega_m}{\omega_m}=0.06$$

飞轮的转动惯量

$$J=\frac{W_{max}}{\omega_m^2\delta}=\frac{720}{(4\pi)^2\times 0.06}=76\text{kg}\cdot\text{m}^2$$

7-2　在电动机驱动的剪床中，已知作用在剪床主轴上的阻力矩 M'' 的变化规律如图7-2-3所示。设驱动力矩 M' 等于常数，剪床主轴转速为 60r/min，机械运转速度不均匀系数 $\delta=0.15$。求：(1)驱动力矩 M' 的数值；(2)安装在主轴上的飞轮的转动惯量。

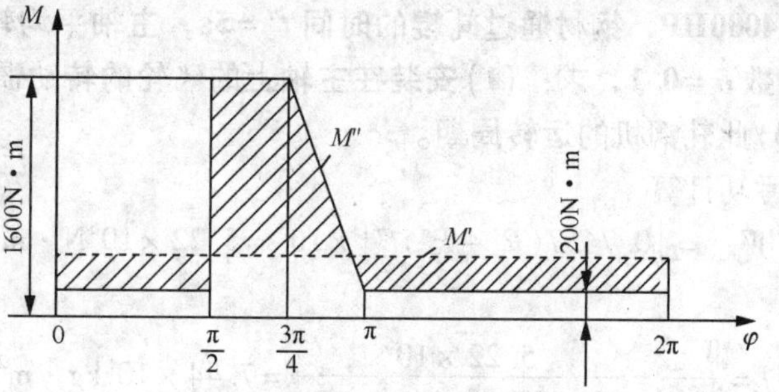

图 7-2-3

解：(1)求驱动力矩 M'

在一个运动循环中，驱动力矩所作的功为 $2\pi M'$，相当于一个运动循环所作的功，即

$$2\pi M'=200\times 2\pi+1400\times\frac{(\pi/2+\pi/4)}{2}$$

解得驱动力矩：$M'=462.5\text{N}\cdot\text{m}$。

(2)①求最大盈亏功 W_{max}

如图 7-2-4 所示，最大盈亏功：$W_{max}=s_1+s_3=s_2$。

其中，s_2 = 矩形面积 $abgf$ + 三角形面积 $abe=S_\square+S_\triangle$。

且有：$S_\square=(1600-462.5)\times\left(\frac{3}{4}\pi-\frac{\pi}{2}\right)\approx 284\pi$，$S_\triangle=(1600-462.5)\times be\times\frac{1}{2}$。

根据几何关系有

$$\frac{ac}{ab}=\frac{cd}{be}\Rightarrow\frac{1600-200}{1600-462.5}=\frac{\pi-\frac{3}{4}\pi}{be}$$

解得：$be=\frac{\pi}{4.92}$，得 $S_\triangle\approx 116\pi$。

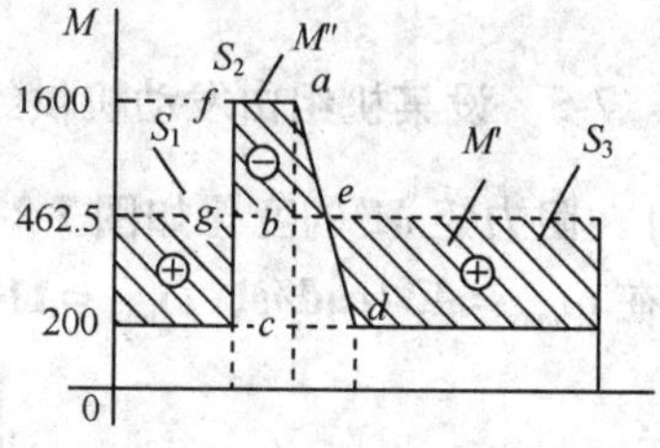

图 7-2-4

则有

$$W_{max}=S_\square+S_\triangle=400\pi\ \text{N}\cdot\text{m}$$

②求飞轮的转动惯量

主轴平均角速度为

$$\omega_m=\frac{2\pi n}{60}=\frac{2\pi\cdot 60}{60}=2\pi\ \text{rad/s}$$

飞轮的转动惯量为

$$J=\frac{W_{max}}{\omega_m^2\delta}=\frac{400\pi}{(2\pi)^2\times 0.15}\approx 212\text{kg}\cdot\text{m}^2$$

7-3　为什么本章介绍的飞轮设计方法称为近似方法？试说明哪些因素影响飞轮设计的精确性。

解：(1)本章介绍的飞轮设计方法，没有考虑飞轮以外其他构件动能的变化，而实际上其他构件都有质量，它们的速度和动能也在不断变化，因而是近似的。

(2)其他构件的质量所占的比重影响飞轮设计的精确性。

7-4　已知某轧钢机的原动机功率等于常数，$P'=2600\text{HP}$(马力)，钢材通过轧辊时消耗的功率为常数，$P''=4000\text{HP}$，钢材通过轧辊的时间 $t''=5\text{s}$，主轴平均转速 $n=80\text{r/min}$，机械运转速度不均匀系数 $\delta=0.1$，求：(1)安装在主轴上的飞轮的转动惯量；(2)飞轮的最大转速和最小转速；(3)此轧钢机的运转周期。

解：(1)最大盈亏功计算

$$W_{max}=|0.7457(P'-P'')t''|\times10^3=5.22\times10^6\text{N}\cdot\text{m}$$

飞轮的转动惯量

$$J=\frac{W_{max}}{\omega_m^2\delta}=\frac{5.22\times10^6}{\left(\frac{2\times80\times3.14}{60}\right)^2\times0.1}=7.44\times10^5\text{kg}\cdot\text{m}^2$$

(2)最大转速和最小转速

直接由公式计算得

$$n_{max}=n_m\left(1+\frac{\delta}{2}\right)=80\times\left(1+\frac{0.1}{2}\right)\text{r/min}=84\text{r/min}$$

$$n_{max}=n_m\left(1-\frac{\delta}{2}\right)=80\times\left(1-\frac{0.1}{2}\right)\text{r/min}=76\text{r/min}$$

(3)因为在一个周期内，驱动力矩作功和阻力矩作功相等，即有

$$P't'=P''t''$$

故 $t'=\frac{P''t''}{P'}=\frac{4000\times5}{2600}=7.69\text{s}$。

7-5　设某机组由发动机供给的驱动力矩 $M'=\frac{1000}{\omega}\text{N}\cdot\text{m}$(即驱动力矩与瞬时角速度成反比)，阻力矩 M''的变化如图 7-2-5 所示，$t_1=0.1\text{s}$，$t_2=0.9\text{s}$，若忽略其他构件的转动惯量，求在 $\omega_{max}=134\text{rad/s}$、$\omega_{min}=116\text{rad/s}$ 状态下飞轮的转动惯量。

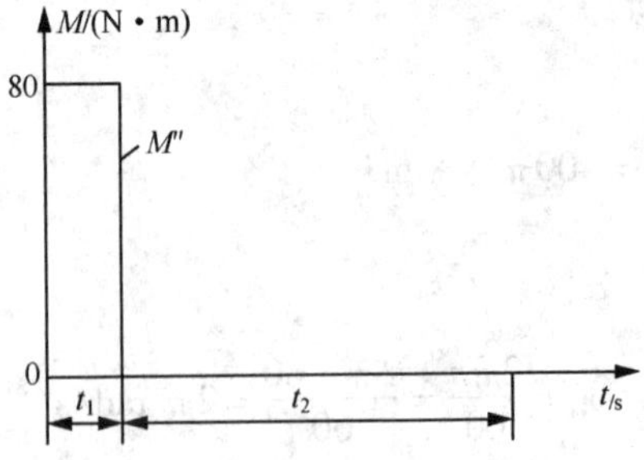

图 7-2-5

解：(1)平均角速度为

$$\omega_m=\frac{\omega_{max}+\omega_{min}}{2}=\frac{134+116}{2}=125\text{rad/s}$$

(2)一个周期中，驱动力矩所作的功为

$$P' = \int_0^{t_1+t_2} M'\omega \mathrm{d}t = \int_0^{t_1+t_2} \frac{1000}{\omega}\omega \mathrm{d}t$$

$$= 1000 \times 1 = 1000\mathrm{N \cdot m}$$

一个周期中，阻力矩所作的功为

$$P'' = M''\varphi = M''\omega_m t_1$$

$$= 80 \times \frac{134+116}{2} \times 0.1 = 1000\mathrm{N \cdot m}$$

t_1 时间段内驱动力矩所作的功为

$$P_1' = \int_0^{t_1} M'\omega \mathrm{d}t = \int_0^{t_1} \frac{1000}{\omega}\omega \mathrm{d}t = 1000 \times 0.1 = 100\mathrm{N \cdot m}$$

(3)计算最大盈亏功

$$W_{\max} = 1000 - 100 = 900\mathrm{N \cdot m}$$

(4)机组运转不均匀系数为

$$\delta = \frac{\omega_{\max} - \omega_{\min}}{\omega_m} = \frac{134-116}{125} = 0.144$$

(5)飞轮的转动惯量

$$J = \frac{W_{\max}}{\omega_m^2 \delta} = \frac{900}{125^2 \times 0.144} = 0.4\mathrm{kg \cdot m^2}$$

7-6　何谓周期性速度波动？何谓非周期性速度波动？它们各用何种装置进行调节？经过调节之后主轴能否获得匀速转动？

解：(1)周期性速度波动：是指机械在稳定运转时，由于驱动力与阻力的等效力矩或(和)机械的等效转动惯量的周期性变化所引起的主动轴角速度的周期性变化。

(2)非周期性速度波动：是指机械运转时由于驱动力或(和)阻力的无规律变化所引起的主动轴角速度的随机无规律变化。

(3)调节方法

①调节周期性速度波动的方法：是加入飞轮机构。利用飞轮的储能作用，减小机械运转速度的波动幅度。当机器出现盈功时，飞轮以动能的形式将多余的能量储存起来，而使主轴角速度上升的幅值减小；反之，当机械出现亏功时，飞轮将储存的能量放出来，从而使得主轴角速度下降幅值减小。

②非周期性速度波动的调节方法：采用调速器。

(4)经过调节之后只能使主轴的速度波动幅度减小，不能使其获得匀速转动。

7-7　某机组主轴上作用的驱动力矩 M' 为常数，它的一个运动循环中阻力矩 M'' 的变化如图 7-2-6 所示。今给定 $\omega_m = 25\mathrm{rad/s}$，$\delta = 0.04$，采用平均直径 $D_m = 0.5\mathrm{m}$ 的带轮辐的飞轮，试确定飞轮的转动惯量和质量。

解：由图 7-2-6 知，一个运动循环的力矩图有四个重复图示，所以，可以以一个周期只有$\frac{\pi}{2}$来计算。

(1)求驱动力矩 M'

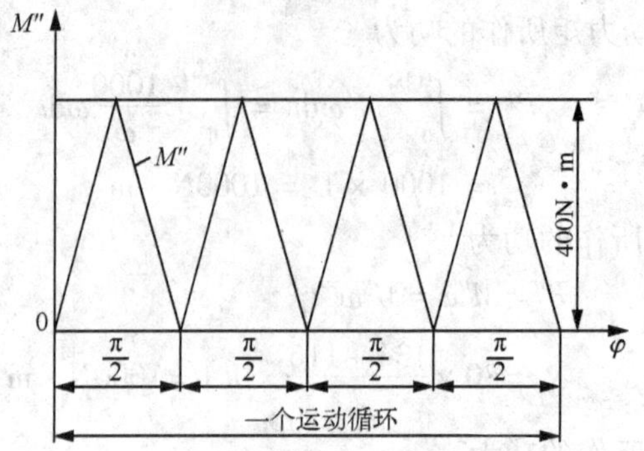

图 7-2-6

一个周期内驱动力矩作功和阻力矩作功相等，驱动力矩 M'为常数，则

$$\frac{\pi}{2}M' = 400 \times \frac{\pi/2}{2}$$

解得：$M' = 200\text{N} \cdot \text{m}$。

(2)求最大盈亏功

$M' - \varphi$ 图和 $M'' - \varphi$ 图如图 7-2-7(a)所示，据此作出能量指示如图 7-2-7(b)所示。由图可知最大盈亏功为：$W_{\max} = 200 \times \frac{\pi}{4} \times \frac{1}{2} = 25\pi\ \text{N} \cdot \text{m}$。

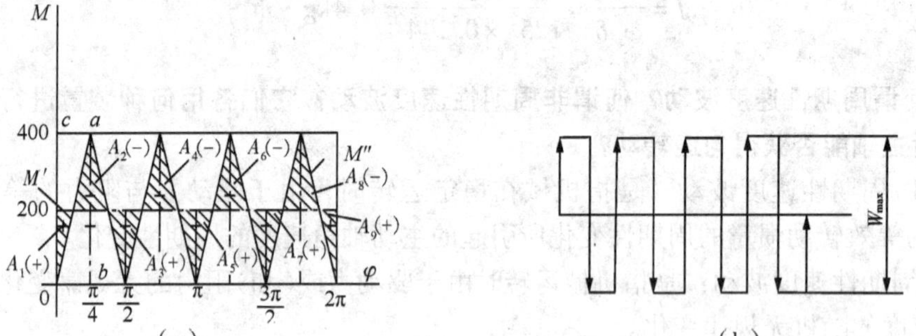

(a) (b)

图 7-2-7

(3)求飞轮的转动惯量

$$J = \frac{W_{\max}}{\omega_m^2 \delta} = \frac{25\pi}{25^2 \times 0.04} = \pi\ \text{kg} \cdot \text{m}^2$$

(4)求飞轮的质量

由 $J = \frac{mD_m^2}{4}$可得：质量 $m = \frac{4J}{D_m^2} = \frac{4\pi}{0.5^2} = 16\pi\ \text{kg}$。

7.3 名校考研真题详解

一、选择题

调节机械的周期性速度波动采用(　　)。[浙江大学 2010 研]

A. 弹簧　　B. 调速器　　C. 飞轮　　D. 变速器

【答案】C

【解析】调节周期性速度波动的常用方法是采用转动惯量很大的回转件——飞轮，盈功使其动能增加，亏功使其动能减小。飞轮动能变化数值相同时，飞轮的转动惯量越大，角速度波动越小。

二、填空题

1. 如图7-3-1所示为某机器的等效驱动力矩 $M_d(\varphi)$ 和等效阻力矩 $M_r(\varphi)$ 的线图，其等效转动惯量为常数，该机器的主轴位置角 φ 等于______时，主轴角速度达到 ω_{max}，主轴位置角 φ 等于______时，主轴角速度达到 ω_{min}。[华中科技大学2012研]

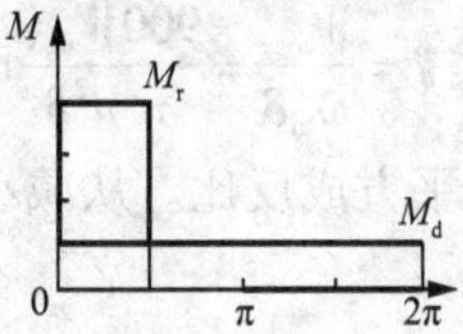

图7-3-1

【答案】2π；$\frac{\pi}{2}$

【解析】作出能量指示图如图7-3-2所示，可知在 a 点系统的能量最低，故此时出现 ω_{min}；在 d 点（$\varphi=2\pi$）系统的能量最高，此时出现 ω_{max}。

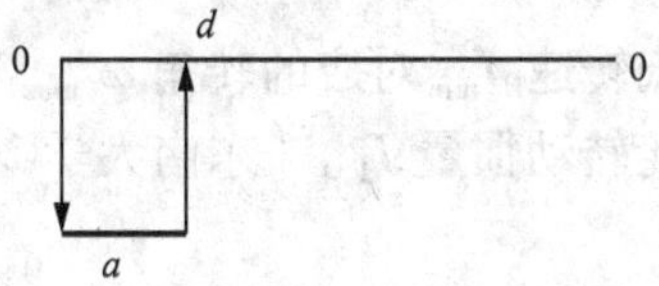

图7-3-2

2. 某机器的主轴平均角速度 $\omega_m=100\text{rad/s}$，机器运转的速度不均匀系数 $\delta=0.05$，则该机器的最大角速度 ω_{max} 等于______ rad/s。最小角速度 ω_{min} 等于______ rad/s。[华中科技大学2012研]

【答案】102.5；97.5

【解析】因 $\omega_m=\dfrac{\omega_{max}+\omega_{min}}{2}$，$\delta=\dfrac{\omega_{max}-\omega_{min}}{\omega_m}$，故

$$\omega_{max}=\omega_m\left(1+\frac{\delta}{2}\right)=102.5\text{rad/s}，\omega_{min}=\omega_m\left(1-\frac{\delta}{2}\right)=97.5\text{rad/s}$$

3. 周期性速度波动的重要特征是，在一个整周期中，______与______是相等的。调节周期性速度波动的常用机械方法是加上一个______的飞轮。[厦门大学2011研]

【答案】驱动力所作的输入功，阻力所作的输出功；具有很大转动惯量

【解析】本题考查周期性速度波动。在一个周期内，输入功（或驱动力矩）等于输出功（或阻力矩）相等，动能没有增减。但是，输入功与输出功并不是时时相等的，因而会出现速度波动。盈功使飞轮的动能增加，亏功使飞轮的动能减小。从而避免机械运转速度发生过大的波动。

4. 常用飞轮调节机械运转，______速度波动，______使飞轮的动能增加，亏功使飞轮的动能减小。[西安石油大学2020年研]

【答案】减小周期性；盈功

【解析】安装飞轮只能减小周期性速度波动，但不能消除速度波动。盈功是指驱动力做的功大于阻力所做的功，会使飞轮的动能增加；相反，亏功使飞轮的动能减少。

三、判断题

从减小飞轮所需的转动惯量角度考虑，宜将飞轮安装在低速轴上。(　　)［浙江大学 2012 研］

【答案】错

【解析】由飞轮转动惯量计算公式 $J=\frac{W_{\max}}{\omega_m^2\delta}=\frac{900W_{\max}}{\pi^2n^2\delta}$可知，当最大盈亏功 $W_{\max}$ 和不均匀系数 δ 一定时，转动惯量 J 与转速 n 的平方成反比。从减小飞轮所需要的转动惯量出发，宜将飞轮安装在高速轴上。

四、计算题

1. 已知机器的等效阻力矩 M_r 相对于主轴转角 φ 的变化规律如图 7-3-3 所示，其周期为 2π，等效驱动力矩 M_d 为常数；等效构件的平均转速为 $n_m=1000\text{r/min}$；等效转动惯量 J 忽略不计。若要求速度不均匀系数为 $\delta=0.05$，试求：

(1) 等效驱动力矩 M_d；

(2) 主轴最高转速 $n_{\max}$ 和最低转速 $n_{\min}$ 对应的转角 $\varphi_{[\max]}$ 和 $\varphi_{[\min]}$；

(3) 安装在等效构件上的飞轮转动惯量 J_F。［东南大学 2004 研］

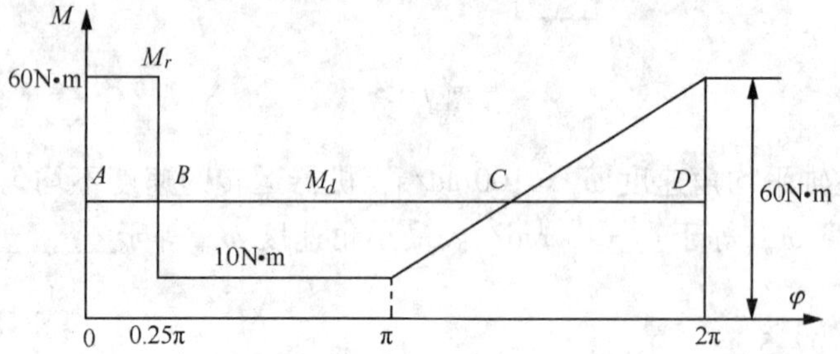

图 7-3-3

解：(1) 由于一个周期内驱动力矩与阻力矩所作的功相等，因此有

$$W_d=W_r$$

即 $M_d\cdot 2\pi=\int_0^{2\pi}M_r\mathrm{d}\varphi=60\times0.25\pi+10\times0.75\pi+\frac{1}{2}(60+10)\pi$，则等效驱动力矩为 $M_d=28.75\text{N}\cdot\text{m}$。

(2) 由速度不均匀系数及平均速度定义可得

$$\begin{cases}n_m=\frac{1}{2}(n_{\max}+n_{\min})=1000\text{r/min}\\ \delta=\frac{n_{\max}-n_{\min}}{n_m}=0.05\end{cases}$$

则最高转速 $n_{\max}$ 和最低转速 $n_{\min}$ 分别为：$n_{\max}=1025\text{r/min}$ 和 $n_{\min}=975\text{r/min}$。

在图中画一条直线，纵坐标大小为等效驱动力，则由等效驱动力矩和阻力矩所围的功能图可知 $n_{\max}$ 对应转角 1.375π，$n_{\min}$ 对应转角 0.25π。即

$$\varphi_{[\max]}=1.375\pi,\ \varphi_{[\min]}=0.25\pi$$

(3)假设 A 点的动能为 E_A，由图可求出各点的动能，即

$E_A = E_A$

$E_B = E_A + (28.75 - 60) \times 0.25\pi = E_A - 7.8125\pi$

$E_C = E_B + \frac{1}{2} \times (1.125\pi + 0.75\pi) \times 18.75 = E_B + 17.58\pi = E_A + 9.77\pi$

$E_D = E_C + \frac{1}{2} \times (28.75 - 60) \times 0.625\pi = E_A$

则最大盈亏功为

$$W_{\max} = E_{\max} - E_{\min} = E_C - E_B = 17.58\pi \text{ N} \cdot \text{m}$$

平均角速度为

$$\omega_m = \frac{2\pi n_m}{60} = \frac{2\pi \times 1000}{60} = \frac{100}{3}\pi \text{ rad/s}$$

由飞轮转动惯量公式可得

$$J_F = \frac{W_{\max}}{\omega_m^2 \delta} = \frac{17.58\pi}{\left(\frac{100}{3}\pi\right)^2 \times 0.05} = 0.10078 \text{kg} \cdot \text{m}^2$$

2. 图 7-3-4 所示为等效构件在一个稳定运转循环内的等效驱动力矩 M_d 与等效阻力矩 M_r 的变化曲线，图中各部分面积的值代表功的值 W(N · d)。

(1)试确定最大盈亏功 $\Delta W_{\max}$；

(2)若等效构件平均角速度 $\omega_m = 50$rad/s，运转速度不均匀系数 $\delta = 0.1$，试求等效构件的 $\omega_{\min}$ 及 $\omega_{\max}$ 的值及发生的位置。［武汉理工大学 2005 研］

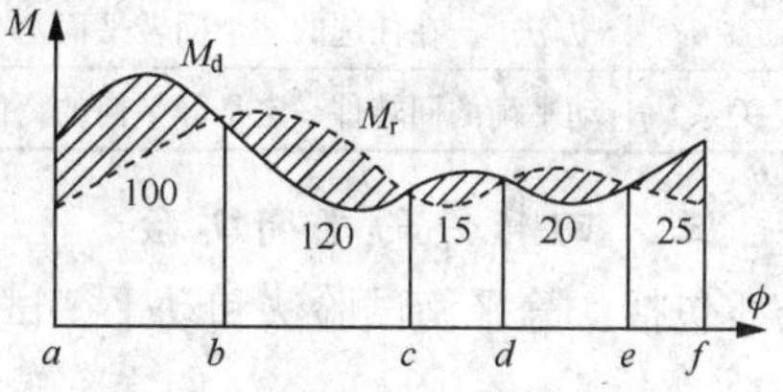

图 7-3-4

解：(1)求各点的盈亏功

a 处：$\Delta W = 0$

b 处：$\Delta W = 100$N · d

c 处：$\Delta W = (100 - 120)$N · d $= -20$N · d

d 处：$\Delta W = (-20 + 15)$N · d $= -5$N · d

e 处：$\Delta W = (-5 - 20)$N · d $= -25$N · d

f 处：$\Delta W = (-25 + 25)$N · d $= 0$

则最大盈亏功：$\Delta W_{\max} = [100 - (-25)]$N · d $= 125$N · d。

(2)由题意可知

$$\omega_m = (\omega_{\max} + \omega_{\min})/2 = 50 \text{rad/s}$$

$$\delta = (\omega_{\max} - \omega_{\min})/\omega_m = 0.1$$

在 b 点时，盈亏功增加量最大，出现最大角速度

$$\omega_{\max} = 52.5 \text{rad/s}$$

在 e 点时，盈亏功减少量最小，出现最小角速度

$$\omega_{\min} = 47.5 \text{rad/s}$$

第 8 章　回转件的平衡

8.1　复习笔记

【通关提要】

本章主要介绍回转件的静平衡和动平衡特点和要求。简单介绍了回转件的平衡试验。学习时需要重点掌握静平衡和动平衡的不同点和相关性以及两者的平衡质量计算方法等内容。本章主要以选择题、判断题和计算题的形式考查，复习时需把握其具体内容，重点记忆。

【重点难点归纳】

一、回转件平衡的目的

使惯性力完全平衡或部分平衡，消除附加动压力，减轻机械振动。

二、回转件的平衡计算(见表 8-1-1)

表 8-1-1　回转件的平衡计算

要点	主要内容	
静平衡	平衡质量(质量 m_b、质心向径 r_b)产生的离心力与原有质量(原有各质量 m_i、各质心向径 r_i)产生的离心力之和为 0，即 $m_b r_b + \sum m_i r_i = 0$	
动平衡	条件	回转件上各个质量的离心力之和为 0，且力偶矩之和也为零
	方法	在任选的两个回转平面上分别平衡
关系	动平衡的回转件一定是静平衡的，但静平衡的回转件却不一定是动平衡的	

三、回转件的平衡实验

包括：静平衡试验法和动平衡试验法。

8.2　课后习题详解

8-1　某汽轮机转子质量为 1t，由于材质不匀及叶片安装误差致使质心偏离回转轴线 0.5mm，当该转子以 5000r/min 的转速转动时，其离心力有多大？离心力是它本身重力的几倍？

解：由 $F = m\omega^2 r$，其中角速度 $\omega = \frac{n\pi}{30} = \frac{5000\pi}{30}$，可得离心力

$$F = 1000 \times \left(\frac{5000\pi}{30}\right)^2 \times 0.5 \times 10^{-3} \approx 136939\text{N}$$

自身重力：$W = mg = 1000 \times 9.8 = 9.8 \times 10^3\text{N}$。

$$\frac{F}{W} = \frac{136939}{9.8 \times 10^3} \approx 14$$

即离心力大约是其自身重量的 14 倍。

8-2　待平衡转子在静平衡架上滚动至停止时，其质心理论上应处于最低位置。但实际上由于存在滚动摩擦阻力，质心不会到达最低位置，因而导致试验误差。试问用什么方法进行静平衡试验可以消除该项误差？

答：为了消除该项误差，可采用以下方法：

(1)将转子放在静平衡架上，待其静止，这时不平衡转子的质心必接近于过轴心的垂线下方。

(2)将转子顺时针转过一个小角度，然后放开，转子缓慢回摆。静止后，在转子上画过轴心的铅垂线1。

(3)将转子逆时针转过一个小角度，然后放开，转子缓慢回摆。静止后画过轴心的铅垂线2。

(4)作线1和线2所夹角的角平分线，重心就在这条直线上。

8-3　如前章所述，主轴作周期性速度波动时会使机座产生振动，而本章说明回转体不平衡时也会使机座产生振动。试比较这两种振动产生的原因，并说明能否在理论上和实践上消除这两种振动。

答：(1)两种振动产生的原因：主轴周期性速度波动是由于受到周期性外力，使输入功和输出功之差形成周期性动能的增减，从而使主轴呈现周期性速度波动，这种波动在运动副中产生变化的附加作用力，使得机座产生振动。而回转体不平衡产生的振动是由于回转体上的偏心质量，在回转时产生方向不断变化的离心力所产生的。

(2)从理论上来说，这两种振动都可以消除。对于周期性速度波动，只要使输入功和输出功时刻相等，就能保证机械运转的不均匀系数为零，彻底消除速度波动，从而彻底消除机座振动。对于回转体不平衡使机座产生的振动，只要满足静或动平衡原理，也是可以消除的。

(3)从实践上说，周期性速度波动使机座产生的振动是不能彻底消除的。因为实际中不可能使输入功和输出功时刻相等，同时如果用飞轮也只能减小速度波动，而不能彻底消除速度波动。因此这种振动只能减小而不能彻底消除。对于回转体不平衡产生的振动在实践上是可以消除的。对于轴向尺寸很小的转子，用静平衡原理，在静平衡机上实验，增加或减少平衡质量，最后保证所有偏心质量的离心力矢量和为零即可。对于轴向尺寸较大的转子，用动平衡原理，在动平衡机上，用双面平衡法，保证两个平衡基面上所有偏心质量的离心力矢量和为零即可。

8-4　如图8-2-1所示盘形回转件，经静平衡试验得知，其不平衡质径积 $\boldsymbol{mr}=1.5\mathrm{kg\cdot m}$，方向沿 $\overrightarrow{OA}$。由于结构限制，不允许在与 $\overrightarrow{OA}$ 相反的 $\overrightarrow{OB}$ 线上加平衡质量，只允许在 $\overrightarrow{OC}$ 和 $\overrightarrow{OD}$ 方向各加一个质径积来进行平衡。求 $\boldsymbol{m_C r_C}$ 和 $\boldsymbol{m_D r_D}$ 的数值。

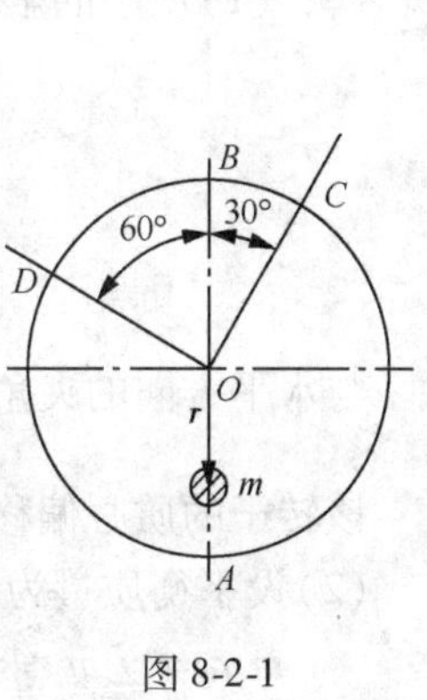

图 8-2-1

解：根据质径积平衡条件可得：$m_C\boldsymbol{r}_C + m_D\boldsymbol{r}_D = m\boldsymbol{r}$。

分别在 x、y 轴上投影得

$$m_C\boldsymbol{r}_C\sin30^\circ - m_D\boldsymbol{r}_D\sin60^\circ = 0$$

$$m_C\boldsymbol{r}_C\cos30^\circ + m_D\boldsymbol{r}_D\cos60^\circ = m\boldsymbol{r}$$

解得：$m_C\boldsymbol{r}_C = 1.299\mathrm{kg\cdot m}$，$m_D\boldsymbol{r}_D = 0.75\mathrm{kg\cdot m}$。

8-5 在图 8-2-2 所示盘形回转件上有 4 个偏置质量，已知 $m_1=10\text{kg}$，$m_2=14\text{kg}$，$m_3=16\text{kg}$，$m_4=10\text{kg}$，$r_1=50\text{mm}$，$r_2=100\text{mm}$，$r_3=75\text{mm}$，$r_4=50\text{mm}$，设所有不平衡质量分布在同一回转面内，问应在什么方位、加多大的平衡质径积才能达到平衡？

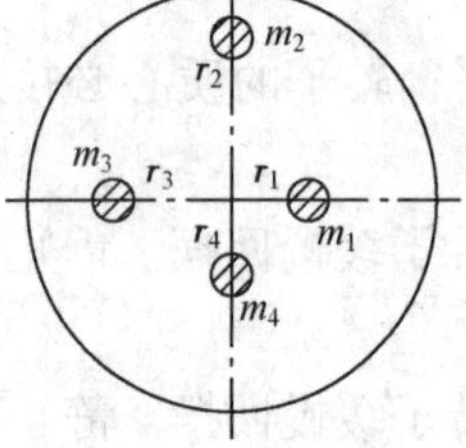

图 8-2-2

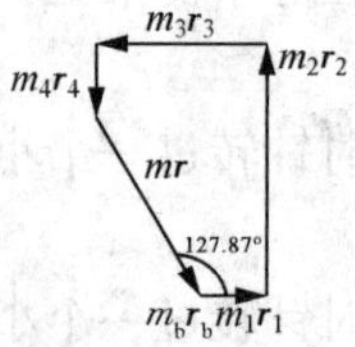

图 8-2-3

解：由已知可求得各不平衡质径积为

$$m_1\boldsymbol{r}_1=0.5\text{kg}\cdot\text{m},\ m_2\boldsymbol{r}_2=1.4\text{kg}\cdot\text{m}$$

$$m_3\boldsymbol{r}_3=1.2\text{kg}\cdot\text{m},\ m_4\boldsymbol{r}_4=0.5\text{kg}\cdot\text{m}$$

用图解法求解，如图 8-2-3 所示。由静平衡条件得

$$m_b\boldsymbol{r}_b+m_1\boldsymbol{r}_1+m_2\boldsymbol{r}_2+m_3\boldsymbol{r}_3+m_4\boldsymbol{r}_4=0$$

量取得到所需加的质径积大小 $m_b r_b=1.1402\text{kg}\cdot\text{m}$，与水平方向夹角为 127.87°。

8-6 图 8-2-4 所示盘形转子的圆盘直径 $D=400\text{mm}$，圆盘质量 $m=10\text{kg}$。已知圆盘上存在不平衡质量 $m_1=2\text{kg}$，$m_2=4\text{kg}$，两支承距离 $l=120\text{mm}$，圆盘至右支承的距离 $l_1=80\text{mm}$，转速 $n=3000\text{r/min}$。试问：(1)该转子的质心偏移多少？(2)作用在左、右支承上的动反力各有多大？

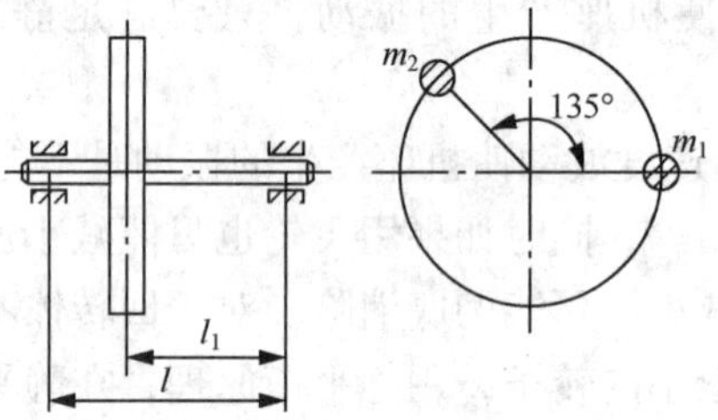

图 8-2-4

解：(1)质心的坐标

$$x_c=\frac{\sum m_i x_i}{M}=\frac{2\times200-4\times200\times\cos45^\circ}{2+4+10}=-10.36\text{mm}$$

$$y_c=\frac{\sum m_i y_i}{M}=\frac{4\times200\times\sin45^\circ}{2+4+10}=35.36\text{mm}$$

与水平方向的夹角：$\theta=\text{artan}\dfrac{y_c}{x_c}=-73.67^\circ=106.33^\circ$；

该转子的质心偏移的距离：$\boldsymbol{r}_c=\sqrt{x_c^2+y_c^2}=\sqrt{(-10.36)^2+35.36^2}=36.85\text{mm}$。

(2)设平衡质量为 m_b，半径为 $\boldsymbol{r}_b$，由(1)和质径积平衡条件可知

$$m_b\boldsymbol{r}_b=\sum m_i\boldsymbol{r}_i=m_c\boldsymbol{r}_c=(m_1+m_2+m)\boldsymbol{r}_c=(2+4+10)\times0.03685=0.59\text{kg}\cdot\text{m}$$

则平衡质量所产生的惯性力为

$$F_b = m_b \boldsymbol{r}_b \omega^2 = 0.59 \times \left(\frac{2\pi \times 3000}{60}\right)^2 = 5900\pi^2 \text{ N}$$

设左支撑点为 A，右支撑点为 B，则两端所受的动反力为

$$F_A = \frac{l_1}{l} F_b = \frac{80}{120} \times 5900\pi^2 = 3.88 \times 10^4 \text{N}$$

$$F_B = \frac{l - l_1}{l} F_b = \frac{120 - 80}{120} \times 5900\pi^2 = 1.94 \times 10^4 \text{N}$$

8-7　有一薄转盘质量为 m，经静平衡试验测定其质心偏距为 r，方向如图 8-2-5 所示垂直向下。由于该回转面不允许安装平衡质量，只能在平面Ⅰ、Ⅱ上校正。已知 $m = 10$kg，$r = 5$mm，$a = 20$mm，$b = 40$mm，求在Ⅰ、Ⅱ平面上应加的质径积的大小和方向。

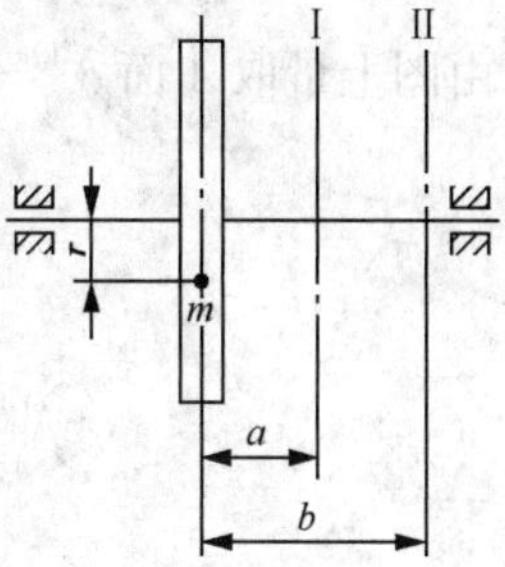

图 8-2-5

解：确定质径积的大小：$m\boldsymbol{r} = 10 \times 5 = 50\text{kg}\cdot\text{mm} = 0.05\text{kg}\cdot\text{m}$。

将该不平衡质径积在平面Ⅰ和平面Ⅱ内分解，则：

在平面Ⅰ中，有

$$m_1 \boldsymbol{r}_1 = m\boldsymbol{r}\frac{b}{b-a} = 0.05 \times \frac{40}{40-20} = 0.1\text{kg}\cdot\text{m}$$

故应加质径积为 0.1kg·m，方向垂直向上。

在平面Ⅱ中，有

$$m_2 \boldsymbol{r}_2 = m\boldsymbol{r}\frac{-a}{b-a} = 0.05 \times \frac{-20}{40-20} = -0.05\text{kg}\cdot\text{m}$$

故应加质径积为 −0.05kg·m，方向垂直向下。

8-8　高速水泵凸轮轴由三个相互错开 120°的偏心轮组成。每一偏心轮的质量为 0.4kg，其偏心距为 12.7mm。设在校正平面 A 和 B 中各装一个平衡质量 m_A 和 m_B 使之平衡，其回转半径为 10mm，其他尺寸如图 8-2-6 所示。试用向量图解法求 m_A 和 m_B 的大小和位置，并用解析法校核。

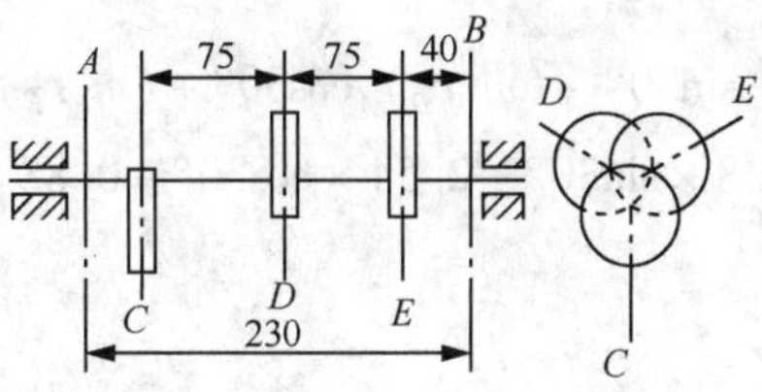

图 8-2-6

解：(1)将质径积在平面 A、平面 B 内分解，则

$$(m_C \boldsymbol{r}_C)_A = \frac{75 + 75 + 40}{230} \times 0.4 \times 12.7 = 4.20\text{kg}\cdot\text{mm}$$

$$(m_D \boldsymbol{r}_D)_A = \frac{75 + 40}{230} \times 0.4 \times 12.7 = 2.54\text{kg}\cdot\text{mm}$$

$$(m_E \boldsymbol{r}_E)_A = \frac{40}{230} \times 0.4 \times 12.7 = 0.88\text{kg}\cdot\text{mm}$$

$$(m_C \boldsymbol{r}_C)_B = \frac{40}{230} \times 0.4 \times 12.7 = 0.88\text{kg}\cdot\text{mm}$$

$$(m_D\boldsymbol{r}_D)_B=\frac{40+75}{230}\times0.4\times12.7=2.54\text{kg}\cdot\text{mm}$$

$$(m_E\boldsymbol{r}_E)_B=\frac{40+75+75}{230}\times0.4\times12.7=4.20\text{kg}\cdot\text{mm}$$

根据质径积平衡条件

$$(m_C\boldsymbol{r}_C)_A+(m_D\boldsymbol{r}_D)_A+(m_E\boldsymbol{r}_E)_A+m_A\boldsymbol{r}_A=0 \tag{8-2-1}$$

$$(m_C\boldsymbol{r}_C)_A+(m_D\boldsymbol{r}_D)_B+(m_E\boldsymbol{r}_E)_B+m_B\boldsymbol{r}_B=0 \tag{8-2-2}$$

取比例尺，根据式(8-2-1)和(8-2-2)分别作封闭向量多边形如图 8-2-7(a)、(b)所示，可得

$$m_A=\frac{m_A\boldsymbol{r}_A}{\boldsymbol{r}_A}=0.28\text{kg},\ m_B=\frac{m_B\boldsymbol{r}_B}{\boldsymbol{r}_B}=0.28\text{kg}$$

由图上量取 A 面 $\alpha^{\text{I}}=30°$，B 面 $\alpha^{\text{II}}=30°$。

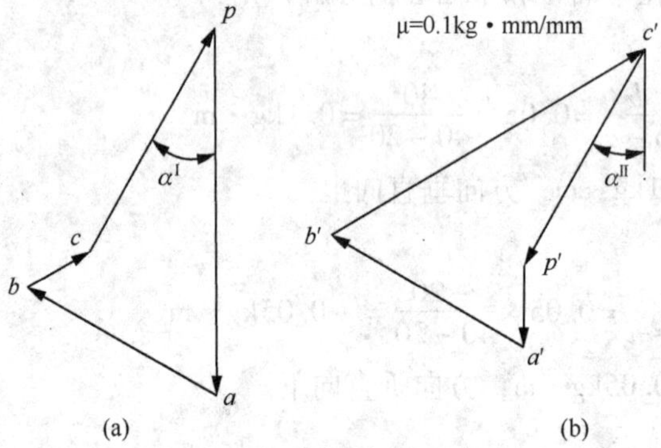

图 8-2-7

(2)用解析法校核

基面 A：

x 向为

$$\begin{aligned}&m_A\boldsymbol{r}_A\sin30°-(m_D\boldsymbol{r}_D)_A\cos30°+(m_E\boldsymbol{r}_E)_A\cos30°\\&=2.8\times\sin30°-2.54\times\cos30°+0.88\times\cos30°\\&\approx0\end{aligned}$$

y 向为

$$\begin{aligned}&m_A\boldsymbol{r}_A\cos30°-(m_c\boldsymbol{r}_C)_A+(m_D\boldsymbol{r}_D)_A\sin30°+(m_E\boldsymbol{r}_E)_A\sin30°\\&=2.8\times\cos30°-4.20+2.54\times\sin30°+0.88\times\sin30°\\&\approx0\end{aligned}$$

基面 B：

x 向为

$$\begin{aligned}&m_B\boldsymbol{r}_B\sin30°+(m_D\boldsymbol{r}_D)_B\cos30°-(m_E\boldsymbol{r}_E)_B\cos30°\\&=2.8\times\sin30°+2.54\times\cos30°-4.20\times\cos30°\\&\approx0\end{aligned}$$

y 向为

$$m_B\boldsymbol{r}_B\sin60° + (m_C\boldsymbol{r}_C)_B - (m_D\boldsymbol{r}_D)_B\sin30° - (m_E\boldsymbol{r}_E)_B\sin30°$$
$$=2.8\times\sin60° + 0.88 - 2.54\times\sin30° - 4.20\times\sin30°$$
$$\approx 0$$

两个平面在 x 方向和 y 方向合力均为 0，因此所得结果正确。

8-9　图 8-2-8 所示转鼓存在空间分布的不平衡质量。已知 $m_1=10\text{kg}$、$m_2=15\text{kg}$、$m_3=20\text{kg}$、$m_4=10\text{kg}$，各不平衡质量的质心至回转轴线的距离 $r_1=50\text{mm}$、$r_2=40\text{mm}$、$r_3=60\text{mm}$、$r_4=50\text{mm}$，轴向距离 $l_{12}=l_{23}=l_{34}$，相位夹角 $\alpha_{12}=\alpha_{23}=\alpha_{34}=90°$。设向径 $r_{\text{I}}=r_{\text{II}}=100\text{mm}$，试求在校正平面 I 和 II 内需加的平衡质量 m_{I} 和 m_{II} 及其相位。

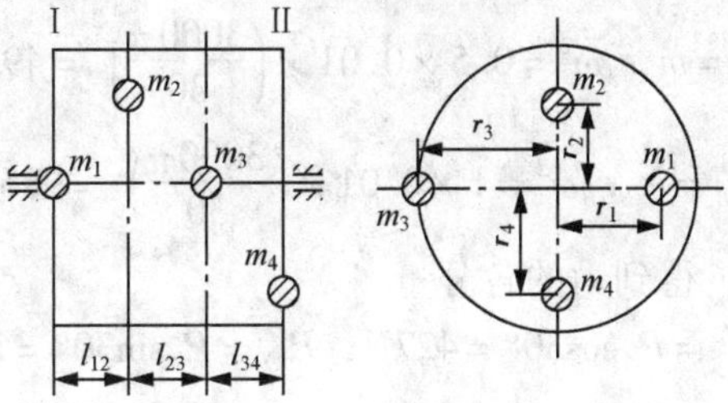

图 8-2-8

解：先求得各不平衡质径积的大小为

$$m_1\boldsymbol{r}_1=10\times50=500\text{kg}\cdot\text{mm},\ m_2\boldsymbol{r}_2=15\times40=600\text{kg}\cdot\text{mm}$$
$$m_3\boldsymbol{r}_3=20\times60=1200\text{kg}\cdot\text{mm},\ m_4\boldsymbol{r}_4=10\times50=500\text{kg}\cdot\text{mm}$$

将各不平衡质径积分解在平面 I 和平面 II 上，在平面 I 内，可得

$$(m_1\boldsymbol{r}_1)_{\text{I}}=500\text{kg}\cdot\text{mm}$$
$$(m_2\boldsymbol{r}_2)_{\text{I}}=600\times\frac{2}{3}=400\text{kg}\cdot\text{mm}$$
$$(m_3\boldsymbol{r}_3)_{\text{I}}=1200\times\frac{1}{3}=400\text{kg}\cdot\text{mm}$$
$$(m_4\boldsymbol{r}_4)_{\text{I}}=0\text{kg}\cdot\text{mm}$$

在平衡基面 I 上并向 x、y 轴上投影得

$$(m\boldsymbol{r})_{\text{I}X}=-(m_1\boldsymbol{r}_1)_{\text{I}}\cos0°+(m_3\boldsymbol{r}_3)_{\text{I}}\cos180°=-100\text{kg}\cdot\text{mm}$$
$$(m\boldsymbol{r})_{\text{I}Y}=-[(m_2\boldsymbol{r}_2)_{\text{I}}\sin90°]=-400\text{kg}\cdot\text{mm}$$

又 $m\boldsymbol{r}=[(m\boldsymbol{r})_X^2+(m\boldsymbol{r})_Y^2]^{\frac{1}{2}}$，可得：

加在平面 I 上的质径积：$(m\boldsymbol{r})_{\text{I}}=412.3\text{kg}\cdot\text{mm}$。

计算得加在平面 I 上的平衡质量：$m_{\text{I}}=4.123\text{kg}$。

方向：由 $\alpha=\arctan\dfrac{(m\boldsymbol{r})_Y}{(m\boldsymbol{r})_X}+180°$得：$\alpha_{\text{I}}=255.96°$。

同理，加在平面 II 上的平衡质量：$m_{II}=8.544\text{kg}$，方向：$\alpha_{II}=20.56°$。

8-10　图 8-2-9 所示回转件上存在空间分布的两个不平衡质量。已知 $m_A=500\text{g}$，$m_B=1000\text{g}$，$r_A=r_B=10\text{mm}$，转速 $n=3000\ \text{r/min}$。(1) 求左右支承反力的大小和方向；(2) 若在 A 面加一平衡质径积 m_jr_j 进行静平衡，求 m_jr_j 的大小和方向；(3) 求静平衡之后左、右支承反力的大小和方向；(4) 问静平衡后支承反力是增大还是减小？

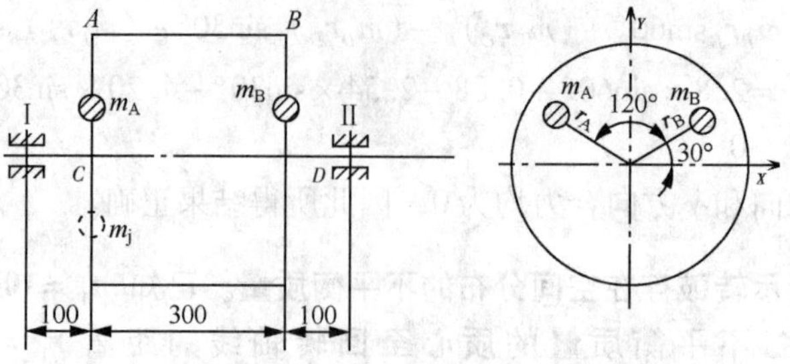

图 8-2-9

解：(1)支承力是由惯性力引起的，求得各不平衡质量引起的惯性力

$$P_A = m_A \boldsymbol{r}_A \omega^2 = 0.5 \times 0.01 \times \left(\frac{3000\pi}{30}\right)^2 = 493\text{N}$$

$$P_B = m_B \boldsymbol{r}_B \omega^2 = 1 \times 0.01 \times \left(\frac{3000\pi}{30}\right)^2 = 986\text{N}$$

分别投影在 x、y 轴上，得到力的各分量

$$P_{AX} = P_A \cos 30° = 427\text{N},\ P_{AY} = P_A \sin 30° = 246.5\text{N}$$

$$P_{BX} = P_B \cos 30° = 854\text{N},\ P_{BY} = P_B \sin 30° = 493\text{N}$$

根据静力平衡条件 $\sum M_D = 0$，$\sum M_C = 0$ 得

$$P_{CY} \cdot 500 - P_{AY} \cdot 400 - P_{BY} \cdot 100 = 0,\ P_{CX} \cdot 500 - P_{AX} \cdot 400 + P_{BX} \cdot 100 = 0$$

$$-P_{DY} \cdot 500 + P_{BY} \cdot 400 + P_{AY} \cdot 100 = 0,\ P_{DX} \cdot 500 - P_{BX} \cdot 400 + P_{AX} \cdot 100 = 0$$

代入数据，解得

$$\begin{cases} P_{CX} \approx 171\text{N} \\ P_{CY} \approx 296\text{N} \end{cases} \text{和} \begin{cases} P_{DX} \approx 598\text{N} \\ P_{DY} \approx 444\text{N} \end{cases}$$

可解得 C、D 两点的支承反力大小为

$$P_C = \sqrt{P_{CX}^2 + P_{CY}^2} = \sqrt{171^2 + 296^2} \approx 342\text{N}$$

$$P_D = \sqrt{P_{DX}^2 + P_{DY}^2} = \sqrt{598^2 + 444^2} \approx 745\text{N}$$

方向：$\alpha_C = \arctan\dfrac{296}{171} \approx 60°$，$\alpha_D = \arctan\dfrac{P_{DY}}{P_{DX}} = \arctan\dfrac{444}{598} \approx 37°$。

(2)由已知得不平衡质径积：$m_A \boldsymbol{r}_A = 5\text{kg} \cdot \text{mm}$，$m_B \boldsymbol{r}_B = 10\text{kg} \cdot \text{mm}$。

根据质径积平衡条件可得：$m_A \boldsymbol{r}_A + m_B \boldsymbol{r}_B + m_j \boldsymbol{r}_j = 0$。

选取适当比例作图，如图 8-2-10 所示，从图中量取得：$m_j \boldsymbol{r}_j = 8.8\text{kg} \cdot \text{mm}$，方向：$\alpha_j = 240°$。

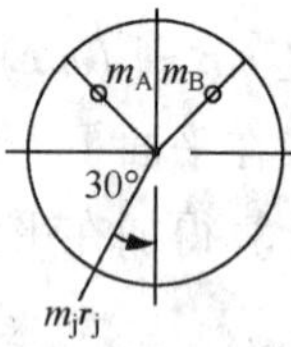

图 8-2-10

(3)平衡之后，由平衡质量引起的惯性力

$$P_j = m_j \boldsymbol{r}_j \omega^2 = 0.0088 \times \left(\frac{3000\pi}{30}\right)^2 = 868\text{N}$$

其在 x、y 轴上的分量为 $P_{jX} = P_j \sin 30° = 434\text{N}$，$P_{jY} = P_j \cos 30° = 752\text{N}$。

同理，可求得此时 C、D 两支承反力的大小分别为 $P'_C = 591\text{N}$，$P'_D = 592\text{N}$，方向：$\alpha'_C = 61°$，$\alpha'_D = 60°$。

(4)由(1)、(3)可知，静平衡后支承反力在 C 点增大，在 D 点减小。

8.3 名校考研真题详解

一、选择题

一个机构达到动平衡，表明机构中(　　)。[湘潭大学 2016 研]

A. 所有惯性力消失了　　B. 所有惯性力偶消失了

C. 所有惯性力和惯性力偶平衡了　　D. 所有惯性力和惯性力偶消失了

【答案】C

【解析】若只有惯性力得到平衡，则称为静平衡；若惯性力和惯性力偶都得到平衡，称为动平衡。

二、填空题

在分析刚性转子的平衡时，如果要求惯性力达到平衡，则称为转子的______；如果要求惯性力和惯性力偶均达到平衡，则称为转子的______。[湘潭大学 2016 研]

【答案】静平衡；动平衡

【解析】本题考查静平衡和动平衡的概念，从中可知，两者之间的关系，即动平衡一定满足静平衡条件；但静平衡只满足动平衡中的一个条件。

三、判断题

1. 达到静平衡的回转件不一定是动平衡的。(　　)[浙江大学 2010 研]

【答案】对

【解析】动平衡包含了静平衡的条件，经动平衡的回转件一定也是静平衡的，但是静平衡的回转件却不一定是动平衡的。

2. 静平衡的转子可以在任何位置保持静止不动，而不会自行转动。(　　)[西安石油大学 2020 年研]

【答案】错

【解析】静平衡的条件是：分布于该回转体上各个质量的离心力的向量和等于零，即回转体的质心与回转轴线重合。因此静平衡不是保持静止不动。

四、计算题

图 8-3-1 所示为均质钢圆盘。盘厚 $\delta=20$mm，在向径 $r_1=100$mm 处有一直径 $d_1=50$mm 的通孔，向径 $r_2=200$mm 处有一重量为 2N 的重块，在向径 $r_3=200$mm 处有一直径 $d_3=50$mm 的通孔。为使圆盘达到静平衡，拟在向径 $r=200$mm 的圆周上再钻一通孔，试求此通孔的直径和方位。(钢的重度：$\rho=7.6\times10^{-5}\text{N/mm}^3$)[东南大学 2005 研]

解：通孔 1 被挖去的质径积为

$$m_1r_1=\frac{\pi d_1^2}{4}\times\delta\times\rho\times r_1=\frac{\pi\times50^2}{4}\times20\times7.6\times10^{-5}\times100\approx298\text{N}\cdot\text{mm}$$

通孔 2 填充物的质径积为

$$m_2\boldsymbol{r}_2=2\times200=400\text{N}\cdot\text{mm}$$

通孔 3 被挖去的质径积为

$$m_3r_3=\frac{\pi d_3^2}{4}\times\delta\times\rho\times r_3=\frac{\pi\times50^2}{4}\times20\times7.6\times10^{-5}\times200\approx597\text{N}\cdot\text{mm}$$

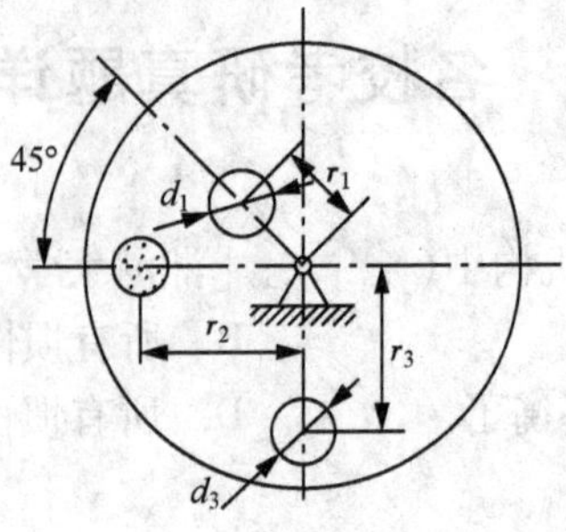

图 8-3-1

将该不平衡质径积 $m_1\boldsymbol{r}_1$ 向水平方向和竖直方向分解，并进行叠加，根据平衡条件可得应钻去通孔的质径积为

$$m_b\boldsymbol{r}_b=\sqrt{\left(400-\frac{298}{\sqrt{2}}\right)^2+\left(597-\frac{298}{\sqrt{2}}\right)^2}=430\text{N}\cdot\text{mm}$$

根据题意 $\boldsymbol{r}_b=200\text{mm}$，故有

$$m_b=\frac{430}{200}=2.15\text{N}=\frac{\pi}{4}d_b^2\delta\rho$$

即有通孔的直径：$d_b=42.4\text{mm}$。

相位：$\theta=\arctan\dfrac{597-\dfrac{298}{\sqrt{2}}}{400-\dfrac{298}{\sqrt{2}}}=\arctan 2.04=63.9°$。

因此，应钻去的通孔直径为 42.4mm，方向与水平线成 63.9°，在第一象限内。

第9章　机械零件设计概论

9.1　复习笔记

【通关提要】

本章是本书的基础章节之一，主要介绍了机械零件的失效形式和设计程序及准则。简单介绍了极限与配合、表面粗糙度和优先数系等内容。学习时需要掌握零件失效形式和设计准则等内容。本章主要以选择题、填空题和简答题的形式考查，复习时需把握其具体内容，重点记忆。

【重点难点归纳】

一、机械零件设计概述

1. 机械设计应满足的要求

成本低，安全可靠，避免在预定寿命周期内失效。

2. 机械零件的失效

零件常见的失效形式包括：整体断裂、过大的残余变形、零件的表面破坏（腐蚀、磨损、接触疲劳）和破坏正常工作条件引起的失效。

二、机械零件的强度

1. 判定方法（见表9-1-1）

表9-1-1　机械零件强度的判定方法

	许用应力法	安全系数法
判定条件	比较危险截面的计算应力与材料的许用应力	比较危险截面的安全系数和许用安全系数
表达公式	$\sigma \leqslant [\sigma] = \sigma_{lim}/S$，$\tau \leqslant [\tau] = \tau_{lim}/S$	$S = \sigma_{lim}/\sigma \geqslant [S]$，$S = \tau_{lim}/\tau \geqslant [S]$

2. 应力的种类（见表9-1-2）

表9-1-2　应力的种类

要点	主要内容		
静应力	指不随时间变化的应力		
变应力	定义	指随时间变化的应力	
	参数	平均应力 σ_m	$\sigma_m = (\sigma_{max} + \sigma_{min})/2$
		应力幅 σ_a	$\sigma_a = (\sigma_{max} - \sigma_{min})/2$
		循环特性 r	$r = \sigma_{min}/\sigma_{max}$
	类型	对称循环变应力	$\sigma_{max} = -\sigma_{min}$，循环特性 $r = -1$
		脉动循环变应力	$\sigma_{min} = 0$，$\sigma_{max} \neq 0$，循环特性 $r = 0$
		静应力	$\sigma_{max} = \sigma_{min}$，循环特性 $r = 1$

3. 静应力下的许用应力和安全系数

(1)塑性材料

取材料的屈服极限 σ_S 作为极限应力，故许用应力为 $[\sigma]=\sigma_S/S$。一般取安全系数 $S=1.2\sim1.5$；对于塑性较差的材料或铸钢件可取 $S=1.5\sim2.5$。

(2)脆性材料

取强度极限 σ_B 作为极限应力，其许用应力为 $[\sigma]=\sigma_B/S$，同时应取较大的安全系数。

4. 变应力下的许用应力和安全系数(见表9-1-3)

表9-1-3 变应力下的许用应力和安全系数

要点		主要内容
失效形式		疲劳断裂，与应力性质、大小及循环次数有关
疲劳曲线	$N<N_0$	$\sigma_{-1N}^{m}N=\sigma_{-1}^{m}N_0=C$ m 随应力状态不同而不同
	寿命系数 k_N	$k_N=\sqrt[m]{\frac{N_0}{N}}\ \sigma_{-1N}=k_N\sigma_{-1}$ 当 $N\geqslant N_0$ 时，取 $k_N=1$
许用应力计算	对称循环	$[\sigma_{-1}]=\varepsilon_\sigma\beta\sigma_{-1}/(k_\sigma S)$ k_σ 为有效应力集中系数；ε_σ 为绝对尺寸系数；β 为表面状态系数；S 为安全系数
	脉动循环	$[\sigma_0]=\varepsilon_\sigma\beta\sigma_0/k_\sigma S$；参数含义同上
安全系数		以疲劳极限作为极限应力。可取 $S=1.3\sim1.7$

三、机械零件的接触强度(见表9-1-4)

表9-1-4 机械零件的接触强度

要点	主要内容
计算公式	$\sigma_H=\sqrt{\frac{1}{2\pi(1-\mu^2)}\cdot\frac{F_nE}{b\rho}}=0.418\sqrt{\frac{F_nE}{b\rho}}$ σ_H 为最大接触应力；b 为接触长度；F_n 为作用在圆柱上的载荷；ρ 为综合曲率半径；E 为综合弹性模量
判定条件	$\sigma_H\leqslant[\sigma_H]=\sigma_{H\lim}/S_H$，$\sigma_{H\lim}$ 为由实验测得的材料的接触疲劳极限

四、机械零件的耐磨性

磨损的主要类型：①磨粒磨损；②粘着磨损(胶合)；③疲劳磨损(点蚀)；④腐蚀磨损。

耐磨计算：一般计算 $p\leqslant[p]$，相对运动速度较高时还应比较 $pv\leqslant[pv]$。

五、机械制造常用材料及其选择

机械制造中最常用的材料是钢和铸铁，其次是有色金属合金，非金属材料使用较少。

六、极限与配合、表面粗糙度和优先数系(见表9-1-5)

表9-1-5 极限与配合、表面粗糙度和优先数系

要点	主要内容
配合类型	间隙配合、过盈配合和过渡配合
配合制	基孔制和基轴制
表面粗糙度	轮廓算术平均偏差 Ra

续表

要点	主要内容	
优先数系	R5 系列	公比为$\sqrt[5]{10}\approx 1.6$
	R10 系列	公比为$\sqrt[10]{10}\approx 1.25$
	R20 系列	公比为$\sqrt[20]{10}\approx 1.12$
	R40 系列	公比为$\sqrt[40]{10}\approx 1.06$

9.2 课后习题详解

9-1 机械零件中常见的失效形式有哪些？失效是否意味破坏？

答：(1)机械零件中常见的失效形式包括：整体断裂、过大的残余变形、零件的表面破坏(腐蚀、磨损、接触疲劳)和破坏正常工作条件引起的失效。

(2)否。破坏固属失效，但失效并不单纯意味着破坏。

9-2 通过热处理可改变毛坯或零件的内部组织，从而改善它的力学性能。钢的常用热处理方法有：退火、正火、淬火、调质、表面淬火和渗碳淬火等。试选择其中三种加以解释并简述其应用。

答：(1)退火：将钢加热到一定温度，并保温到一定时间后，随炉缓慢冷却的热处理方法。主要用来消除内应力、降低硬度，便于切削。

(2)正火：将钢加热到一定温度，保温一定时间后，空冷或风冷的热处理方法。可消除内应力，降低硬度，便于切削加工；对一般零件，也可作为最终热处理，提高材料的机械性能。

(3)淬火：将钢加热到一定温度，保温一定时间后，浸入到淬火介质中快速冷却的热处理方法。可提高材料的硬度和耐磨性，但存在很大的内应力，脆性也相应增加。淬火后一般需回火。淬火可提高其抗腐蚀性。

(4)调质：淬火后加高温回火的热处理方法。可获得强度、硬度、塑性、韧性等均较好的综合力学性能，广泛应用于较为重要的零件设计中。

(5)表面淬火：迅速将零件表面加热到淬火温度后立即喷水冷却，使工件表层淬火的热处理方法，主要用于中碳钢或中碳合金钢，以提高表层硬度和耐磨性，同时疲劳强度和冲击韧性都有所提高。

(6)渗碳淬火：将工件放入渗碳介质中加热，并保温一定时间，使介质中的碳渗入到钢件中的热处理方法，适合于低碳钢或低碳合金钢，可提高表层硬度和耐磨性，而仍保留芯部的韧性和高塑性。

9-3 写出下列材料的名称，并按小尺寸试件查出该材料的抗拉强度 σ_B(MPa)、屈服极限 σ_S(MPa)、伸长率 δ(%)：

Q235，45，40MnB，ZG270-500，HT200，QT500-7，ZCuSn10P1，ZAlSi12。

解：各材料的名称及相关指标如表 9-2-1 所示。

表 9-2-1

符号	名称	抗拉强度 σ_B/MPa	屈服极限 σ_S/MPa	伸长率 δ/%
Q235	普通碳素结构钢	375 ~ 460	235	26
45	优质碳素结构钢	600	355	16
40MnB	合金结构钢	980	785	10
ZG270 - 500	铸钢	500	270	18
HT200	灰铸铁	200	–	–
QT500 - 7	球墨铸铁	500	320	7
ZCuSn10P1	锡青铜	220	130	3
ZAlSi12	铝硅合金	145	–	4

9-4　试确定下列结构尺寸：

(1) 普通螺纹退刀槽的宽度 b，沟槽直径 d_3，过渡圆角半径 r 及尾部倒角 C(图 9-2-1(a))；

(2) 扳手空间所需的最小中心矩 A_1 和螺栓轴线与箱壁的最小距离 T(图 9-2-1(b))。

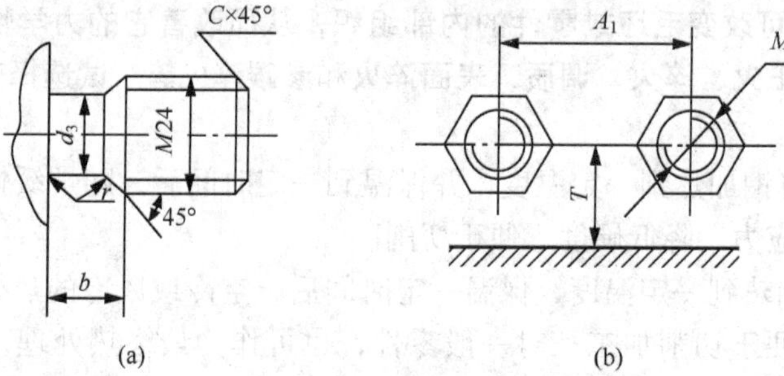

图 9-2-1

解：(1) 查手册 GB/T3—1997 可知，M24 的螺距 $P = 3$mm 退刀槽宽度 $b = 9$mm，沟槽直径 $d_3 = d - 4.4 = 24 - 4.4 = 19.6$mm，过渡圆角半径 $r = 0.5P = 0.5 \times 3 = 1.5$mm，尾部倒角 $C = 2.5$mm。

(2) 查手册，对于 M10 的标准六角头螺栓扳手空间所需的最小中心距 $A_1 = 34$mm，螺栓轴线与箱壁的最小距离 $T = 14$mm。

9-5　一钢制圆轴 $d = 30$mm，用平键与轮毂相连，试选择键的断面尺寸 $b \times h$，确定键槽的尺寸并绘制此平键连接的横截面图。(参见第 10 章)

解：查教材表 10-10 可知，当圆轴 $d = 30$mm 时，取键的尺寸 $b = 8$mm，$h = 7$mm。

键槽的尺寸为 $t_1 = 4.0$mm，$t_2 = 3.3$mm。

此平键连接的截面图如图 9-2-2 所示。

9-6　一对齿轮作单向传动，试问：(1) 轮齿弯曲应力可看成哪类循环变应力？(2) 设两轮齿数 $z_1 = 19$、$z_2 = 80$，小齿轮主动，转速 $n_1 = 200$r/min，预定使用期限为 500h，在使用期限终了时，大齿轮应力循环总次数 N 是多少？(3) 设大齿轮材料疲劳极限为 σ_0，循环基数 $N_0 = 10^7$，那么对应于循环总次数 N 的疲劳极限能提高到多少？

解：(1) 单向传动时，轮齿弯曲应力可看成脉动循环变应力。

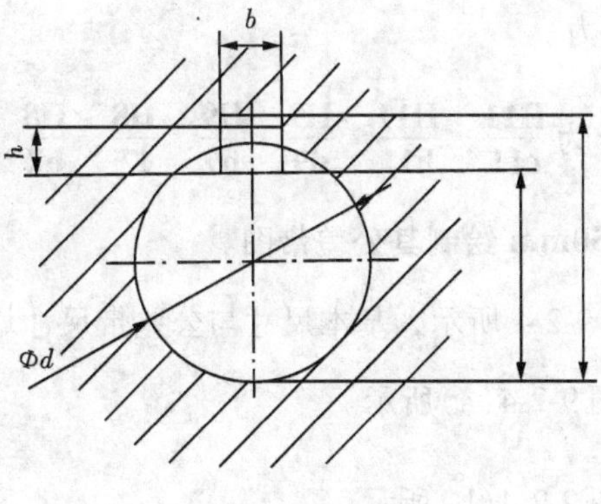

图 9-2-2

(2)由$\frac{z_1}{z_2}=\frac{n_2}{n_1}$得：$n_2=\frac{n_1 z_1}{z_2}=\frac{200\times 19}{80}=47.5\text{r/min}$。

大齿轮的工作转数：$n=500\times 60\text{min}\times 47.5\text{r/min}=1425000\text{r}$。

所以，大齿轮的工作循环次数：$N=1425000$。

(3)根据公式：$\sigma_{0N}^m N=\sigma_0^m N_0=C$，得

$$\sigma_{0N}=\sqrt[m]{\frac{\sigma_0^m N_0}{N}}=\sigma_0\sqrt[m]{\frac{N_0}{N}}=\sqrt[9]{\frac{10^7}{1425000}}\sigma_0=1.24\sigma_0$$

因此，对应于循环总次数 N 的疲劳极限能提高 1.24 倍。

9-7　图 9-2-3 所示的轮系中，惰轮 4 的轮齿弯曲应力可以看成哪类循环变应力？为什么？

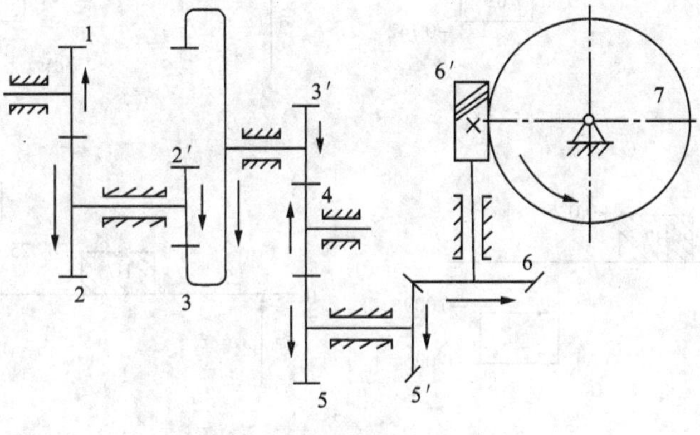

图 9-2-3

答：惰轮 4 的轮齿弯曲应力可以看成对称循环变应力，原因如下：

由图可知，惰轮 4 的轮齿是双侧受载的。以某一侧齿为例，惰轮旋转一周，未进入啮合时，应力为零，当该侧齿进入啮合时，该侧齿根受拉，并逐渐达到最大拉应力，然后退出啮合，应力又变为零，接着另一侧进入啮合，该侧齿根受压，并逐渐达到最大压应力，当退出啮合时，应力又变为零。所以惰轮 4 的轮齿弯曲应力可以看成对称循环变应力。

9-8　齿轮传动中，齿面接触应力可以看成哪类循环变应力？为什么？

答：齿轮传动中，齿面接触应力可以看成脉动循环变应力，原因如下：

在齿轮传动中，以轮齿工作面上任一点为对象，该点进入啮合时，其接触应力为零；在啮合中，其接触应力增加到一最大值；退出啮合，其接触应力降低到零，所以齿面表面接触

应力可以看成脉动循环变应力。

9-9　基孔制优先配合为$\frac{H11}{c11}$、$\frac{H11}{h11}$、$\frac{H9}{d9}$、$\frac{H9}{h9}$、$\frac{H8}{f7}$、$\frac{H8}{h7}$、$\frac{H7}{g6}$、$\frac{H7}{h6}$、$\frac{H7}{k6}$、$\frac{H7}{n6}$、$\frac{H7}{p6}$、$\frac{H7}{s6}$、$\frac{H7}{u6}$，试以公称尺寸为50mm绘制其公差带图。

解：各个公差带图如图9-2-4所示，基本尺寸与公差带尺寸均为mm。

(1)$\frac{H11}{c11}$，其公差带如图9-2-4(a)所示。

(2)$\frac{H11}{h11}$，其公差带如图9-2-4(b)所示。

(3)$\frac{H9}{d9}$，其公差带如图9-2-4(c)所示。

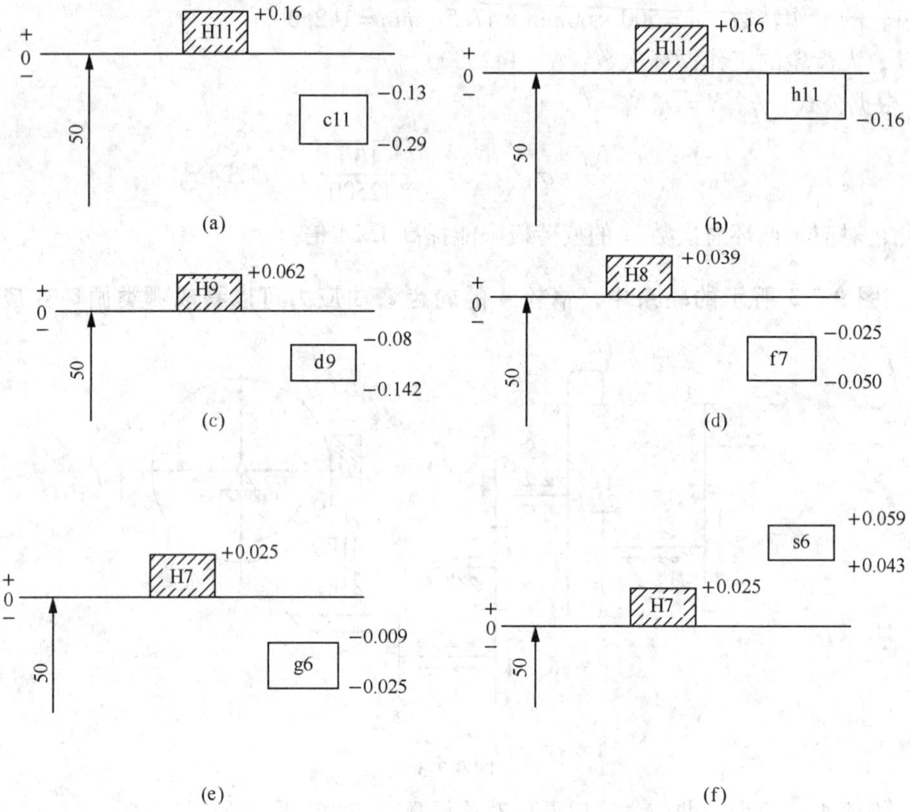

图9-2-4

(4)$\frac{H8}{f7}$，其公差带如图9-2-4(d)所示。

(5)$\frac{H7}{g6}$，其公差带如图9-2-4(e)所示。

(6)$\frac{H7}{s6}$，其公差带如图9-2-4(f)所示。

其余略。

9-10　图 9-2-5 所示为一传动轴系的组合结构设计，试标注图中各轴段直径 d、d_1、d_2、d_3、d_4、d_5、d_6、d_7 的配合(如 $d_3H7/r6$)。

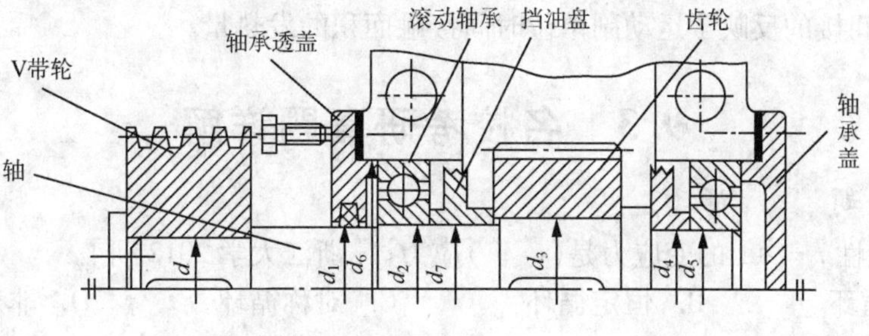

图 9-2-5

答：d（$H7/r6$），d_1（$H7/h8$），d_2（$k6$），d_3（$H7/r6$），d_4（$H7/h6$），d_5（$k6$），d_6($K7$)，d_7($H7/h6$)。

9-11　机械零件设计大致有哪几个步骤?

答：相械零件设计的步骤：

(1)拟定零件的计算简图；

(2)确定作用在零件上的载荷；

(3)选择合适的材料；

(4)根据零件可能出现的失效形式，选用相应的判定条件，确定零件的形状和主要尺寸；

(5)绘制工作图并标注必要的技术条件。

9-12　什么是静应力? 什么是变应力? 循环变应力的循环特征有哪几类?

答：(1)静应力是指不随时间变化的应力；

(2)变应力是指随时间变化的应力；

(3)循环变应力的循环特征：

①对称循环变应力，$r=-1$；

②静应力，$r=+1$；

③脉动循环变应力，$r=0$。

9-13　零件的静应力是由静载荷作用产生的，那么变应力是否一定是由变载荷作用产生的? 为什么? 试举例说明。

答：不一定。比如普通自行车的前轴，在自行车行进过程中，载荷没有变化，而其应力却是循环变化的。

9-14　计算零件变载荷下许用应力[σ]时为什么要考虑变应力的循环特性 r 及有效应力集中系数 k_σ、绝对尺寸系数 ε_σ 以及表面状态系数 β?

答：变载荷条件下，零件的破坏形式为疲劳断裂，其许用应力与变应力循环特性 r、有效应力集中系数 k_σ、绝对尺寸系数 ε_σ 以及表面状态系数 β 有关。

(1)当应力为对称循环变化时，$r=-1$，$[\sigma_{-1}]=\dfrac{\varepsilon_\alpha\beta\sigma_{-1}}{k_\sigma S}$。

(2)当应力为脉动循环变化时，$r=0$，$[\sigma_0]=\dfrac{\varepsilon_\alpha\beta\sigma_0}{k_\sigma S}$。

9-15　机械零件做耐磨性计算时除了校核比压力 p 外，还需校核 pv 值，试问 pv 值间接反映了什么？

答：pv 值间接的反映了运动副单位时间接触面积的发热量。

9.3　名校考研真题详解

一、选择题

1. 循环特性 $r=-1$ 的变应力是(　　)应力。[浙江大学 2012 研]

A. 脉动循环　　B. 恒定循环　　C. 对称循环　　D. 非对称循环

【答案】C

【解析】交变应力循环特性 r 等于最小应力与最大应力的比值。循环特性 $r=-1$ 的变应力称为对称循环变应力；循环特性 $r=0$ 的变应力称为脉动循环变应力；循环特性 $r=+1$ 则表示材料所受的应力为静应力。

2. 钢是含碳量(　　)的铁碳合金。[浙江大学 2012 研]

A. 低于 2%　　B. 高于 2%　　C. 低于 5%　　D. 高于 5%

【答案】A

【解析】钢是含碳量介于 0.02% ~2.06% 的铁碳合金；含碳量大于 2.1% 的铁碳合金称为铸铁。

3. 外形复杂、尺寸较大、生产批量大的机件适于采用(　　)毛坯。[浙江大学 2013 研]

A. 铸造　　B. 锻造　　C. 焊接　　D. 快速成型

【答案】A

【解析】对于结构形状复杂或尺寸较大的零件，在单件生产的情况下，可采用焊接代替铸造，可使制造周期缩短，成本减低，但是对于大批量生产，应该采用铸造。

4. 要求表面硬芯部软、承受冲击载荷的机件材料选择宜(　　)。[浙江大学 2013 研]

A. 高强度铸铁　　B. 合金钢退火

C. 高碳钢调质　　D. 低碳钢渗碳淬火

【答案】D

【解析】因为经过渗碳处理的低碳钢具有表面硬度高、耐磨性好、心部保持较好塑性并承受冲击载荷的特性。

5. 纯弯曲变形的矩形截面梁，仅当梁高度由 h 增大到 $2h$ 时，最大正应力是原最大正应力的(　　)。[北京航空航天大学 2010 研]

A. 1/2　　B. 1/4　　C. 1/8　　D. 1/16

【答案】B

【解析】矩形截面梁的最大正应力：$\sigma=\frac{M}{W}=\frac{M}{\frac{bh^2}{6}}$，比较可得，当梁高度由 h 变为 $2h$ 时，最大正应力将变化为原来的 1/4。

6. 用三种不同材料制成尺寸相同的试件，在相同试验条件下进行拉伸试验，得到的应力应变曲线如图 9-3-1 所示。则：拉伸强度最高、弹性模量最小、塑性最差的材料分别是（　　）。［北京航空航天大学 2010 研］

A. a、b、c　　B. b、c、a　　C. c、b、a　　D. a、c、b

【答案】D

【解析】由图 9-3-1 可知，失效时，a 的应力值最大，其拉伸强度最高；在弹性变形阶段，由$\sigma=E\varepsilon$比较可知，材料 c 的弹性模量最小；在拉力作用下，材料 b 最先失效，其塑性最差。

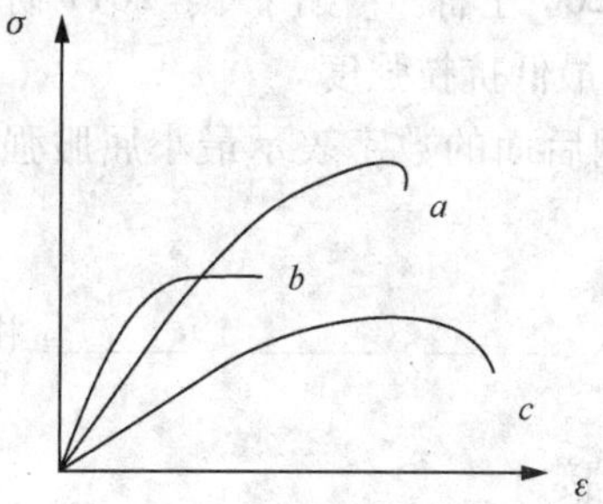

图 9-3-1

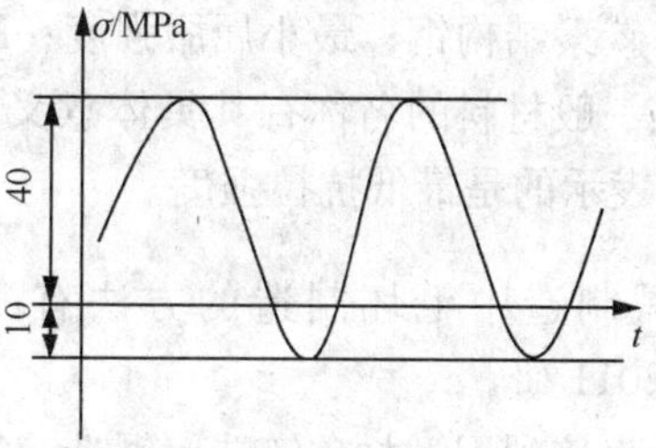

图 9-3-2

7. 图 9-3-2 所示，交变应力的循环特征、平均应力、应力幅度分别为（　　）。［北京航空航天大学 2010 研］

A. －10，30，10　　B. 40，10，20　　C. －1/4，25，15　　D. －1/4，15，25

【答案】D

【解析】由图 9-3-2 可知，$\sigma_{max}=40\text{MPa}$，$\sigma_{min}=-10\text{MPa}$。

于是可得：$\gamma=\dfrac{\sigma_{min}}{\sigma_{max}}=-\dfrac{1}{4}$，$\sigma_m=\dfrac{\sigma_{max}+\sigma_{min}}{2}=15\text{MPa}$，$\sigma_a=\dfrac{\sigma_{max}-\sigma_{min}}{2}=25\text{MPa}$。

二、填空题

1. 表面粗糙度是指零件表面的______。它主要是______在零件表面留下的微细而凹凸不平的______。［厦门大学 2013 研］

【答案】微观几何形状误差；加工后；刀痕

【解析】本题考查表面粗糙度的概念。表面粗糙度是指加工表面具有的较小间距和微小峰谷的不平度，由所采用的加工方法和其他因素所形成。表面粗糙度的高度特征参数是轮廓算术平均偏差 Ra 和轮廓最大高度 Rz。

2. 碳素结构钢的含碳量一般不超过______。含碳量低于______的为低碳钢；含碳量在______的为中碳钢；含碳量______的为高碳钢，高碳钢具有较高的______和弹性。［厦门大学 2011 研］

【答案】0.7%；0.25%；0.25%～0.6%；大于 0.6%；强度

【解析】一般根据含碳量区分碳素结构钢（含碳量低于 0.7%）的种类。碳含量低于 0.25% 的为低碳钢；碳含量在 0.3%～0.5% 范围的为中碳钢；碳含量在 0.55%～0.7% 范围的为高碳钢。

3. 静应力下，零件材料有两种损坏形式：______或______。在变应力条件下，零件的损坏形式是______。在变应力条件下，影响机械零件疲劳强度的因素很多，有______、______、______、环境介质、______和______等。［厦门大学 2011 研］

【答案】断裂；塑性变形；疲劳断裂；应力集中；零件尺寸；表面状态；加载顺序；频率

【解析】影响机械零件疲劳的因素中，应力集中、绝对尺寸和表面状态只影响应力幅。

4. Q215 代表______材料，其中 215 代表该材料的______是 215 ______（此处填写单位量纲）。灰铸铁 HT200 的 200 代表材料的______是 200 左右。［厦门大学 2011 研］

【答案】碳素结构钢；最小屈服强度；N/mm^2；最低抗拉强度

【解析】一般材料的名称有其具体意义。碳素钢后面的数字表示最小屈服强度，灰铸铁后面的数值表示的是最低抗拉强度。

5. 机械制造中毛坯制造的方法有：______、______、______、______和______等。［厦门大学 2011 研］

【答案】直接利用型材；铸造；锻造；冲压；焊接

【解析】机械制造中毛坏制造的方法还有轧制、冷压等方法。

三、判断题

1. 与铸铁相比，合金钢对应力集中更敏感。［浙江大学 2012 研］

【答案】对

【解析】合金钢对应力集中较敏感，铸铁对应力集中敏感性小，但其机械性能不如钢。

2. 优质碳钢的含碳量越高，其可焊性越好。［浙江大学 2013 研］

【答案】错

【解析】钢的可焊性主要取决于碳含量，随含碳量的增加而减低。因为含碳量较高的钢从焊接温度快速冷却下容易产生淬硬，在焊接应力作用下容易产生裂纹。

3. 一零件受稳定循环变应力作用，已知最大应力 $\sigma_{max}=300\text{MPa}$，循环特征 $r=-0.5$，则应力幅 $\sigma_a=225\text{MPa}$。（　　）［华中科技大学 2013 研］

【答案】对

【解析】$\because r=\dfrac{\sigma_{min}}{\sigma_{max}}=-0.5$，$\therefore \sigma_{min}=-150\text{MPa}$，$\sigma_a=\dfrac{\sigma_{max}-\sigma_{min}}{2}=225\text{MPa}$。

4. 一齿轮传动装置如图 9-3-3 所示，若轮 1 为主动轮，则轮 2 每转一周同侧齿面只啮合一次，且轮 2 的齿根弯曲应力可看成对称循环变应力。（　　）［华中科技大学 2013 研］

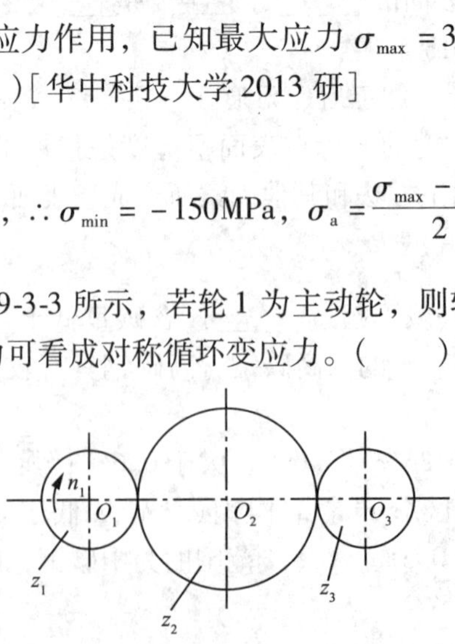

图 9-3-3

【答案】对

【解析】该齿轮传动装置工作时，轮 2 与轮 3 啮合时为主动轮，与轮 1 啮合时为从动轮。工作时，轮 2 的工作齿面为不同的两侧，每转一周，轮 2 的同一个齿分别在齿的两侧承受轮 1 和轮 3 对其的工作应力，所以齿轮 2 的齿根弯曲应力为对称循环变应力。

第10章 连 接

10.1 复习笔记

【通关提要】

本章介绍了零件连接形式：螺纹连接、键连接和销连接，主要阐述了螺纹的类型和几何参数、螺纹连接的基本类型、螺栓连接的受力分析和强度计算、螺旋传动、键连接的类型和强度计算以及销连接。学习时需要重点掌握螺栓连接的受力分析和强度计算、键连接的强度计算，此处多以计算题的形式出现；熟练掌握螺纹和螺纹连接的类型和应用、提高螺纹连接强度的措施、键连接的类型、应用及布置等内容，多以选择题、填空题、判断题和简答题的形式出现。复习时需把握其具体内容，重点记忆。

【重点难点归纳】

一、螺纹参数(见表10-1-1)

表10-1-1 螺纹的分类和几何参数

要点	主要内容	
分类	形状	三角形螺纹、梯形螺纹和锯齿形螺纹等
	旋向	左旋螺纹和右旋螺纹
	螺旋线数	单线螺纹(多用于连接)和多线螺纹(多用于传动)
几何参数	大径 d、小径 d_1、中径 d_2、螺距 P、导程 P_h、螺纹升角 ψ 和牙型角 α，其中导程 $P_h=nP$，n 为螺旋线数；$\tan\psi=nP/(\pi d_2)$	

二、螺旋副的受力分析、效率和自锁(见表10-1-2)

表10-1-2 螺旋副的受力分析、效率和自锁

	矩形螺纹($\beta=0°$)	非矩形螺纹
等速上升	$F=F_a\tan(\psi+\rho)$ $T=F_a d_2\tan(\psi+\rho)/2$ 其中 F_a为阻力，F 为驱动力	$f/\cos\beta=\tan\rho'$，$F=F_a\tan(\psi+\rho')$ $T=F_a d_2\tan(\psi+\rho')/2$ 其中 ρ'为当量摩擦角；β 为牙侧角；F_a为阻力，F 为驱动力
等速下滑	$F=F_a\tan(\psi-\rho)$ $T=F_a d_2\tan(\psi-\rho)/2$ 其中 F_a为驱动力，F 为阻力	$F=F_a\tan(\psi-\rho')$ $T=F_a d_2\tan(\psi-\rho')/2$ 其中 F_a为驱动力，F 为阻力
自锁条件	$\psi<\rho$	$\psi\leq\rho'$
效率	—	$\eta=\tan\psi/\tan(\psi+\rho')$

三、机械制造常用螺纹(见表 10-1-3)

表 10-1-3　机械制造常用螺纹

	特点	应用
普通螺纹	牙型为三角形，多用于紧固连接，分粗牙螺纹和细牙螺纹	一般连接都用粗牙螺纹；细牙螺纹适用于薄壁零件的连接
管连接螺纹	包括：普通细牙螺纹、非螺纹密封的管螺纹(圆柱管壁，$\alpha=55°$)、用螺纹密封的管螺纹(圆锥管壁，$\alpha=55°$)以及60°密圆锥管螺纹	常用于进行管道的连接，使其内外螺纹的配合紧密
梯形螺纹	牙型为等腰梯形，效率比矩形螺纹低	广泛应用于螺旋传动
锯齿形螺纹	效率比梯形螺纹高，但只能传递单向动力	用于传动，只适用于承受单方向的轴向载荷

四、螺纹连接的基本类型及螺纹紧固件(见表 10-1-4)

表 10-1-4　螺纹连接的基本类型及螺纹紧固件

要点	主要内容	
螺纹连接的基本类型	螺栓连接	分为普通螺栓连接和铰制孔用螺栓连接，用于连接两个较薄零件
	螺钉连接	用于被连接件之一较厚，但不需经常拆卸的场合
	双头螺柱连接	用于两个被连接件中一个较厚，且需要经常拆卸的场合
	紧定螺钉连接	固定两零件的相对位置
螺纹紧固件	类型	包括：①螺栓；②双头螺柱；③螺钉；④紧定螺钉；⑤螺母；⑥垫圈
	精度	A、B、C 三级。A 级精度最高

五、螺纹连接的预紧和防松

1. 拧紧力矩(见表 10-1-5)

表 10-1-5　拧紧力矩

要点	主要内容
拧紧力矩 T	$T=T_1+T_2=F_a d_2\tan(\psi+\rho')/2+f_c F_a r_f$ F_a为轴向力，若不承受轴向力，则 F_a为预紧力；f_c为螺母与被连接件支承面之间的摩擦系数；r_f为支承面摩擦半径
控制预紧力的方法	①定力矩扳手；②测力矩扳手；③控制螺栓在拧紧前后的伸长变形量

2. 螺纹连接的防松(见表 10-1-6)

表 10-1-6　螺纹连接的防松

要点	主要内容
摩擦防松	①弹簧垫圈；②对顶螺母；③尼龙圈锁紧螺母
机械防松	①槽形螺母开口销；②圆螺母用带翅垫片；③止动垫片
破坏螺纹副防松	①冲点法防松；②粘合法防松

六、螺栓连接的强度计算(见表 10-1-7)

表 10-1-7　螺栓连接的强度计算

要点	主要内容
松螺栓连接	$\sigma = F_a/(\pi d_1^2/4) \leqslant [\sigma]$ 式中 F_a 为轴向工作载荷，$[\sigma]$ 为许用拉应力
紧螺栓连接	$\sigma_e = 4 \times 1.3 F_a/(\pi d_1^2)$ 参数含义同上，考虑扭转应力的影响
普通螺栓连接	$F_a = F_0 \geqslant CF/(mf)$ 式中 F_0 为预紧力；F 为横向工作载荷；C 为可靠性系数；m 为接合面数目；f 为接合面摩擦系数
铰制孔用螺栓连接	$\tau = F/(m\pi d_0^2/4) \leqslant [\tau]$；$\sigma_p = F/(d_0\delta) \leqslant [\sigma_p]$ 参数含义同上；其中 δ 取连接件厚度的小值；$[\tau]$ 为许用应力；$[\sigma_p]$ 为许用挤压应力
受轴向工作载荷	$F_a = F_E + F_R = F_0 + F_E k_b/(k_b + k_c)$ 式中 F_a 为总拉伸载荷；F_E 为工作载荷；F_R 为残余预紧力；$k_b/(k_b + k_c)$ 为螺栓的相对刚性系数；k_b 为螺栓刚度；k_c 为被连接件刚度

七、螺栓的材料和许用应力

1. 材料

一般常用低碳钢和中碳钢，重要场合或特殊用途的螺纹连接件采用合金钢。

2. 许用应力及安全系数

许用应力及安全系数可见教材表 10-7 和表 10-8。

八、提高螺栓连接强度的措施(见表 10-1-8)

表 10-1-8　提高螺栓连接强度的措施

要点	主要内容
降低 F_a 的变化范围	减小 k_b 或增大 k_c。例如，减小螺栓光杆部分直径或采用空心螺杆；增加螺栓的长度；用软垫片密封
改善螺纹牙间的载荷分布	采用悬置(受拉)螺母
减小应力集中	增大过渡处圆角；切制卸载槽
避免或减小附加应力	采用凸台或沉头座等结构

九、螺旋传动

螺旋传动的主要失效形式是螺纹磨损。

按使用要求的不同可分为传力螺旋、传导螺旋和调整螺旋。

1. 耐磨性计算

(1)通常是限制螺纹接触处的压强 p，其校核公式为

$$p = F_a/(\pi d_2 h z) \leqslant [p]$$

(2)确定螺纹中径 d_2 的设计公式

①梯形螺纹

$$d_2 \geqslant 0.8\sqrt{\frac{F_a}{\varphi[p]}}$$

②锯齿形螺纹

$$d_2 \geqslant 0.65\sqrt{\frac{F_a}{\varphi[p]}}$$

2. 螺杆强度的校核

按第四强度理论可求出危险截面的当量应力 σ_e，强度条件为

$$\sigma_e = \sqrt{\sigma^2 + 3\tau^2} = \sqrt{\left(\frac{4F_a}{\pi d_1^2}\right)^2 + 3\left(\frac{T}{\pi d_1^3/16}\right)^2} \leqslant [\sigma]$$

3. 螺杆稳定性的校核

细长螺杆的临界载荷与材料、螺杆长细比 $\lambda = \mu l/i$ 有关。

(1)当 $\lambda \geqslant 100$ 时，临界载荷 F_c 由欧拉公式 $F_c = \pi^2 EI/(\mu l)^2$ 决定。

(2)当 $40 < \lambda < 100$ 时，则：

①材料 $\sigma_B \geqslant 370$Mpa 时，取 $F_c = (304 - 1.12\lambda)\pi d_1^2/4$；

②材料 $\sigma_B \geqslant 470$Mpa 时，取 $F_c = (461 - 2.57\lambda)\pi d_1^2/4$。

(3)当 $\lambda \leqslant 40$ 时，不必进行稳定性校核。

4. 螺纹牙强度的校核

防止沿螺母螺纹牙根部剪断的校核式为 $\tau = F_a/(\pi Dbz) \leqslant [\tau]$。

十、键连接和花键连接

1. 键连接的类型(见表 10-1-9)

表 10-1-9 键连接的类型

种类	特点
普通平键	两侧面是工作面；按照端部形状可制成 A、B、C 三种类型
导向平键	用于轮毂与轴间需要有相对滑动的动连接
半圆键	键槽对轴的削弱较大，一般多用于轻载连接，尤其是锥形轴端与轮毂的连接中
楔键	上、下面是工作面；能承受单方向的轴向载荷
切向键	上、下两面(窄面)为工作面，能传递很大的转矩；当双向传递转矩时，需用两个切向键分布成 120° ~ 130°反向安装

2. 平键连接的强度校核

平键连接的挤压强度条件 $\sigma_p = 4T/(\mathrm{d}hl) \leqslant [\sigma_p]$。

对于导向平键连接(动连接)，应限制压强，即 $p = 4T/(\mathrm{d}hl) \leqslant [p]$。

3. 花键连接(见表 10-1-10)

表 10-1-10 花键连接

要点	主要内容	
分类	矩形花键	小径定心，定心精度高
	渐开线花键	齿廓定心，能承受较大的载荷
传递扭矩	$T = Kzhl'r_m[\sigma_p]$ 式中，l'为齿的接触长度；h 为齿面工作高度；r_m 为平均半径；K 为载荷不均匀系数，$K = 0.7 \sim 0.8$；$[\sigma_p]$为许用挤压应力；$[p]$为许用压强。 对于矩形花键，$h = (D-d)/2 - 2C$，$r_m = (D+d)/4$，其中 C 为齿顶的倒圆半径	

十一、销连接（见表 10-1-11）

表 10-1-11 销连接

要点		主要内容
用途	①定位；②传递动力和转矩；③用作保护件	
基本形式	圆柱销	不适用于多次装拆，会影响其定位精度
	圆锥销	安装方便，多次装拆对定位精度的影响也较小
材料	35 钢、45 钢	

10.2 课后习题详解

10-1 试证明具有自锁性的螺旋传动，其效率恒小于 50%。

证明：螺旋传动的效率 $\eta=\dfrac{\tan\psi}{\tan(\psi+\rho')}$，自锁时有螺旋升角小于等于当量摩擦角，即 $\psi\leqslant\rho'$，故有 $\tan(\psi+\rho')\geqslant\tan2\psi$，则

$$\eta=\frac{\tan\psi}{\tan(\psi+\rho')}\leqslant\frac{\tan\psi}{\tan2\psi}=\frac{\tan\psi}{\dfrac{2\tan\psi}{1-\tan^2\psi}}=\frac{1}{2}(1-\tan^2\psi)$$

其中，$\psi>0$，$\tan^2\psi>0$。

因此，$\eta\leqslant0.5(1-\tan^2\psi)<0.5$，命题得证。

10-2 试计算 M20、M20×1.5 螺纹的螺纹升角，并指出哪种螺纹的自锁性较好。

解：(1)计算 M20 螺纹的螺纹升角

查教材表 10-1 得：螺距 $P=2.5\text{mm}$，中径 $d_2=18.376\text{mm}$。故

$$\psi_1=\arctan\frac{P}{\pi d_2}=\arctan\frac{2.5}{\pi\times18.376}=2.48°$$

(2)计算 M20×1.5 的螺纹升角

查教材表 10-2 得：螺距 $P=1.5\text{mm}$，中径 $d_2=d-1+0.026=19.026\text{mm}$。故

$$\psi_2=\arctan\frac{P}{\pi d_2}=\arctan\frac{1.5}{\pi\times19.026}=1.44°$$

由于相同公称直径情况下，$\psi_2<\psi_1$，因此 M20×1.5 的螺纹自锁性较好。

10-3 用 12in(英寸)扳手拧紧 M8 螺栓。已知螺栓力学性能等级为 4.8 级，螺纹间摩擦系数 $f=0.1$，螺母与支承面间摩擦系数 $f_c=0.12$，手掌中心至螺栓轴线的距离 $l=240\text{mm}$。试问当手掌施力 125N 时，该螺栓所产生的拉应力为多少？螺栓会不会损坏？(由设计手册可查得 M8 螺母 $d_w=11.5\text{mm}$，$d_0=9\text{mm}$)。

解：查教材表 10-1 可知 M8 螺栓的有关几何参数：

螺距 $P=1.25\text{mm}$，中径 $d_2=7.188\text{mm}$，小径 $d_1=6.647\text{mm}$。

则其螺纹升角：$\psi=\arctan\dfrac{nP}{\pi d_2}=\arctan\dfrac{1.25}{\pi\times7.188}=3.17°$。

当量摩擦角：$\rho'=\arctan f'=\arctan\dfrac{f}{\cos\beta}=\arctan\dfrac{0.1}{\cos30°}=6.5868°$。

拧紧螺母时力矩：$T=T_1+T_2=\frac{F_a}{2}d_2\tan(\psi+\rho')+f_cF_ar_f$ 且 $T=FL$，代入数据可得此时的轴向载荷为

$$F_a=\frac{FL}{\frac{d_2}{2}\tan(\psi+\rho')+f_c\frac{d_w+d_0}{4}}=\frac{125\times240}{\frac{7.188}{2}\times\tan(3.17°+6.5868°)+0.12\times\frac{11.5+9}{4}}=24331\text{N}$$

根据已知螺栓等级，查教材表10-6，可得该螺栓的公称屈服极限为 $\sigma_s=320\text{MPa}$。

拉应力：$\sigma=\frac{4\times1.3F_a}{\pi d_1^2}=\frac{4\times1.3\times24331}{\pi\times6.647^2}=912\text{MPa}>\sigma_s$。因此螺栓会损坏。

10-4　图10-2-1所示升降机构承受载荷 $F_a=100\text{kN}$，采用梯形螺纹，$d=70\text{mm}$，$d_2=65\text{mm}$，$P=10\text{mm}$，线数 $n=4$。支承面采用推力球轴承，升降台的上下移动处采用导向滚轮，它们的摩擦阻力近似为零，试计算：(1)工作台稳定上升时的效率，已知螺旋副当量摩擦系数为0.10；(2)稳定上升时加于螺杆上的力矩；(3)若工作台以800mm/min的速度上升，试按稳定运转条件求螺杆所需的转速和功率；(4)欲使工作台在载荷 F_a 的作用下等速下降，是否需要制动装置？加于螺杆上的制动力矩应为多少？

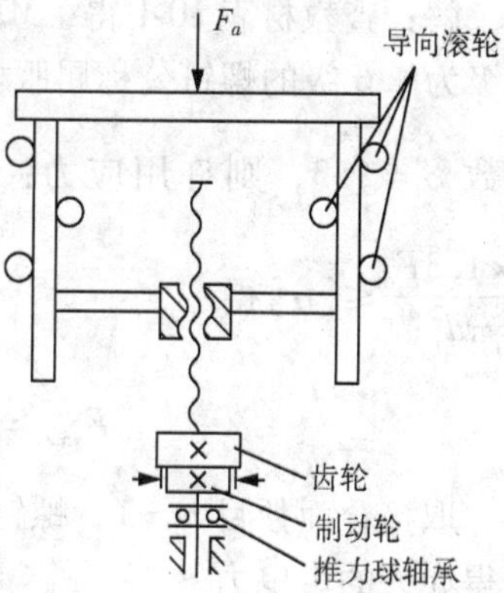

图 10-2-1

解：(1)梯形螺纹的螺纹升角：$\psi=\arctan\frac{nP}{\pi d_2}=\arctan\frac{4\times10}{\pi\times65}=11.0884°$；

当量摩擦角：$\rho'=\arctan f'=\arctan0.1=5.7106°$；

故工作台稳定上升时的效率

$$\eta=\frac{\tan\psi}{\tan(\psi+\rho')}=\frac{\tan11.0884°}{\tan(11.0884°+5.7106°)}=0.649=64.9\%$$

(2)稳定上升时加于螺杆的力矩

$$T_1=\frac{F_a}{2}d_2\tan(\psi+\rho')=\frac{100}{2}\times1000\times65\times10^{-3}\times\tan(11.0884°+5.7106°)=981\text{N}\cdot\text{m}$$

(3)螺杆每转一周，工作台升高

$$S=nP=40\text{mm}$$

螺杆转速

$$n=\frac{v}{S}=\frac{800}{40}=20\text{r/min}$$

螺杆功率

$$P=T_1\omega=T_1\frac{2\pi n}{60}=981\times\frac{2\times\pi\times20}{60}=2055\text{W}=2.055\text{kW}$$

(4)由(1)可知螺纹升角 $\psi>$ 当量摩擦角 ρ'，该梯形螺旋副不具有自锁性。因此需要制动力矩

$$T=\frac{F_a}{2}d_2\tan(\psi-\rho')=\frac{100}{2}\times1000\times65\times10^{-3}\times\tan(11.0884°-5.7106°)=306\text{N}\cdot\text{m}$$

10-5　如图 10-2-2 所示，用两个 M10 的螺钉固定一牵曳钩，若螺钉力学性能等级为 4. 6 级，装配时控制预紧力，接合面摩擦系数 $f = 0.15$，求其允许的牵曳力。

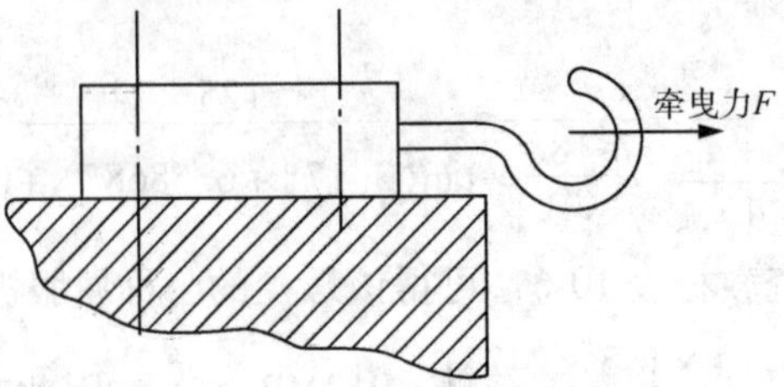

图 10-2-2

解：查教材表 10-1 得，M10 螺钉的螺纹小径 $d_1 = 8.376\text{mm}$；查教材表 10-6，力学性能等级为 4. 6 级的螺钉公称屈服极限 $\sigma_s = 240\text{MPa}$；当控制预紧力时，查教材表 10-7，取安全系数 $S = 1.3$，则许用应力：$[\sigma] = \frac{\sigma_s}{S} = 185\text{MPa}$，故螺栓所允许的最大预紧力由 $\sigma = \frac{4 \times 1.3F_a}{\pi d_1^2} \leqslant [\sigma]$ 得

$$F_{a\max} = \frac{[\sigma]\pi d_1^2}{4 \times 1.3} = \frac{185 \times \pi \times 8.376^2}{4 \times 1.3} = 7837.4\text{N}$$

取接合面数目 $m = 1$，螺钉数目为 2，则有 $2fF_{a\max} = CF_{\max}$，其中取可靠性系数 $C = 1.2$，可得允许的牵曳力

$$F_{\max} = \frac{2fF_{a\max}}{C} = \frac{2 \times 0.15 \times 7837.4}{1.2} = 1959.35\text{N}$$

10-6　在图 10-2-3 所示某重要拉杆螺纹连接中，已知拉杆所受拉力 $F_a = 13\text{kN}$，载荷稳定，拉杆材料为 Q275，试计算螺纹接头的螺纹。

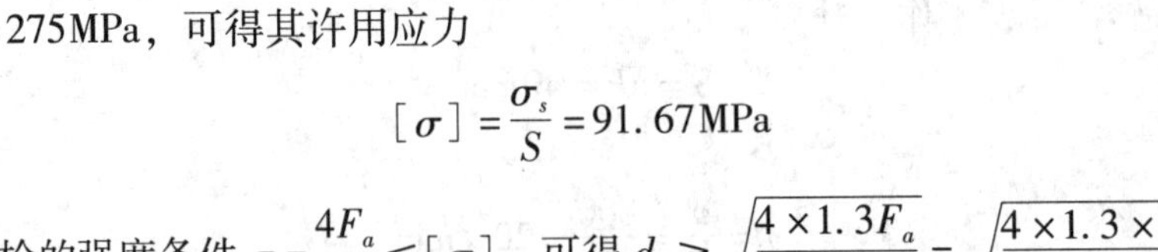

图 10-2-3

解：因为 Q275 属于低碳钢，且受到静载荷的作用，故取安全系数 $S = 3$，材料 Q275 的屈服极限 $\sigma_s = 275\text{MPa}$，可得其许用应力

$$[\sigma] = \frac{\sigma_s}{S} = 91.67\text{MPa}$$

则根据螺栓的强度条件 $\sigma = \frac{4F_a}{\pi d_1^2} \leqslant [\sigma]$，可得 $d_1 \geqslant \sqrt{\frac{4 \times 1.3F_a}{\pi[\sigma]}} = \sqrt{\frac{4 \times 1.3 \times 13 \times 1000}{\pi \times 91.67}}\text{mm} \approx 15.3\text{mm}$。

查教材表 10-1 选用 M20 普通螺栓，其螺纹小径 $d_1 = 17.294 > 15.3\text{mm}$，满足要求。

10-7　在图 10-2-4 所示夹紧螺栓中，已知螺栓数为 2，螺纹为 M20，螺栓力学性能等级为 4. 8 级，轴径 D：50mm，杠杆长 L：400mm，轴与夹壳间的摩擦系数 $f = 0.15$，试求施加于杠杆端部的作用力 W 的允许值。

解：查教材表 10-6 可得：4. 8 级螺栓的屈服极限 $\sigma_s = 320\text{MPa}$，在不能控制预紧力的情

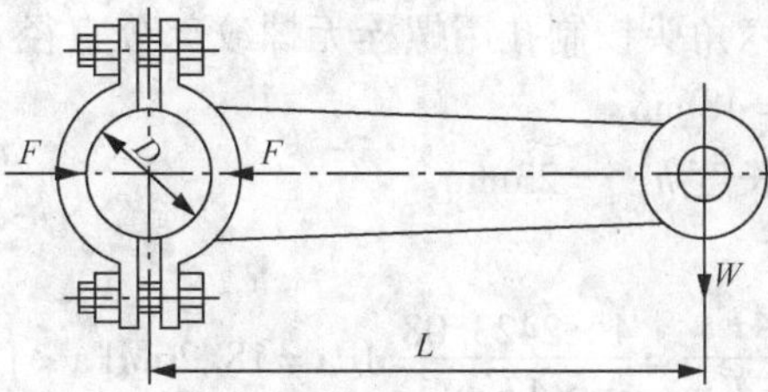

图 10-2-4

况下，取安全系数 $S=3.2$，于是许用应力 $[\sigma]=\dfrac{\sigma_s}{S}=\dfrac{320}{3.2}=100\text{MPa}$，查教材表 10-1，M20 螺栓的小径 $d_1=17.294\text{mm}$。

取左半部分研究，根据轴毂之间相对不滑移条件 $2fF\dfrac{D}{2}=CWL$，可得：$F_a=\dfrac{F}{2}=\dfrac{CWL}{2fD}$；同时根据螺栓的强度条件 $\sigma=\dfrac{4\times1.3F_a}{\pi d_1^2}\leqslant[\sigma]$，整理得作用力 W 满足：$W\leqslant\dfrac{2\pi d_1^2 fD[\sigma]}{4\times1.3CL}$，其中取可靠性系数 $C=1.2$，则有

$$W\leqslant\frac{2\pi d_1^2 fD[\sigma]}{4\times1.3CL}=\frac{2\times3.14\times17.294^2\times0.15\times50\times100}{4\times1.3\times1.2\times400}=564.37\text{N}$$

10-8　图 10-2-5 所示凸缘联轴器，允许传递最大转矩 $T=630\text{N}\cdot\text{m}$（静载荷），材料为 HT250。联轴器用 4 个 M12 铰制孔用螺栓连成一体，取螺栓力学性能等级为 8.8 级。(1) 试查手册确定该螺栓的合适长度并写出其标记（已选定配用螺母为带尼龙圈的防松螺母，其厚度不超过 10.23mm）；(2) 校核其剪切和挤压强度（装入铰制孔用螺栓的装配图见第 17 章图 17-1a）。

解：(1) 确定螺栓的长度

螺栓螺纹的伸出长度为

$$a=0.25d=0.25\times12=3\text{mm}$$

查机械设计手册，根据国家标准 GB/T97.2－2002，当公称直径为 12mm 时，垫圈厚度为 2.5mm。

选用的螺栓长度

$$l=23+23+2.5+10.23+3=61.73\text{mm}$$

查螺栓长度系列标准可取 $l=70\text{mm}$。

螺栓标记为 GB/T27—2013　M12。

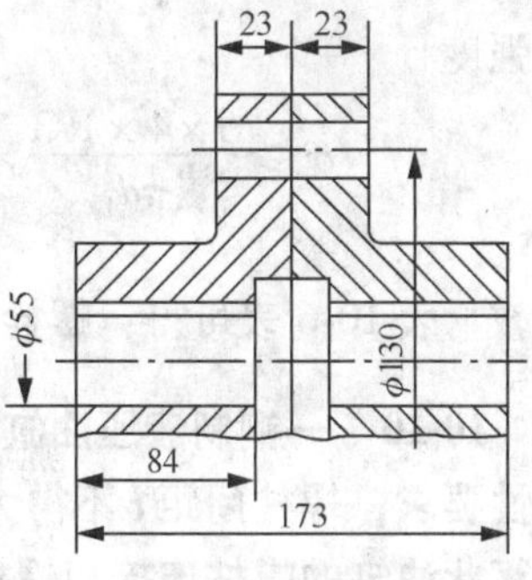

图 10-2-5

(2) 查教材表 10-6，对于 8.8 级螺栓，屈服强度 $\sigma_s=640\text{MPa}$。由教材表 10-7 知，许用剪应力：$[\tau]=\dfrac{\sigma_s}{2.5}=\dfrac{640}{2.5}=256\text{MPa}$。

对于螺栓，许用挤压应力：$[\sigma_{p1}]=\dfrac{\sigma_s}{1.25}=\dfrac{640}{1.25}=512\text{MPa}$。

对于 HT250，许用挤压应力：$[\sigma_{p2}]=\dfrac{\sigma_{s'}}{2.5}=\dfrac{250}{2.5}=100\text{MPa}$。

故许用挤压应力：$[\sigma_p]=\min\{[\sigma_{p1}],[\sigma_{p2}]\}=100\text{MPa}$。

联轴器上螺栓只受转矩作用，故剪力：$F_S=\dfrac{T}{4r}=\dfrac{630000}{4\times65}\text{N}=2423.08\text{N}$。

查机械设计手册可知：六角头铰制孔用螺栓无螺纹部分直径 $d_0=13\text{mm}$；无螺纹部分长度 $l_3=l-22=(70-22)\text{mm}=48\text{mm}$。

所以，受挤压面的最小长度 $h_{\min}=23\text{mm}$。

①校核剪应力

$$\tau=\frac{4F_S}{\pi d_0^2 m}=\frac{4\times2423.08}{\pi\times13^2\times1}\text{MPa}=18.26\text{MPa}<[\tau]$$

②校核挤压应力

$$\sigma_p=\frac{F_S}{d_0 h_{\min}}=\frac{2423.08}{13\times23}\text{MPa}=8.103\text{MPa}<[\sigma_p]$$

综上可知，均满足强度要求。

10-9　题 10-8 的螺栓连接如果改用 6 个 M16 螺栓依靠其预紧后产生的摩擦力来传递转矩(装配图见教材图 17-1b)，接合面摩擦系数 $f=0.15$，安装时不要求严格控制预紧力，试选用合适的螺栓和螺母力学性能等级。

解：对于 M16 普通螺栓，查教材表 10-1，得其小径：$d_1=13.835\text{mm}$，对于受转矩的螺栓：

根据其接合面不滑移条件

$$zfF_a\cdot r=CT$$

可得

$$F_a=\frac{CT}{zfr}$$

其中取可靠性系数 $C=1.2$。

根据其强度条件 $\sigma=\dfrac{4\times1.3F_a}{\pi d_1^2}\leqslant[\sigma]=\dfrac{\sigma_s}{S}$，查教材表 10-8，安全系数取 $S=4$，可得其屈服强度

$$\sigma_s\geqslant\frac{S\times4\times1.3}{\pi d_1^2}\times\frac{CT}{zfr}=\frac{4\times4\times1.3}{3.14\times13.835^2}\times\frac{1.2\times630\times1000}{6\times0.15\times\dfrac{130}{2}}=447.24\text{MPa}$$

查教材表 10-6 表可得：螺栓的力学性能等级为 6.8，螺母性能等级为 6。

10-10　一钢制液压油缸(图 10-2-6)，油压 $p=3\text{MPa}$，油缸内径 $D=160\text{mm}$。为保证气密性要求，螺柱间距 l 不得大于 $4.5d$(d 为螺柱大径)，若取螺柱力学性能等级为 5.8 级，试计算此油缸的螺柱连接和螺柱分布圆直径 D_0。

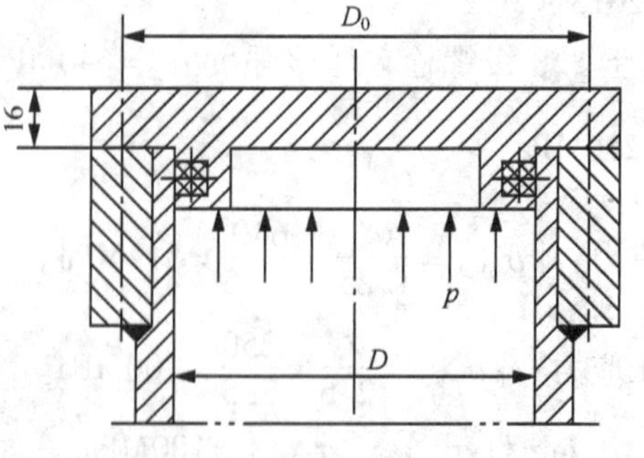

图 10-2-6

解：(1)确定螺栓工作载荷 F_E

一般取偶数个螺栓，则设有 8 个螺栓，则每个螺栓的轴向工作载荷为

$$F_E=\frac{p\pi D^2/4}{8}=\frac{3\times\pi\times160^2}{4\times8}=7536\text{N}$$

(2)确定单个螺栓总拉伸载荷 F_a

对于压力容器取残余预紧力，则 $F_R=1.8F_E$，则

$$F_a=F_E+1.8F_E=2.8\times7536=21100.8\text{N}$$

(3)求螺栓直径

由题可知其力学性能等级为 5.8 级，查教材表 10-6，得其屈服强度 $\sigma_s=400\text{MPa}$，液压缸装配时不要求严格控制预紧力，查教材表 10-8 暂取安全系数$S=2.5$，则许用应力为

$$[\sigma]=\frac{\sigma_s}{S}=\frac{400}{2.5}=160\text{MPa}$$

螺纹小径为

$$d_1\geqslant\sqrt{\frac{4\times1.3F_a}{\pi[\sigma]}}=\sqrt{\frac{4\times1.3\times21100.8}{\pi\times160}}=14.78\text{mm}$$

查教材表 10-1，取 M20 螺栓（小径 $d_1=17.294\text{mm}$），按照教材表 10-8 可知，所取安全系数 $S=2.5$ 是正确的。

(4)确定螺栓分布圆直径

螺栓置于凸缘中部。分布圆直径为

$$D_0=D+2e+2\times10=160+2\times[20+(3\sim6)]+2\times10=226\sim232\text{mm}$$

取 $D_0=229\text{mm}$。

螺栓间距 l 为

$$l=\frac{\pi D_0}{z}=\frac{\pi\times229}{8}=89.88\text{mm}$$

因 $l<4.5d=4.5\times20=90\text{mm}$，故所选螺栓直径 D_0 和螺栓个数符合要求。

10-11　一手动螺旋起重器（图 10-2-7）的最大起重量 $F_a=40\text{kN}$，施加于手柄的力$F=250\text{N}$，螺旋采用单头梯形螺纹，公称直径 $d=52\text{mm}$，螺纹间的摩擦系数 $f=0.15$，支承面摩擦系数 $f_c\approx0$。(1)确定此起重器的手柄长度 L，并说明计算所得的手柄长度是否合适；(2)计算螺母的高度 H。

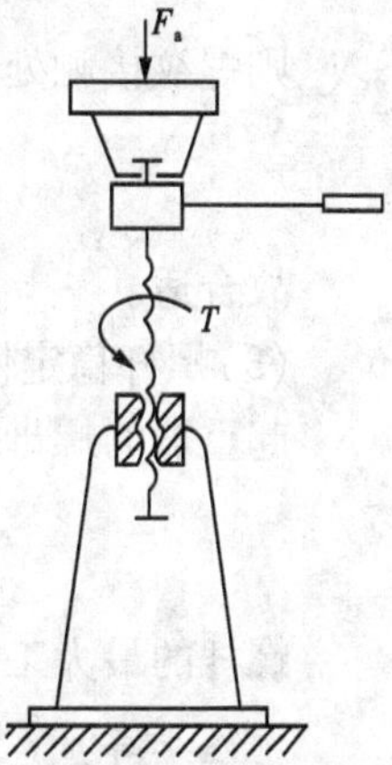

图 10-2-7

解：(1)梯形螺纹公称直径 $d=52\text{mm}$，查表选取其螺距 $P=8\text{mm}$，螺纹中径 $d_2=48\text{mm}$，螺纹小径 $d_1=44\text{mm}$。

故螺纹升角：$\psi=\arctan\dfrac{nP}{\pi d_2}=\arctan\dfrac{8}{\pi\times48}=3.0383°$。

当量摩擦角：$\rho'=\arctan f'=\arctan\dfrac{f}{\cos\beta}=\arctan\dfrac{0.15}{\cos15°}=8.827°$。

因为支承面摩擦系数$f_c\approx0$，则所需的转矩：$T=T_1=F_a\dfrac{d_2}{2}\tan(\psi+\rho')$，又 $T=FL$，因此 $FL=F_a\dfrac{d_2}{2}\tan(\psi+\rho')$，则手柄长度

$$L=\frac{F_a}{F}\cdot\frac{d_2}{2}\tan(\psi+\rho')=\frac{40\times1000\times48\times\tan(3.0383°+8.827°)}{2\times250}=807\mathrm{mm}$$

由此可见所需手柄长度较长，故采取较小手柄长度后采用加套管方式。

(2)选取 $\Phi=1.5$，故根据 $\Phi=\dfrac{H}{d_2}$可得：螺母高度 $H=\Phi d_2=1.5\times48=72\mathrm{mm}$，验证：螺纹圈数 $Z=\dfrac{H}{P}=\dfrac{72}{8}=9<10$，故螺母高度符合要求。

10-12 试计算一起重器的螺杆和螺母的主要尺寸。已知起重量 $F_a=30\mathrm{kN}$，最大举起高度 $L=550\mathrm{mm}$，螺杆用 45 钢，螺母用铝青铜 ZCuAl10Fe3。

解：选用梯形螺纹。

查表得 45 钢：$\sigma_s=355\mathrm{MPa}$。

(1)根据耐磨性初选参数

查教材表 10-9，选取参数：$[p]=20\mathrm{MPa}$，$\Phi=1.2\sim2.5$，取 $\Phi=1.5$。

梯形螺纹：$d_2\geqslant0.8\sqrt{\dfrac{F_a}{\Phi[P]}}=0.8\times\sqrt{\dfrac{30\times1000}{1.5\times20}}=25.3\mathrm{mm}$。

查标准 GB/T 5796.3 - 2005，选取的梯形螺纹公称直径 $d=42\mathrm{mm}$，螺纹中径 $d_2=38.5\mathrm{mm}$，螺纹小径 $d_1=34\mathrm{mm}$，螺距 $P=7\mathrm{mm}$。

(2)初选螺母

螺母高度：$H=\Phi d_2=1.5\times38.5=57.75\mathrm{mm}$。

验证：螺纹圈数 $Z=\dfrac{H}{P}=\dfrac{57.75}{7}=8.25<10$。取 $Z=9$，则

$$\Phi=\frac{H}{d_2}=\frac{ZP}{d_2}=\frac{9\times7}{38.5}=1.64$$

则螺纹的工作高度为

$$h=0.5P=3.5\mathrm{mm}$$

则螺纹接触处的压强为

$$p=\frac{F_a}{\pi d_2hZ}=\frac{30\times1000}{3.14\times38.5\times3.5\times9}=7.88\mathrm{MPa}<[p]$$

故合适。

(3)螺杆稳定性校核

起重器的螺母端为固定端，另一端为自由端，故 $\mu=2$，螺杆危险截面的惯性半径为

$$i=\frac{d_1}{4}=\frac{34}{4}=8.5$$

螺杆的最大工作长度：$L=550\mathrm{mm}$。

螺杆柔度：$\lambda=\dfrac{\mu L}{i}=\dfrac{2\times550}{8.5}=129.41>100$ 为大柔度杆，适用欧拉公式，计算其临界力

$$F_c=\frac{\pi^2EI}{(\mu L)^2}=\frac{\pi^2E\pi d_1^4}{64(\mu L)^2}=\frac{\pi^3\times34^4\times2.06\times10^5}{64\times(2\times550)^2}=1.10\times10^5\mathrm{N}$$

取安全系数 $S=3$，可得：$\dfrac{F_c}{S}=\dfrac{1.10\times10^5}{3}=36667\mathrm{N}>F_a=30000\mathrm{N}$。

故稳定性满足要求。

10-13 如图 10-2-8 所示，一小型压力机的最大压力为 25kN，螺旋副采用梯形螺纹，螺杆取 45 钢正火，$[\sigma]=80\text{MPa}$。螺母材料为 ZCuAl10Fe3。设压头支承面平均直径 D_m = 螺纹中径 d_2，操作时螺旋副当量摩擦系数 $f'=0.12$，压头支承面摩擦系数 $f_c=0.10$。试求螺纹参数(要求自锁)和手轮直径。

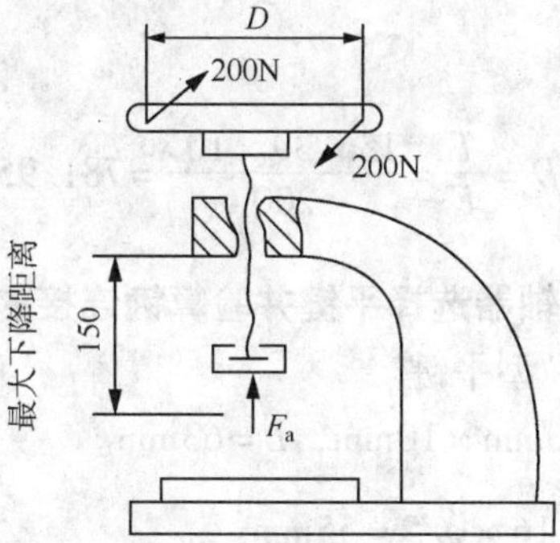

图 10-2-8

解：(1)根据耐磨性初选螺纹直径

查教材表 10-9，选取参数：$[p]=20\text{MPa}$，$\Phi=1.5$。

梯形螺纹：$d_2 \geqslant 0.8\sqrt{\dfrac{F_a}{\Phi[p]}}=0.8\times\sqrt{\dfrac{25000}{1.5\times20}}=23.09\text{mm}$。

据此选取 Tr36×6，螺纹中径 $d_2=33\text{mm}$，螺纹小径 $d_1=29\text{mm}$，螺距 $p=6\text{mm}$。

(2)验证其自锁性

螺纹升角：$\psi=\arctan\dfrac{np}{\pi d_2}=\arctan\dfrac{6}{\pi\times33}=3.314°$。

当量摩擦角：$\rho'=\arctan f'=\arctan 0.12=6.843°$。

综上可知 $\psi<\rho'$，故满足自锁性要求。

(3)螺杆强度的校核

扭矩为

$$
\begin{aligned}
T &= F_a\frac{d_2}{2}\tan(\psi+\rho')+f_cF_aD_m \\
&=25\times10^3\times\frac{33}{2}\times\tan(3.314°+6.843°)+0.10\times25000\times33 \\
&=156.39\times10^3\,\text{N}\cdot\text{mm}
\end{aligned}
$$

强度为

$$
\begin{aligned}
\sigma_e &= \sqrt{\sigma^2+3\tau^2}=\sqrt{\left(\frac{4F_a}{\pi d_1^2}\right)^2+3\left(\frac{T}{\pi d_1^3/16}\right)^2} \\
&=\sqrt{\left(\frac{4\times25\times1000}{\pi\times29^2}\right)^2+3\times\left(\frac{156.39\times10^3}{\pi\times29^3}\times16\right)^2}=68.06\text{MPa}<80\text{MPa}
\end{aligned}
$$

强度条件满足。

(4)稳定性校核

螺杆的最大工作长度 $L=150\text{mm}$，柔度：$\lambda=\dfrac{\mu L}{i}=\dfrac{4\mu L}{d_1}=\dfrac{4\times2\times150}{29}=41.4$。

对 45 钢正火，查表得 $\sigma_B=600\text{MPa}$。

$$F_c=(461-2.57\lambda)\frac{\pi d_1^2}{4}=(461-2.57\times41.4)\times\frac{\pi\times29^2}{4}=234220\text{N}\cdot\text{mm}$$

取安全系数为 $S=4$，故有 $\frac{F_c}{S}=\frac{234220}{4}\text{N}=58555\text{N}>25000\text{N}$。

因此其稳定性亦满足要求。

(5)确定手轮直径

由 $T=DF$ 可得：手轮直径 $D=\frac{T}{F}=\frac{156.39\times10^3}{200}=781.95\text{mm}$。

10-14　试为题 10-8 中的联轴器选择平键并验算键连接的强度。

解：根据轴颈，轴端选取 C 型平键。

查表得公称尺寸：$b\times h=16\text{mm}\times10\text{mm}$，$L=63\text{mm}$。

工作长度：$l=L-\frac{b}{2}=63-16\times0.5=55\text{mm}$。

许用应力：$[\sigma_p]=70\text{MPa}\sim80\text{MPa}$。

挤压应力：$\sigma_p=\frac{4T}{dhl}=\frac{4\times630\times1000}{55\times10\times55}=83.31\text{MPa}>[\sigma_p]$，不满足强度要求。因此，可考虑选用两个平键或花键连接，或者轴与联轴器孔采用过盈配合以分担一部分扭矩。

10-15　题 10-8 中的联轴器若改成矩形花键连接，轴和联轴器均用 45 钢。(1)试选择花键尺寸并验算该连接的强度；(2)和题 10-14 的计算结果作比较。(提示：为保证轴的强度，在选择花键尺寸时应使花键的小径接近 Φ55 mm。)

解：(1)选取花键的小径 $d=56\text{mm}$，规格 $N\times d\times D\times B=8\times56\times62\times10$，即表示花键的齿数为 8，小径为 56mm，大径为 62mm，键宽为 10mm，键长取 90mm，倒角 $C=0.4\text{mm}$。

查表选取花键的许用应力 $[\sigma_p]=80\text{MPa}$，又强度计算公式 $\sigma_p=\frac{2T}{Kzhld_m}$，其中，查表选取载荷分布不均匀系数 $K=0.7$，齿数 $z=8$，齿面工作高度 $h=\frac{D-d}{2}-2C=2.2\text{mm}$，花键齿接触长度 $l=90\text{mm}$，平均直径 $d_m=\frac{D+d}{2}=59\text{mm}$，故

$$\sigma_p=\frac{2T}{Kzhld_m}=\frac{2\times630\times1000}{0.7\times8\times2.2\times90\times59}=19.26\text{MPa}<[\sigma_p]$$

该尺寸满足强度要求。

(2)和题 10-14 结果比较可知，普通平键连接不能满足强度要求，花键连接完全可以满足强度要求。

10.3　名校考研真题详解

一、选择题

1. 螺纹的牙形角为 α，螺纹中的摩擦角为 ρ，当量摩擦角为 ρ_v，螺纹升角为 λ，则螺纹的自锁条件为(　　)。[浙江大学 2012 研]

A. $\lambda\leqslant\alpha$　　B. $\lambda>\alpha$　　C. $\lambda\leqslant\rho_v$　　D. $\lambda>\rho_v$

【答案】C

【解析】不论轴向载荷有多大，螺母不会在其作用下自行松退的现象称为螺旋副的自锁。螺旋副自锁的条件为 $\lambda \leqslant \rho_v$。

2. 用于薄壁零件的联接螺纹，应采用(　　)。[浙江大学 2012 研]

A. 三角形粗牙螺纹　　B. 三角形细牙螺纹

C. 锯齿形螺纹　　D. 梯形螺纹

【答案】B

【解析】三角形螺纹主要有普通螺纹和管螺纹，普通螺纹多用于紧固连接，管螺纹用于各种管道的紧密连接。对于普通螺纹又分为粗牙螺纹和细牙螺纹。与细牙螺纹比，粗牙螺纹因螺距大，螺纹升角大，自锁性差，一般多与弹簧垫圈配合使用。而细牙螺纹主要用在液压系统的公制管件，机械传动件，强度不足的薄壁件，受空间限制的机内件及自锁性要求较高的轴上等。

3. 在受预紧力的紧螺栓联接中，螺栓危险截面的应力状态为(　　)。[浙江大学 2012 研]

A. 纯扭剪　　B. 简单拉伸　　C. 弯扭组合　　D. 拉扭组合

【答案】D

【解析】预紧力使螺纹受轴向拉力，拧紧时螺纹间的摩擦力矩使螺纹受扭矩，故应力状态是拉扭组合。

4. (　　)销宜用于盲孔或拆卸困难的场合。[浙江大学 2012 研]

A. 圆柱销　　B. 圆锥销

C. 开尾圆锥销　　D. 带有外螺纹的圆锥销

【答案】D

【解析】带有外螺纹的圆锥销，旋动螺母即能拆卸，可用于盲孔或拆卸困难的场合；开尾圆锥销适用于有冲击震动的场合。

5. 受轴向变载荷作用的紧螺栓联接，可采取(　　)提高螺栓的疲劳强度。[浙江大学 2013 研]

A. 增大螺栓刚度 k_1，减小被联接件刚度 k_2

B. 减小 k_1 和 k_2

C. 增大 k_1 和 k_2

D. 减小 k_1，增大 k_2

【答案】D

【解析】若减小螺栓刚度 k_1 或增大被联接件刚度 k_2 都能够减小螺栓总拉伸载荷的变化范围，从而提高螺栓的疲劳强度。$\frac{k_1}{k_2+k_1}$为螺栓的相对刚性系数，疲劳强度随螺栓的相对刚性系数的减小而增大。故减小 k_1 或增大 k_2 均能提高疲劳强度。

6. 螺栓的性能等级为 6.8，则螺栓材料的屈服强度为(　　)MPa。[湘潭大学 2016 研]

A. 480　　B. 600　　C. 240　　D. 360

【答案】A

【解析】性能等级 6.8 的含义是：①螺栓材质公称抗拉强度达 600MPa；②螺栓材质的屈

强比值为 0.8；③螺栓材质的公称屈服强度达 $600 \times 0.8 = 480\text{MPa}$。

7. 螺纹按(　　)的大小，可分为细牙螺纹和粗牙螺纹。[湘潭大学 2016 研]

A. 公称直径　　B. 螺距　　C. 中径　　D. 小径

【答案】B

【解析】普通螺纹有粗牙和细牙之分，同一公称直径可以有多种螺距，其中最大螺距者称为粗牙螺纹，其余均为细牙螺纹。

二、填空题

1. 标准平键的承载能力通常取决于______，花键具有定心好和导向性能好等优点，它适合______和______场合下的联接。[厦门大学 2012 研]

【答案】键、轮毂和轴中较弱者的挤压强度；定心精度要求高、载荷大；经常滑移

【解析】平键联接的失效形式有：较弱零件工作表面被压溃(静连接)、磨损(动连接)、键的剪断(一般极少出现)。因此，对于普通平键联接只需进行挤压强度计算。

2. 螺栓的主要失效形式有：______、______、______。[厦门大学 2013 研]

【答案】螺栓杆的拉断；螺纹的压溃和剪断；经常装拆时会因磨损而发生滑扣现象

【解析】本题考查螺栓的失效形式，为教材原话，多以选择题和填空题的形式考查。

3. 机械的自锁就是由于______的原因，移动副自锁条件是______。[厦门大学 2013 研]

【答案】驱动力所做的功总是小于或等于克服由其引起的最大摩擦阻力所需要的功；传动角小于摩擦角或当量摩擦角

【解析】①移动副的自锁条件：传动角小于摩擦角或当量摩擦角；②转动副的自锁条件：外力作用线与摩擦圆相交或者相切；③螺旋副的自锁条件：螺旋升角小于当量摩擦角。

4. 重要的螺纹联接应控制其______，因为它的大小对螺纹联接的______，______和______均有影响。[厦门大学 2013 研]

【答案】预紧力；可靠性；强度；密封性

【解析】预紧力是指使联接在承受工作载荷之前预先受到一定力的作用。施加预紧力的目的：①增加联接的可靠性；②增加联接的强度；③防松；④受横向载荷作用时，增大摩擦力，防止相对滑动；⑤增加联接的抗疲劳强度。

5. 平键连接的主要失效形式是______(静连接)和______(动连接)。[湘潭大学 2016 研]

【答案】工作面压溃；工作面过度磨损

【解析】本题考查平键连接的失效形式。对于采用常见的材料组合和按标准选取尺寸的普通平键连接(静连接)，其主要失效形式是工作面被压溃。除非有严重过载，一般不会出现键的剪断。对于导向平键连接和滑键连接(动连接)，其主要失效形式是工作面的过度磨损。

6. 平键的______是工作面，楔键的______是工作面。[西安石油大学 2020 年研]

【答案】两个侧面；上下两个面

【解析】平键联接中，两个侧面，是工作面；楔形键联接中，上下两个面(一个是平面，另一个是 1:100 的斜面)，是工作面。

三、判断题

1. 联接螺纹采用三角形螺纹是因为三角形螺纹传动效率高。(　　)[浙江大学2012研]

【答案】错

【解析】三角形螺纹主要用于联接是因为三角形螺纹的牙根厚、强度高，牙形角大，当量摩擦系数大，自锁性能好、传动效率低。

2. 螺旋副相对转动一转时，螺钉螺母沿轴线方向的相对位移是一个螺距。(　　)[浙江大学2012研]

【答案】错

【解析】螺旋副相对转动一周，轴向相对移动一个导程，对于单线螺纹，导程等于螺距，相对位移是一个螺距，但对于多线螺纹，导程 = 螺距 × 螺旋线数。

3. 切向键适于定心精度要求高、传递载荷大的轴、毂联接。(　　)[浙江大学2012研]

【答案】错

【解析】切向键用于低速、重载、定心精度要求不高的场合，在重型机械中常采用切向键连接。

4. 受轴向工作载荷的紧螺栓联接残余预紧力必须大于零。(　　)[浙江大学2013研]

【答案】对

【解析】当工作载荷过大时，残余预紧力 $F_R=0$，联接将出现缝隙，这是不允许的，故残余预紧力必须大于0。

5. 用于快速夹紧的夹具或锁紧装置中的差动螺旋分别由左右旋的螺纹构成。(　　)[浙江大学2013研]

【答案】对

【解析】当左右两段螺纹方向不一样时，这种差动螺旋传动常用于要求快速夹紧的夹具或锁紧装置；当左右两段螺纹方向相同时，这种差动螺旋传动多用于微动装置。

6. 在受轴向变载荷作用的紧螺栓连接结构中，若在两个被连接件结合面之间加入橡胶垫片，则可提高螺栓的疲劳强度。(　　)[华中科技大学2013研]

【答案】错

【解析】当螺栓所受的工作拉力在 $0\sim F$ 内变化时，螺栓的总拉力 $F_2=F_0+\frac{C_b}{C_b+C_m}F$，$F_0$ 为预紧力。当在两个被连接件结合面之间加入橡胶垫片时，C_m 降低，相对刚度 $\frac{C_b}{C_b+C_m}$ 增大，则应力幅增大，螺栓疲劳强度降低。

四、简答题

简述螺纹连接控制预紧力的方法和防松的方法。[浙江大学2010研]

答：(1)控制预紧力的方法

①使用测力矩扳手或定力矩扳手，装配时测量螺栓的伸长，规定开始拧紧后的扳动角度或圈数；

②对于大型连接，还可利用液力来拉伸螺栓，或加热使螺栓伸长到所需要的变形量，再

把螺母拧到与被连接件相贴合。

(2)防松方法

①利用附加摩擦力防松，包括对顶螺母防松、弹簧垫圈防松、金属锁紧螺母防松、尼龙圈锁紧螺母防松；

②采用专门防松元件防松，包括开口销与槽形螺母防松、圆螺母用带翅垫片防松、止动垫圈防松；

③破坏螺纹副防松，包括点焊、点冲、粘接。

五、计算题

1. 一带轮与轴的连接采用普通平键，已知轴径 $d=40$mm，传递功率 $P=10$kW，转速 $n=970$r/min，选用 A 型平键，键的尺寸 $b=12$mm，$h=8$mm，键长度取标准长度 $l=63$mm，键连接的许用挤压强度$[\sigma_p]=50-60$MPa，试校核该键强度是否满足要求。［浙江大学 2013 研］

解：由题意得

$$T=\frac{9550\cdot P}{n}=\frac{9550\times 10}{970}=98.45\text{N}\cdot\text{m}$$

A 型键的计算长度为

$$l_c=63-12=51\text{mm}$$

根据平键连接挤压强度条件得

$$\sigma_p=\frac{4T}{dhl_c}=\frac{4\times 98.45\times 10^{-6}}{0.04\times 0.008\times 0.051}=24.13\text{MPa}<[\sigma_p]$$

该键的强度满足要求。

2. 如图 10-3-1 所示，用 6 个 M10 的铰制孔用螺栓连接，螺栓材料为 45 号钢，许用剪切应力$[\tau]=192\text{N/mm}^2$，许用挤压应力$[\sigma_p]=384\text{N/mm}^2$，联轴器材料为铸铁，$[\sigma_p]=80\text{N/mm}^2$，可靠性系数 $K_f=1.2$，试计算该联轴器所能传递的扭矩。［武汉理工大学 2008 研］

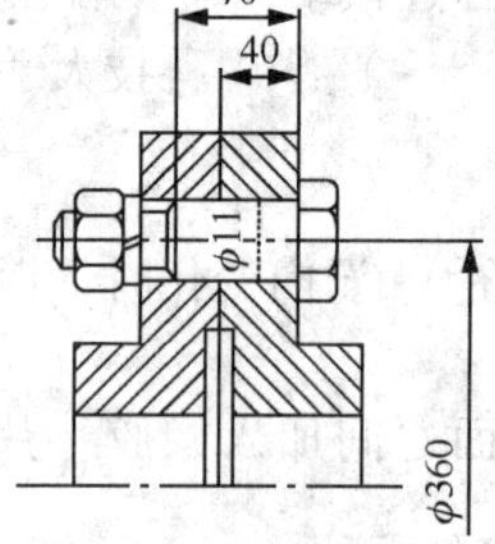

图 10-3-1

解：假设该联轴器所能传递的扭矩为 T，则单个螺栓受到的剪力 $F_R=\dfrac{T}{6r}$。

根据螺栓杆的剪切强度条件 $\tau=\dfrac{F_R}{\dfrac{\pi d^2}{4}}\leqslant[\tau]$，可得

$$T \leqslant \frac{6r\pi d^2[\tau]}{4} = \frac{6 \times \frac{360}{2} \times \pi \times 11^2 \times 192}{4} \mathrm{N \cdot mm} = 20\mathrm{kN \cdot m}$$

根据螺栓杆与孔壁的挤压强度条件 $\sigma_p = \frac{F_R}{dh_{\min}} \leqslant [\sigma_p]$，可得

$$T \leqslant 6rdh_{\min}[\sigma_p] = 6 \times \frac{360}{2} \times 11 \times 30 \times 80\mathrm{N \cdot mm} = 28.5\mathrm{kN \cdot m}$$

式中，$h_{\min}$是(70－40)mm 和 40mm 中的最小值，所以 $h_{\min}$ = 70mm－40mm = 30mm，为螺栓杆与孔壁挤压面的最小高度，$[\sigma_p]$取螺栓杆与联轴器的许用挤压应力中的较小者。

取两个扭矩中的较小者，考虑到可靠性系数 $K_f = 1.2$，则

$$T_{\max} = \frac{T}{K_f} = \frac{20}{1.2} = 16.67\mathrm{kN \cdot m}$$

故该联轴器所能传递的扭矩为 16.67kN·m。

3. 图 10-3-2 所示为汽缸与缸盖的螺栓组联接。已知：缸径 $D = 220$mm，缸内介质工作压力 $p = 1.6$MPa，12 只螺栓圆周均布，其几何形心与缸体轴线重合。当螺栓工作载荷 F = 3000N 时，残余预紧力 F'' = 8300N；而当 F = 1500N 时，F'' = 9350N。若螺栓的许用应力 $[\sigma]$ = 77MPa，试计算螺栓的小径 d_1≥？［山东大学 2019 年研］

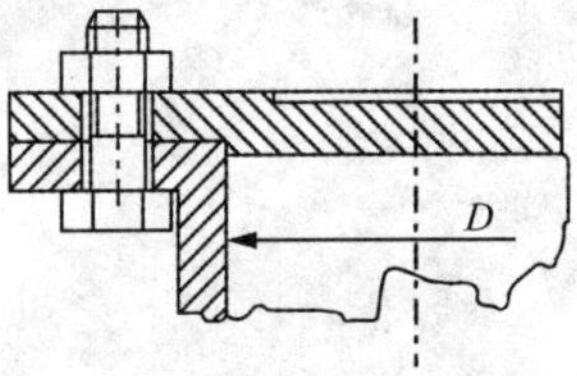

图 10-3-2

解：已知：$D = 0.22$m，$p = 1.6$MPa，由 $F = p \times \pi D^2/4$ 计算得 $F = 60821$N。

平均分配到每个螺栓，则 $F_1 = F/12 = 5068.4$N。

设螺栓的相对刚度为 k_1，则螺栓所受总拉力 F_0为残余预紧力 F''与工作载荷 F 之和，也等于预紧力 F'与 k_1F 之和，即

当螺栓工作载荷 F = 3000N 时，$F_0 = 8300 + 3000 = F' + k_1 \times 3000$①

当螺栓工作载荷 F = 1500N 时，$F_0 = 9350 + 1500 = F' + k_1 \times 1500$②

联立式①②，可求得预紧力 $F' = 10400N$，$k_1 = 0.3$。

故当工作载荷为 F_1 = 5068.4N 时，螺栓所受的总拉力为 $F_0 = 10400 + 0.3 \times 5068.4 = 11920.5$N。

则由$\frac{F_0}{\pi d_1^2/4} \leqslant [\sigma]$得 $d_1 \geqslant \sqrt{\frac{4F_0}{\pi[\sigma]}} = \sqrt{\frac{4 \times 11920.5}{\pi \times 77}} = 14.04$mm。

4. 已知一压力容器如图 7 所示，容器盖与缸体用 6 个普通螺栓联接，缸内压强 p = 2N/mm², 缸径 D = 150mm，根据联接的紧密性要求，每个螺栓残余预紧力 $F_R = 1.6F_E$，F_E为单个螺栓的工作拉力。已知螺栓的许用应力 $[\sigma]$ = 150N/mm²，试计算螺栓的小径 d_1。［常州大学 2019 年研］

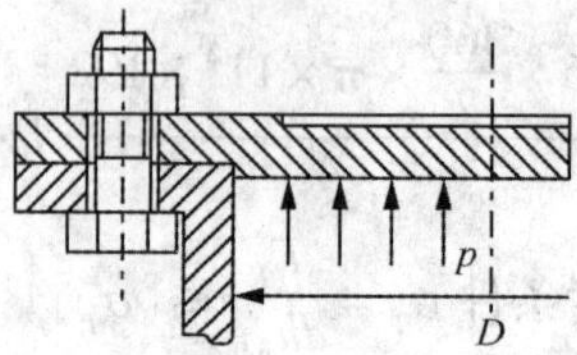

图 10-3-3

解：容器盖所受压力为 $F = p \times \pi D^2/4 = 25243\text{N}$

每个螺栓工作压力为 $F_E = F/6 = 5890.5\text{N}$

由题可知，每个螺栓残余预紧力 $F_R = 1.6F_E = 1.6 \times 5890.5 = 9424.8\text{N}$

螺栓所受总拉力为 $F_0 = F_R + F_E = 15315.3\text{N}$

则由 $\dfrac{F_0}{\pi d_1^2/4} \leqslant [\sigma]$ 得 $d_1 \geqslant \sqrt{\dfrac{4F_0}{\pi[\sigma]}} = \sqrt{\dfrac{4 \times 15315.3}{\pi \times 150}} = 11.4\text{mm}$。

第11章　齿轮传动

11.1　复习笔记

【通关提要】

本章主要介绍了标准直齿圆柱齿轮传动、标准斜齿圆柱齿轮传动及标准直齿锥齿轮传动的作用力和强度计算。学习时需要掌握齿轮传动的作用力分析及计算、失效形式及设计准则、计算载荷及参数选择，多以选择题、填空题和简答题的形式出现。针对三种齿轮传动的强度计算，由于计算难度较大，通常以选择题和简答题的方式考查其中的重难点，比如设计计算中，许用应力的计算和选取，齿轮的受力分析等。复习本章时不应以计算为重点，需理解记忆其中要点。

【重点难点归纳】

一、轮齿的失效形式和设计计算准则

1. 轮齿的失效形式(见表11-1-1)

表11-1-1　轮齿的失效形式

形式	主要内容	
轮齿折断	闭式硬齿面、脆性材料齿轮传动的主要破坏形式	
	分类	①过载折断；②疲劳折断
齿面点蚀	闭式软齿面齿轮传动的主要破坏形式	
	发生部位及原因	发生在节线附近齿根一侧。因为轮齿节点处啮合时，相对滑动速度方向改变，不易形成油膜，润滑效果不好；而且此处一般为单齿对啮合，齿面接触应力大
齿面胶合	高速重载、低速重载闭式传动的主要破坏形式	
	分类	①热胶合；②冷胶合
	增强抗胶合能力的措施	①提高齿面硬度；②减小表面粗糙度；③选择合适的润滑油
齿面磨损	可分为：①磨粒磨损；②跑合磨损	
塑性变形	低速重载软齿面闭式传动的主要破坏形式	

2. 齿轮设计计算准则

(1)闭式齿轮传动：以保证轮齿弯曲疲劳强度或齿面接触疲劳强度为主。高速重载情况下，还应作散热能力计算。

(2)开式齿轮传动，以保证齿根弯曲疲劳强度作为设计准则。

二、齿轮材料及热处理(见表11-1-2)

表11-1-2　齿轮材料及热处理

要点	主要内容
材料	①优质碳钢；②铸钢；③铸铁；④合金结构钢

续表

要点	主要内容
热处理	①表面淬火；②渗碳淬火；③调质；④正火；⑤渗氮
选择原则	一般小齿轮的硬度高于大齿轮的硬度，若两者均为软齿面，则小齿轮的硬度要高出大齿轮 20～50HBS

三、齿轮传动的精度

1. 误差对传动的影响

(1)影响传递运动的准确性；

(2)影响传动的平稳性；

(3)影响载荷分布的均匀性。

2. 齿轮传动精度等级的选用

齿轮的精度按国家标准规定，可分为 13 个精度等级：0 级最高，12 级最低。常用的是 6～9 级精度。

四、直齿圆柱齿轮传动的作用力及计算载荷(见表 11-1-3)

表 11-1-3　直齿圆柱齿轮传动的作用力及计算载荷

要点	主要内容
小齿轮转矩 T_1	$T_1 = 9550 \times P/n_1 (\mathrm{N \cdot m})$ P 为所传递的功率(kW)；n_1 为小齿轮的转速(r/min)
圆周力 F_t	$F_t = 2T_1/d_1$ 方向：主动轮上与运动方向相反，从动轮上与运动方向相同
径向力 F_r	$F_r = F_t \tan\alpha$ 方向：对于主、从动轮都是由作用点指向各自的轮心
法向力 F_n	$F_n = F_t/\cos\alpha$
计算载荷	计算齿轮强度时，用计算载荷 KF_n 代替名义载荷 F_n，其中 K 为载荷系数

五、直齿圆柱齿轮传动的齿面接触强度计算(见表 11-1-4)

表 11-1-4　直齿圆柱齿轮传动的齿面接触强度计算

要点	主要内容
校核公式	$\sigma_H = \sqrt{\dfrac{\dfrac{F_t}{\cos\alpha}\dfrac{2}{d_1\sin\alpha}\dfrac{u \pm 1}{u}}{\pi b\left(\dfrac{1-\mu_1^2}{E_1}+\dfrac{1-\mu_2^2}{E_2}\right)}} \leqslant [\sigma_H]$ “+”用于外啮合，“-”用于内啮合
设计公式	$d_1 \geqslant \sqrt[3]{\dfrac{2KT_1}{\varphi_d}\dfrac{u \pm 1}{u}\left(\dfrac{Z_E Z_H}{[\sigma_H]}\right)^2} = 2.32\sqrt[3]{\dfrac{KT_1}{\varphi_d}\dfrac{u \pm 1}{u}\left(\dfrac{Z_E}{[\sigma_H]}\right)^2}$ Z_E为弹性系数；Z_H为区域系数，对于标准齿轮，$Z_H = 2.5$
许用接触应力	$[\sigma_H] = \sigma_{H\lim}/S_H$ $\sigma_{H\lim}$为接触疲劳强度极限；S_H为安全系数

六、直齿圆柱齿轮传动的轮齿弯曲强度计算(见表 11-1-5)

表 11-1-5　直齿圆柱齿轮传动的轮齿弯曲强度计算

要点	主要内容
校核公式	$$\sigma_F=\frac{2KT_1Y_{Fa}Y_{Sa}}{bd_1m}=\frac{2KT_1Y_{Fa}Y_{Sa}}{bm^2z_1}\leqslant[\sigma_F]$$ φ_d为齿宽系数，$\varphi_d=b/d_1$；Y_{Fa}为齿形系数，只与齿形中的尺寸比例有关而与模数无关；Y_{Sa}为应力修正系数
设计公式	$$m\geqslant\sqrt[3]{\frac{2KT_1Y_{Fa}Y_{Sa}}{\varphi_dz_1^2[\sigma_F]}}$$ 参数意义同上
许用接触应力	$$[\sigma_F]=\sigma_{FE}/S_F$$
说明	①验算弯曲强度时，应该对大、小齿轮分别进行验算。 ②计算 m 时，应比较 $Y_{Fa1}Y_{Sa1}/[\sigma_{F1}]$ 和 $Y_{Fa2}Y_{Sa2}/[\sigma_{F2}]$，以大值代入公式求 m，同时取 m 接近的标准值。 ③对于开式传动，考虑到齿面磨损，可将算得的 m 值加大 10% ~15%

七、圆柱齿轮材料和参数的选取与计算方法(见表 11-1-6)

表 11-1-6　圆柱齿轮材料和参数的选取与计算方法

要点		主要内容
材料	根据转矩和齿轮直径的大小，选用碳素结构钢、合金结构钢或铸铁	
主要参数	齿数比 u	$u=z_2/z_1$，由传动比而定。一般 $u\leqslant7$
	齿数 z	①避免根切，标准齿轮的齿数 $z>17$。 ②设计时，最好使 a 值为整数
	齿宽系数 φ_d	φ_d不宜过大，避免沿齿向载荷分布不均
	齿宽 b	齿宽 $b=\varphi_dd_1$，圆整 b 值，且 $b_1=b_2+(5\sim10)$ mm
设计准则	闭式软齿面	按齿面接触强度进行设计计算，按齿根弯曲疲劳强度校核
	闭式硬齿面	按齿根弯曲疲劳强度进行设计计算，按齿面接触强度校核
	开式齿轮	按齿根弯曲疲劳强度进行设计计算，并将算得的 m 值加大 10% ~15% 以考虑磨损的影响

八、斜齿圆柱齿轮传动

1. 轮齿的作用力(见表 11-1-7)

表 11-1-7　斜齿圆柱齿轮的作用力

要点	主要内容
螺旋角 β	一般取 $\beta=8°\sim20°$
圆周力 F_t	$$F_t=2T_1/d_1$$ 方向：主动轮上与运动方向相反，从动轮上与运动方向相同
径向力 F_r	$$F_r=F_t\tan\alpha_n/\cos\beta$$ 方向：对于主、从动轮都是由作用点指向各自的轮心
法向力 F_n	$$F_n=F_t\tan\beta$$ 方向：对于主动轮，可用左、右手法则判断；从动轮受力方向则与主动轮相反

2. 强度计算(见表 11-1-8)

表 11-1-8 斜齿圆柱齿轮传动的强度计算

要点		主要内容
接触疲劳强度	校核公式	$\sigma_H = 3.54 Z_E Z_\beta \sqrt{\frac{KT_1}{bd_1^2} \frac{u \pm 1}{u}} \leqslant [\sigma_H]$ "+"用于外啮合，"-"用于内啮合；Z_E为弹性系数；Z_β为螺旋角系数，$Z_\beta = \sqrt{\cos\beta}$
	设计公式	$d_1 \geqslant \sqrt[3]{\frac{2KT_1}{\varphi_d} \frac{u \pm 1}{u} \left(\frac{Z_E Z_H Z_\beta}{[\sigma_H]}\right)^2} = 2.32 \sqrt[3]{\frac{KT_1}{\varphi_d} \frac{u \pm 1}{u} \left(\frac{Z_E Z_\beta}{[\sigma_H]}\right)^2}$ 参数含义同上
弯曲疲劳强度	校核公式	$\sigma_F = \frac{2KT_1 Y_{Fa} Y_{Sa}}{bd_1 m_n} \leqslant [\sigma_F]$ Y_{Fa}为齿形系数，按当量齿数 $z_v = z/\cos^3\beta$ 查图选取；Y_{Sa}为斜齿轮应力修正系数，按 z_v 查图选取
	设计公式	$m \geqslant \sqrt[3]{\frac{2KT_1}{\varphi_d z_1^2} \frac{Y_{Fa} Y_{Sa}}{[\sigma_F]} \cos^2\beta}$ 参数含义同上

九、直齿锥齿轮传动

1. 轮齿上的作用力(见表 11-1-9)

表 11-1-9 直齿锥齿轮传动的作用力

要点	主要内容
分度圆直径 d_{m1}	$d_{m1} = d_1 - b\sin\delta_1$
圆周力 F_t	$F_t = 2T_1/d_{m1}$ 方向：主动轮上与运动方向相反，从动轮上与运动方向相同
径向力 F_r	$F_r = F_t \tan\alpha \cos\delta$ 方向：对于主、从动轮都是由作用点指向各自的轮心
法向力 F_n	$F_n = F_t \tan\alpha \sin\delta$ 方向：对于主、从动轮都是由小端指向大端

2. 强度计算(见表 11-1-10)

表 11-1-10 直齿锥齿轮传动的强度计算

要点		主要内容
接触疲劳强度	校核公式	$\sigma_H = 2.5 Z_E \sqrt{\frac{4KT_1}{0.85\varphi_R (1-0.5\varphi_R)^2 d_1^3 u}} \leqslant [\sigma_H]$ φ_R为齿宽系数，$\varphi_R = b/R_e$，R_e为锥距，一般取 0.25～0.3；u 为齿数比，$u = z_2/z_1$，一般应使 $u \leqslant 5$
	设计公式	$d_1 \geqslant 1.84 \sqrt[3]{\frac{4KT_1}{0.85\varphi_R (1-0.5\varphi_R)^2 u} \left(\frac{Z_E}{[\sigma_H]}\right)^2}$ 参数含义同上

续表

<table>
<tr><th>要点</th><th colspan="2">主要内容</th></tr>
<tr><td rowspan="2">弯曲疲劳强度</td><td>校核公式</td><td>$\sigma_F=\dfrac{4KT_1Y_{Fa}Y_{Sa}}{0.85\varphi_R(1-0.5\varphi_R)^2z_1^2m^3\sqrt{1+u^2}}\leqslant[\sigma_F]$
m 为大端模数；计算 m 值时，应比较 $Y_{Fa1}Y_{Sa1}/[\sigma_{F1}]$ 和 $Y_{Fa2}Y_{Sa2}/[\sigma_{F2}]$，取大值代入</td></tr>
<tr><td>设计公式</td><td>$m\geqslant\sqrt[3]{\dfrac{4KT_1}{0.85\varphi_R(1-0.5\varphi_R)^2z_1^2\sqrt{1+u^2}}\dfrac{Y_{Fa}Y_{Sa}}{[\sigma_F]}}$
参数含义同上</td></tr>
</table>

十、齿轮的构造(见表 11-1-11)

表 11-1-11　齿轮的构造

要点	主要内容
齿轮轴	齿根圆直径与轴径接近时，将齿轮和轴做成一体
实心式	针对直径较小的齿轮可做成实心式齿轮
腹板式	齿顶圆直径 $d_a\leqslant500$mm，采用锻造或铸造加工
轮辐式	齿顶圆直径 $d_a\geqslant400$mm，采用铸铁或铸钢制成

十一、齿轮传动的润滑和效率(见表 11-1-12)

表 11-1-12　齿轮传动的润滑和效率

<table>
<tr><th>要点</th><th colspan="2">主要内容</th></tr>
<tr><td rowspan="3">润滑方式</td><td>开式齿轮传动</td><td>人工定期加油润滑</td></tr>
<tr><td>闭式齿轮传动 $v\leqslant12$m/s</td><td>油池润滑</td></tr>
<tr><td>闭式齿轮传动 $v>12$m/s</td><td>喷油润滑</td></tr>
<tr><td rowspan="2">润滑油粘度选择</td><td>闭式传动</td><td>根据教材表 11-8 选取润滑油</td></tr>
<tr><td>开式传动</td><td>根据教材表 11-9 选定</td></tr>
<tr><td>齿轮传动的功率损耗</td><td colspan="2">①啮合中摩擦损耗；②搅动润滑油的油阻损耗；③轴承中的摩擦损耗</td></tr>
</table>

11.2　课后习题详解

11-1　有一直齿圆柱齿轮传动，原设计传递功率为 P，主动轴转速为 n_1。若其他条件不变，轮齿的工作应力也不变，当主动轴转速提高一倍，即 $n_1'=2n_1$ 时，求该齿轮传动能传递的功率 P'。

解：轮齿工作应力不变时，齿轮传递的扭矩也不发生变化，根据转矩计算公式：$T=9550\dfrac{P}{n}$可知，$n_1'=2n_1$ 时，有 $P'=2P_1$。

11-2　有一直齿圆柱齿轮传动，允许传递功率 P，若通过热处理方法提高材料的力学性能，使大、小齿轮的许用接触应力 $[\sigma_{H2}]$、$[\sigma_{H1}]$ 各提高 30%，试问此传动在不改变工作条件及其他设计参数的情况下，抗疲劳点蚀允许传递的扭矩和允许传递的功率可提高百分之几？

解：根据标准齿轮齿面接触疲劳强度条件 $\sigma_H = 2.5Z_E\sqrt{\frac{2(u+1)KT}{ubd_1^{\ 2}}} \leqslant [\sigma_H]$ 可知抗疲劳点蚀允许的最大扭矩满足：$2.5Z_E\sqrt{\frac{2(u+1)KT}{ubd_1^{\ 2}}} = [\sigma_H]$。

因此，当许用接触应力提高30%时，有 $\frac{\sqrt{T'}}{\sqrt{T}} = \frac{[\sigma_H]'}{[\sigma_H]} = 1.3$，则 T 提高69%。

又由 $T = 9550\frac{P}{n}$ 可知，功率 P 也提高了69%。

11-3　单级闭式直齿圆柱齿轮传动中，小齿轮的材料为45钢调质处理，大齿轮的材料为ZG310－570正火，$P=4\text{kW}$，$n_1=720\text{r/min}$，$m=4\text{mm}$，$z_1=25$，$z_2=73$，$b_1=84\text{mm}$，$b_2=78\text{mm}$，单向转动，载荷有中等冲击，用电动机驱动，试验算此单级齿轮传动的强度。

解：(1)许用应力值的确定

查教材表11-3，取载荷系数：$K=1.4$，齿宽 $b=b_2=78\text{mm}$。

查教材表11-1可知，小齿轮45钢调质硬度为197～286HBS，取250HBS，接触疲劳极限 $\sigma_{H\lim1}=590\text{MPa}$，弯曲疲劳极限 $\sigma_{FE1}=450\text{MPa}$；大齿轮ZG310－570正火硬度163～197HBS，取180HBS，接触疲劳极限 $\sigma_{H\lim2}=305\text{MPa}$，弯曲疲劳极限 $\sigma_{FE2}=230\text{MPa}$。

查教材表11-5选取安全系数：$S_H=1.05$，$S_F=1.35$。

许用疲劳接触应力：$[\sigma_H]=\frac{\sigma_{H\lim}}{S_H}=\frac{305}{1.05}=290.5\text{MPa}$。

许用弯曲应力：$[\sigma_{F1}]=\frac{\sigma_{FE1}}{S_F}=\frac{450}{1.35}=333.3\text{MPa}$，$[\sigma_{F2}]=\frac{\sigma_{FE2}}{S_F}=\frac{230}{1.35}=170.4\text{MPa}$。

(2)校核接触疲劳强度

$$\sigma_H = 2.5Z_E\sqrt{\frac{2(u+1)KT}{ubd_1^{\ 2}}} \leqslant [\sigma_H]$$

其中，传递转矩：$T=9550\frac{P}{n}=9550\times\frac{4}{720}=53.06\text{N}\cdot\text{m}=5.3\times10^4\text{N}\cdot\text{mm}$。

分度圆直径：$d_1=mz_1=4\times25=100\text{mm}$。

查教材表11-4，取弹性系数：$Z_E=188.9\sqrt{\text{MPa}}$。

齿数比：$u=\frac{z_2}{z_1}=\frac{73}{25}=2.92$。

则

$$\begin{aligned}\sigma_H &= 2.5Z_E\sqrt{\frac{2(u+1)KT}{ubd_1^{\ 2}}}\\ &= 2.5\times188.9\times\sqrt{\frac{2\times(2.92+1)\times1.4\times5.3\times10^4}{2.92\times78\times100^2}}\\ &= 238.67\text{MPa}\leqslant[\sigma_H]\end{aligned}$$

(3)校核弯曲强度

查教材图11-8可得齿形系数：$Y_{Fa1}=2.73$，$Y_{Fa2}=2.26$。

查教材图11-9可得齿轮修正系数：$Y_{Sa1}=1.59$，$Y_{Sa2}=1.74$。

$$\sigma_{F1}=\frac{2KTY_{Fa1}Y_{Sa1}}{bm^2z_1}=\frac{2\times1.4\times53000\times2.73\times1.59}{78\times4^2\times25}=20.65\text{MPa}\leqslant[\sigma_{F1}]$$

$$\sigma_{F2}=\frac{2KTY_{Fa2}Y_{Sa2}}{bm^2z_2}=\frac{2\times1.4\times53000\times2.26\times1.74}{78\times4^2\times25}=18.70\text{MPa}\leqslant[\sigma_{F2}]$$

综上可知，均满足强度要求。

11-4　已知开式直齿圆柱齿轮传动 $i_{12}=3.5$，$P=3\text{kW}$，$n_1=50\text{r/min}$，用电动机驱动，单向转动，载荷均匀，$z_1=21$，小齿轮为 45 钢调质，大齿轮为 45 钢正火，试确定合理的 d、m 值。

解：(1)许用应力值的确定

查教材表 11-1 可知，小齿轮 45 钢调质，取其硬度为 220HBS，弯曲疲劳极限 $\sigma_{FE1}=428\text{MPa}$；大齿轮 45 钢正火，硬度 190HBS，弯曲疲劳极限 $\sigma_{FE2}=313\text{MPa}$。

查教材表 11-5 选取安全系数 $S_F=1.35$，则许用弯曲应力为

$$[\sigma_{F1}]=\frac{\sigma_{FE1}}{S_F}=\frac{428}{1.35}\text{MPa}=317\text{MPa},\ [\sigma_{F2}]=\frac{\sigma_{FE2}}{S_F}=\frac{313}{1.35}\text{MPa}=232\text{MPa}$$

大齿轮齿数：$z_2=i_{12}\cdot z_1=3.5\times21=73.5$，取 $z_2=74$。

查教材图 11-8 可得齿形系数：$Y_{Fa1}=2.87$，$Y_{Fa2}=2.26$。

查教材图 11-9 可得应力修正系数：$Y_{Sa1}=1.57$，$Y_{Sa2}=1.74$。

则$\dfrac{Y_{Fa}Y_{Sa}}{[\sigma_F]}=\max\left\{\dfrac{Y_{Fa1}Y_{Sa1}}{[\sigma_{F1}]},\ \dfrac{Y_{Fa2}Y_{Sa2}}{[\sigma_{F2}]}\right\}=0.01695$。

(2)按弯曲疲劳强度进行设计

查教材表 11-3，取载荷系数 $K=1.1$。

查教材表 11-6，取齿宽系数 $\phi_d=0.4$。

小齿轮传递的扭矩

$$T=9550\times\frac{P}{n}=9550\times\frac{3}{50}=573\text{N}\cdot\text{m}=5.73\times10^5\text{N}\cdot\text{mm}$$

根据强度条件

$$\sigma_F=\frac{2KTY_{Fa}Y_{Sa}}{bm^2z_1}\leqslant[\sigma_F]$$

且 $b=\phi_d d_1$，$d_1=mz_1$，可得

$$m\geqslant\sqrt[3]{\frac{2KT}{\varphi_d z_1^2}\frac{Y_{Fa}Y_{Sa}}{[\sigma_F]}}=\sqrt[3]{\frac{2\times1.1\times5.73\times10^5\times0.01695}{0.4\times21^2}}\text{mm}=4.95\text{mm}$$

按教材表 4-1 标准系列圆整，取模数 $m=5\text{mm}$，故分度圆直径为

$$d_1=mz_1=5\times21\text{mm}=105\text{mm},\ d_2=mz_2=5\times74\text{mm}=370\text{mm}$$

11-5　已知闭式直齿圆柱齿轮传动的传动比 $i_{12}=4.6$，$n_1=730\text{r/min}$，$P=30\text{kW}$，长期双向转动，载荷有中等冲击，要求结构紧凑。$z_1=27$，大、小齿轮都用 40Cr 表面淬火，试确定合理的 d、m 值。

解：(1)许用应力值的确定

查教材表 11-1 可知，大、小齿轮 40Cr 表面淬火，取其硬度为 51HRC，接触疲劳极限 $\sigma_{H\lim1}=\sigma_{H\lim2}=1175\text{MPa}$，弯曲疲劳极限 $\sigma_{EF1}=\sigma_{FE2}=717\text{MPa}$。

查教材表 11-5 选取安全系数：$S_H = 1.2$，$S_F = 1.5$。

许用疲劳接触应力：$[\sigma_H] = \frac{\sigma_{H\lim}}{S_H} = \frac{1175}{1.2} = 979\text{MPa}$。

许用弯曲应力：双向传动，系数为 0.7，故 $[\sigma_F] = 0.7 \times \frac{\sigma_{FE}}{S_F} = 0.7 \times \frac{717}{1.5} = 334.6\text{MPa}$。

(2)按弯曲强度设计

小齿轮传递的扭矩：$T = 9550\frac{P}{n} = 9550 \times \frac{30}{730} = 392\text{N} \cdot \text{m} = 3.92 \times 10^5 \text{N} \cdot \text{mm}$

查教材表 11-3，取载荷系数 $K = 1.4$。

查教材表 11-6，取齿宽系数 $\phi_d = 0.4$。

大齿轮齿数：$z_2 = i_{12} \cdot z_1 = 4.6 \times 27 = 124.2$，取 $z_2 = 124$。

查教材图 11-8 可得齿形系数：$Y_{Fa1} = 2.67$，$Y_{Fa2} = 2.17$。

查教材图 11-9 可得应力修正系数：$Y_{Sa1} = 1.62$，$Y_{Sa2} = 1.83$。

$$\frac{Y_{Fa}Y_{Sa}}{[\sigma_F]} = \max\left\{\frac{Y_{Fa1}Y_{Sa1}}{[\sigma_F]}, \frac{Y_{Fa2}Y_{Sa2}}{[\sigma_F]}\right\} = 0.0129$$

$$m \geqslant \sqrt[3]{\frac{2KTY_{Fa}Y_{Sa}}{\phi_d z_1^2 [\sigma_F]}} = \sqrt[3]{\frac{2 \times 1.4 \times 3.92 \times 10^5 \times 0.0129}{0.4 \times 27^2}} = 3.65\text{mm}$$

取模数 $m = 4\text{mm}$。

(3)按齿面接触强度校核

分度圆直径：$d_1 = mz_1 = 4 \times 27 = 108\text{mm}$，$d_2 = mz_2 = 4 \times 124 = 496\text{mm}$。

查教材表 11-4，取弹性系数：$Z_E = 189.8\sqrt{\text{MPa}}$。

$$\begin{aligned}\sigma_H &= 2.5Z_E\sqrt{\frac{2(u+1)KT}{u\phi_d d_1^3}} \\ &= 2.5 \times 189.8 \times \sqrt{\frac{2 \times (4.6+1) \times 1.4 \times 3.92 \times 10^5}{4.6 \times 0.4 \times 108^3}} \\ &= 772.69\text{MPa} \leqslant [\sigma_H]\end{aligned}$$

满足接触疲劳强度。

11-6　斜齿圆柱齿轮的齿数 z 与其当量齿数 z_v 有什么关系？在下列几种情况下应分别采用哪一种齿数：

(1)计算斜齿圆柱齿轮传动的角速比；

(2)用成形法切制斜齿轮时选盘形铣刀；

(3)计算斜齿轮的分度圆直径；

(4)弯曲强度计算时查取齿形系数。

答：斜齿圆柱齿轮的齿数 z 和当量齿数 z_v 的关系：$z_v = \frac{z}{\cos^3\beta}$。

(1)齿数 z；(2)当量齿数 z_v；(3)齿数 z；(4)当量齿数 z_v。

11-7　设斜齿圆柱齿轮传动的转动方向及螺旋线方向如图 11-2-1 所示，试分别画出轮 1 为主动时和轮 2 为主动时轴向力 F_{a1} 和 F_{a2} 的方向。

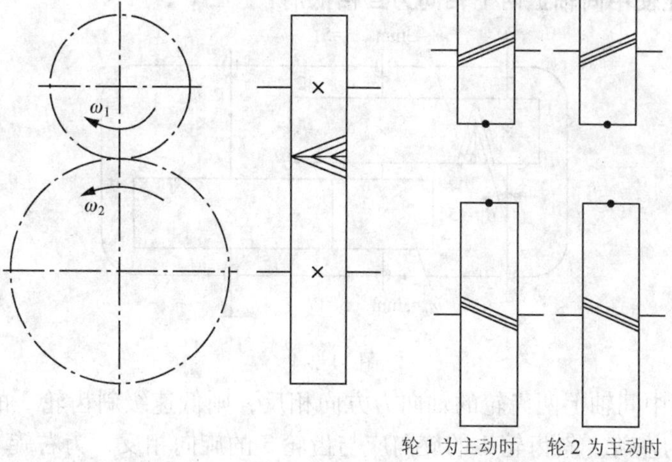

图 11-2-1

解：轮 1 为主动时和轮 2 为主动时轴向力 F_{a1} 和 F_{a2} 的方向如图 11-2-2 所示。

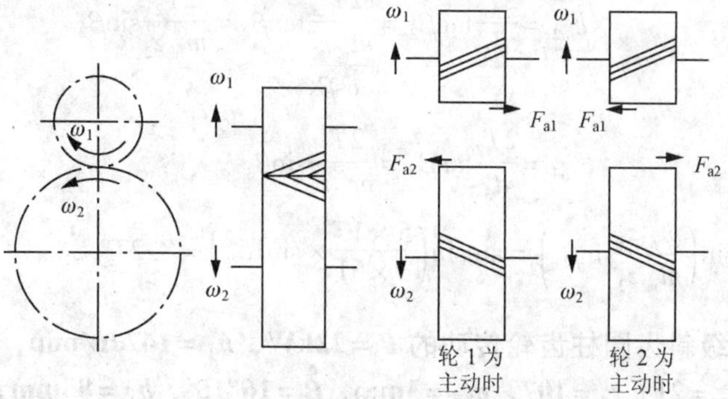

图 11-2-2

11-8　在图 11-2-1 中，当轮 2 为主动时，试画出作用在轮 2 上的圆周力 F_{t2}、轴向力 F_{a2} 和径向力 F_{r2} 的作用线和方向。

解：如图 11-2-3 所示，齿轮 2 为右旋，当其为主动时，按右手定则判断其轴向力 F_{a2} 方向水平向右，径向力 F_{r2} 方向总是指向其转动中心；圆周力 F_{t2} 方向与其运动方向相反。

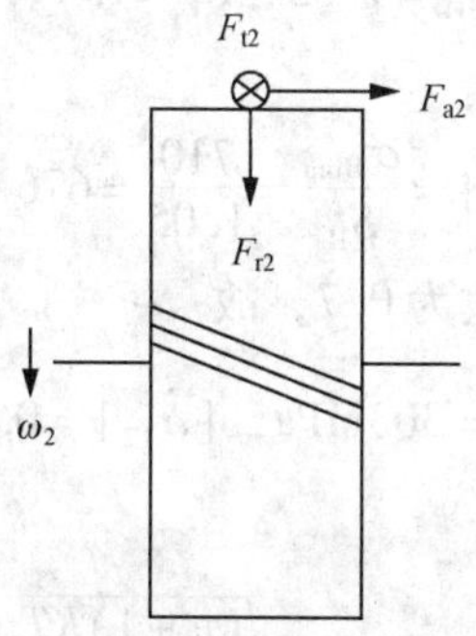

图 11-2-3

11-9　设两级斜齿圆柱齿轮减速器的已知条件如图 11-2-4 所示，试问：(1) 低速级斜齿轮的螺旋线方向应如何选择才能使中间轴上两齿轮的轴向力方向相反？(2) 低速级螺旋角 β

应取多大数值才能使中间轴上两个轴向力互相抵消？

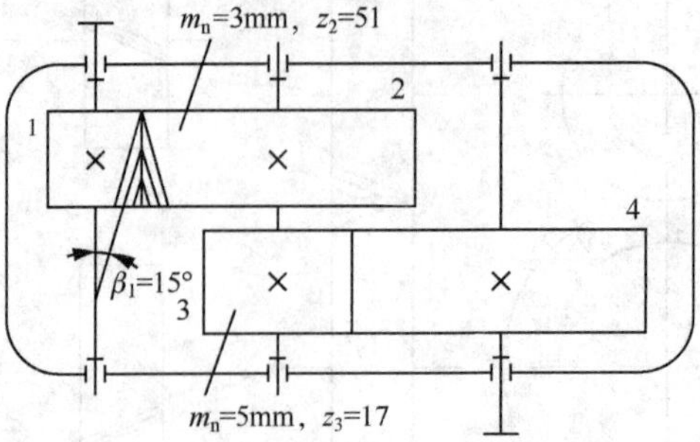

图 11-2-4

解：(1)要使中间轴上两齿轮的轴向力方向相反，则低速级斜齿轮 3 的螺旋线方向应与齿轮 2 的旋向同为左旋，斜齿轮 4 的旋向应与齿轮 3 的旋向相反，为右旋。

(2)要使中间轴上的两个轴向力相互抵消，则有 $F_{a2}=F_{a3}$。

因为

$$F_{a2}=\frac{2T_2}{d_2}\tan\beta_2=\frac{2T_2}{\dfrac{m_{n2}z_2}{\cos\beta_2}}\tan\beta_2=\frac{2T_2}{m_{n2}z_2}\sin\beta_2$$

$$F_{a3}=\frac{2T_2}{d_3}\tan\beta_3=\frac{2T_2}{m_{n3}z_3}\sin\beta_3$$

所以，$\beta_3=\arcsin\left(\dfrac{m_{n3}z_3}{m_{n2}z_2}\sin\beta_2\right)=\arcsin\left(\dfrac{5\times17}{3\times51}\times\sin15°\right)=8.27°$。

11-10　已知单级斜齿圆柱齿轮传动的 $P=22$kW，$n_1=1470$r/min，双向转动，电动机驱动，载荷平稳，$z_1=21$，$z_2=107$，$m_n=3$mm，$\beta=16°15'$，$b_1=85$mm，$b_2=80$mm，小齿轮材料为 40MnB 调质，大齿轮材料为 35SiMn 调质，试校核此闭式传动的强度。

解：(1)许用应力值的确定

查教材表 11-1 可知，小齿轮 40MnB 调质，取其硬度为 280HBS，接触疲劳极限 $\sigma_{\text{Hlim1}}=750$MPa，弯曲疲劳极限 $\sigma_{\text{FE1}}=606$MPa；大齿轮 35SiMn 调质，取其硬度 250HBS，接触疲劳极限 $\sigma_{\text{Hlim2}}=710$MPa，弯曲疲劳极限 $\sigma_{\text{FE2}}=580$MPa。

查教材表 11-5 选取安全系数：$S_{\text{H}}=1.05$，$S_{\text{F}}=1.4$。

许用疲劳接触应力

$$[\sigma_{\text{H}}]=\frac{\sigma_{\text{Hlim}}}{S_{\text{H}}}=\frac{710}{1.05}=676\text{MPa}$$

许用弯曲应力：双向转动，系数为 0.7，故

$$[\sigma_{\text{F1}}]=0.7\times\frac{\sigma_{\text{FE1}}}{S_{\text{F}}}=0.7\times\frac{606}{1.4}=303\text{MPa}，[\sigma_{\text{F2}}]=0.7\times\frac{\sigma_{\text{FE2}}}{S_{\text{F}}}=0.7\times\frac{580}{1.4}=290\text{MPa}$$

(2)校核接触疲劳强度

$$\sigma_{\text{H}}=3.54Z_{\text{E}}Z_{\beta}\sqrt{\frac{(u+1)KT}{ubd_1{}^2}}\leqslant[\sigma_{\text{H}}]$$

其中，传递转矩

$$T=9550\times\frac{P}{n}=9550\times\frac{22}{1470}=142.93\text{N}\cdot\text{m}=1.43\times10^5\text{N}\cdot\text{mm}$$

查教材表 11-3，取载荷系数：$K=1.1$。

齿宽：$b=b_2=80\text{mm}$。

齿轮分度圆直径：$d_1=\dfrac{m_n z_1}{\cos\beta}=\dfrac{3\times 21}{\cos 16°15'}=65.63\text{mm}$。

查教材表 11-4，取弹性系数 $Z_E=188.9\sqrt{\text{MPa}}$。

齿数比：$u=\dfrac{z_2}{z_1}=\dfrac{107}{21}=5.1$。

螺旋角系数

$$Z_\beta=\sqrt{\cos\beta}=\sqrt{\cos 16°15'}=0.98$$

则

$$\sigma_H=3.54Z_E Z_\beta\sqrt{\frac{(u+1)KT}{ubd_1^2}}=3.54\times 188.9\times 0.98\times\sqrt{\frac{(5.1+1)\times 1.1\times 1.43\times 10^5}{5.1\times 80\times 65.63^2}}$$

$$=484.24\text{MPa}\leqslant[\sigma_H]$$

(3)校核弯曲强度

当量齿数：$z_{v1}=\dfrac{z_1}{\cos^3\beta}=\dfrac{21}{\cos^3 16.25°}=23.7$，$z_{v2}=\dfrac{z_2}{\cos^3\beta}=\dfrac{107}{\cos^3 16.25°}=120.9$。

查教材图 11-8 得齿形系数：$Y_{Fa1}=2.77$，$Y_{Fa2}=2.20$。

查教材图 11-9 得齿轮修正系数：$Y_{Sa1}=1.58$，$Y_{Sa2}=1.82$。

故

$$\sigma_{F1}=\frac{2KTY_{Fa1}Y_{Sa1}\cos\beta}{bm_n^2 z_1}=\frac{2\times 1.1\times 1.43\times 10^5\times 2.77\times 1.58\times\cos 16.25°}{80\times 3^2\times 21}=87.43\text{MPa}\leqslant[\sigma_{F1}]$$

$$\sigma_{F2}=\frac{Y_{Fa2}Y_{Sa2}}{Y_{Fa1}Y_{Sa1}}\sigma_{F1}=\frac{2.20\times 1.82}{2.77\times 1.58}\times 87.43=79.99\text{MPa}\leqslant[\sigma_{F2}]$$

综上可知，均满足强度要求。

11-11　已知单级闭式斜齿轮传动 $P=10\text{kW}$，$n_1=1210\text{r/min}$，$i_{12}=4.3$，电动机驱动，双向传动，中等冲击载荷，设小齿轮用 40MnB 调质，大齿轮用 45 钢调质，$z_1=21$，试计算此单级斜齿轮传动。

解：(1)许用应力值的确定

查教材表 11-1 可知，小齿轮 40MnB 调质，取其硬度为 260HBS，接触疲劳极限 $\sigma_{\text{Hlim1}}=714\text{MPa}$，弯曲疲劳极限 $\sigma_{\text{FE1}}=593\text{MPa}$；大齿轮 45 钢调质，取其硬度 220HBS，接触疲劳极限 $\sigma_{\text{Hlim2}}=568\text{MPa}$，弯曲疲劳极限 $\sigma_{\text{FE2}}=428\text{MPa}$。

查教材表 11-5 选取安全系数：$S_H=1.1$，$S_F=1.4$。

查教材表 11-4 取弹性系数 $Z_E=189.8\sqrt{\text{MPa}}$，则有：

许用疲劳接触应力

$$[\sigma_H]=\frac{\sigma_{\text{Hlim}}}{S_H}=\frac{568}{1.1}=516\text{MPa}$$

双向传动，系数为 0.7，故许用弯曲应力

$$[\sigma_{F1}]=0.7\times\frac{\sigma_{\text{FE1}}}{S_F}=0.7\times\frac{593}{1.4}=296.5\text{MPa},\ [\sigma_{F2}]=0.7\times\frac{\sigma_{\text{FE2}}}{S_F}=0.7\times\frac{428}{1.4}=214\text{MPa}$$

(2)按齿面接触强度设计

查教材表 11-3，取载荷系数 $K=1.4$。查教材表 11-6，取齿宽系数 $\phi_d=0.8$。

小齿轮传递转矩

$$T=9550\times\frac{P}{n}=9550\times\frac{10}{1210}=78.9\text{N}\cdot\text{m}=7.9\times10^4\text{N}\cdot\text{mm}$$

初选螺旋角 $\beta=15°$，则螺旋角系数：

$$Z_\beta=\sqrt{\cos\beta}=\sqrt{\cos15°}=0.98$$

由教材表 11-4 查得弹性系数：$Z_E=189.8\sqrt{\text{MPa}}$。

按公式计算小齿轮直径

$$d_1\geqslant2.32\sqrt[3]{\frac{KT_1}{\varphi_d}\frac{u+1}{u}\left(\frac{Z_EZ_\beta}{[\sigma_H]}\right)^2}$$

$$=2.32\times\sqrt[3]{\frac{1.4\times7.9\times10^4\times(4.3+1)}{0.8\times4.3}\times\left(\frac{189.8\times0.98}{516}\right)^2}$$

$$=65.15\text{mm}$$

齿数 $z_1=21$，则 $z_2=21\times4.3=90.3$，取 $z_2=90$，则实际传动比为

$$i_{12}=\frac{z_2}{z_1}=\frac{90}{21}=4.29$$

法向模数为

$$m_n=\frac{d_1\cos\beta}{z_1}=\frac{65.15\times\cos15°}{21}=3.10\text{mm}$$

由教材表 4-1 取 $m_n=3.5\text{mm}$。

中心距 $a=\dfrac{m_n(z_1+z_2)}{2\cos\beta}=\dfrac{3.5\times(21+90)}{2\cos15°}=201.10\text{mm}$，取 $a=200\text{mm}$。

确定螺旋角

$$\beta=\arccos\left[\frac{m_n(z_1+z_2)}{2a}\right]=\arccos\left[\frac{3.5\times(21+90)}{2\times200}\right]=13.77°$$

齿轮分度圆直径

$$d_1=\frac{m_nz_1}{\cos\beta}=\frac{3.5\times21}{\cos13.77°}=75.67\text{mm}$$

齿宽

$$b=\phi_dd_1=0.8\times75.67=60.54\text{mm}$$

取 $b_1=65\text{mm}$，$b_2=70\text{mm}$。

(3)验算轮齿弯曲强度

当量齿数

$$z_{v1}=\frac{z_1}{\cos^3\beta}=\frac{21}{\cos^3 13.77°}=22.9,\quad z_{v2}=\frac{z_2}{\cos^3\beta}=\frac{90}{\cos^3 13.77°}=98.3$$

查教材图 11-8 得齿形系数：$Y_{Fa1}=2.8$，$Y_{Fa2}=2.21$。

查教材图 11-9 得齿轮修正系数：$Y_{Sa1}=1.58$，$Y_{Sa2}=1.82$。将各参数代入，得

$$\sigma_{F1}=\frac{2KTY_{Fa1}Y_{Sa1}}{b_2 m_n d_1}=\frac{2\times1.4\times7.9\times10^4\times2.8\times1.58}{65\times3.5\times75.67}=56.85\text{MPa}\leqslant[\sigma_{F1}]$$

$$\sigma_{F2}=\frac{Y_{Fa2}Y_{Sa2}}{Y_{Fa1}Y_{Sa2}}\sigma_{F1}=\frac{2.21\times1.82}{2.8\times1.58}\times56.85=51.69\text{MPa}\leqslant[\sigma_{F2}]$$

因此轮齿的弯曲强度满足要求。

(4)齿轮的圆周速度

$$v=\frac{\pi d_1 n_1}{60\times1000}=\frac{\pi\times75.67\times1210}{60\times1000}=4.79\text{m/s}$$

对照教材表 11-2 可知选择 8 级精度是合知的。

11-12　在图 11-2-4 所示两级斜齿圆柱齿轮减速器中，已知 $z_1=17$，$z_4=42$，高速级齿轮传动效率 $\eta_1=0.98$，低速级齿轮传动效率 $\eta_2=0.97$，输入功率 $P=7.5\text{kW}$，输入轴转速 $n_1=1450\text{r/min}$，若不计轴承损失，试计算输出轴和中间轴的转矩。

解：输入轴的转矩：$T_1=9.55\times10^6\dfrac{P}{n}=9.55\times10^6\times\dfrac{7.5}{1450}=49396.6\text{N}\cdot\text{mm}$。

中间轴的转矩：$T_2=T_1 i_1\eta_1=49396.6\times\dfrac{51}{17}\times0.98=145226\text{N}\cdot\text{mm}$。

输出轴转矩：$T_3=T_2 i_2\eta_2=145226\times\dfrac{42}{17}\times0.97=348029.8\text{N}\cdot\text{mm}$。

11-13　已知闭式直齿锥齿轮传动的 $\delta_1+\delta_2=90°$，$i_{12}=2.7$，$z_1=16$，$P=7.5\text{kW}$，$n_1=840\text{r/min}$，用电动机驱动，单向转动，载荷有中等冲击。要求结构紧凑，故大、小齿轮的材料均选为 40Cr 表面淬火，试计算此传动。

解：(1)许用应力值的确定

设该齿轮为 9 级精度

查教材表 11-1 可知，大小齿轮均为 40Cr 表面淬火，其硬度为 54HRC，接触疲劳极限 $\sigma_{Hlim1}=\sigma_{Hlim2}=1200\text{MPa}$，弯曲疲劳极限 $\sigma_{FE1}=\sigma_{FE2}=735\text{MPa}$。

查教材表 11-5 选取安全系数：$S_H=1.1$，$S_F=1.5$。

许用疲劳接触应力：$[\sigma_H]=\dfrac{\sigma_{Hlim}}{S_H}=\dfrac{1200}{1.1}=1090.91\text{MPa}$。

许用弯曲应力：$[\sigma_F]=\dfrac{\sigma_{FE}}{S_F}=\dfrac{735}{1.5}=490\text{MPa}$。

(2)按齿轮弯曲强度设计

查教材表 11-3，选取载荷系数 $K=1.4$。

齿宽系数一般为 $\phi_R=0.25\sim0.3$，取 0.3。

小齿轮传递转矩：$T=9550\dfrac{P}{n}=9550\times\dfrac{7.5}{840}=85.3\text{N}\cdot\text{m}=8.53\times10^4\text{N}\cdot\text{mm}$。

分度圆锥角：$\delta_2=\arctan(z_2/z_1)=\arctan2.7=69.68°$，$\delta_1=90-\delta_2=20.32°$。

大齿轮齿数：$z_2=i\cdot z_1=2.7\times16=43.2$，取 $z_2=43$。

齿轮当量齿数：$z_{v1}=\dfrac{z_1}{\cos\delta_1}=\dfrac{16}{\cos20.32°}=17.1$，$z_{v2}=\dfrac{z_2}{\cos\delta_2}=\dfrac{43}{\cos69.68°}=123.8°$。

查教材图 11-8，得齿形系数：$Y_{Fa1}=3.08$，$Y_{Fa2}=2.20$。

查教材图 11-9，得齿根应力修正系数：$Y_{Sa1}=1.535$，$Y_{Sa2}=1.83$，则

$$\frac{Y_{Fa}Y_{Sa}}{[\sigma_F]}=\max\left\{\frac{Y_{Fa1}Y_{Sa1}}{[\sigma_F]},\ \frac{Y_{Fa2}Y_{Sa2}}{[\sigma_F]}\right\}=0.0096$$

故

$$m \geqslant \sqrt[3]{\frac{4KT}{0.85\Phi_R(1-0.5\Phi_R)^2 z_1^2\sqrt{1+u^2}}\frac{Y_{Fa}Y_{Sa}}{[\sigma_F]}}$$

$$=\sqrt[3]{\frac{4\times1.4\times8.53\times10^4\times0.0096}{0.85\times0.3\times(1-0.5\times0.3)^2\times16^2\times\sqrt{1+2.7^2}}}=3.23\text{mm}$$

由教材表 4-1 选取标准模数 $m=3.5$mm。

由此可得该锥齿轮的有关参数：

大端分度圆直径粉分别为

$$d_1=mz_1=3.5\times16=56\text{mm},\ d_2=mz_2=3.5\times43=150.5\text{mm}$$

锥距：$R_e=0.5m_e\sqrt{z_1^2+z_2^2}=0.5\times3.5\times\sqrt{16^2+43^2}=80.29$mm。

齿宽：$b=\Phi_R R_e=0.3\times80.29=24.087$mm，圆整齿宽为 $b=24$mm。

(3)按齿面接触强度校核

查教材表 11-4，取弹性系数：$Z_E=189.8\sqrt{\text{MPa}}$。

$$\sigma_H=2.5Z_E\sqrt{\frac{4KT}{0.85\Phi_R(1-0.5\Phi_R)^2d_1^3u}}$$

$$=2.5\times189.8\times\sqrt{\frac{4\times1.4\times8.53\times10^4}{0.85\times0.3\times(1-0.5\times0.3)^2\times56^3\times2.7}}=1109.56\text{MPa}>[\sigma_H]$$

可见不满足接触疲劳强度。

取 $m_e=4$mm，$d_1=64$mm，$d_2=172$mm，$R_e=91.8$mm，$b=28$mm，计算得

$$\sigma_H=908.16\text{MPa}<[\sigma_H]$$

满足接触疲劳强度要求。

(4)验算齿轮的圆周速度

$$v=\frac{\pi d_1n_1}{60\times1000}=\frac{\pi\times64\times840}{60\times1000}=2.81\text{m/s}$$

查教材表 11-2 可知选择 9 级精度合适。

11-14　某开式直齿锥齿轮传动载荷均匀，用电动机驱动，单向转动，$P=1.9$kW，$n_1=10$r/min，$z_1=26$，$z_2=83$，$m=8$mm，$b=90$mm，小齿轮材料为 45 钢调质，大齿轮材料为 ZG310－570 正火，试验算其强度。

解：开式齿轮传动只需校核其弯曲疲劳强度。

(1)确定材料的许用应力

查教材表 11-1 可知，小齿轮 45 钢调质，取其硬度为 220HBS，弯曲疲劳极限 $\sigma_{FE1}=428$MPa；大齿轮 ZG310－570 正火，取其硬度为 180HBS，弯曲疲劳极限 $\sigma_{FE2}=230$MPa。

查教材表 11-5 选取安全系数：$S_F=1.4$。

许用弯曲应力

$$[\sigma_{F1}]=0.7\times\frac{\sigma_{FE1}}{S_F}=0.7\times\frac{428}{1.4}=214\text{MPa},\ [\sigma_{F2}]=0.7\times\frac{\sigma_{FE2}}{S_F}=0.7\times\frac{230}{1.4}=115\text{MPa}$$

(2)校核弯曲疲劳强度

查教材表 11-3，取载荷系数 $K=1.1$。

小齿轮传递的转矩为

$$T=9550\frac{P}{n}=9550\times\frac{1.9}{10}=1814.5\text{N}\cdot\text{m}=1.81\times10^6\text{N}\cdot\text{mm}$$

分度圆锥角：$\delta_2=\arctan\frac{z_2}{z_1}=\arctan\frac{83}{26}=72.6°$，$\delta_1=90-\delta_2=17.4°$。

齿轮的当量齿数：$z_{v1}=\frac{z_1}{\cos\delta_1}=\frac{26}{\cos17.4°}=27.2$，$z_{v2}=\frac{z_2}{\cos\delta_2}=\frac{83}{\cos72.6°}=277.6$。

查教材表 11-8 可得齿形系数：$Y_{\text{Fa1}}=2.67$，$Y_{\text{Fa2}}=2.14$。

查教材表 11-9 可得齿轮修正系数：$Y_{\text{Sa1}}=1.61$，$Y_{\text{Sa2}}=1.83$。

锥齿轮齿根弯曲强度计算公式

$$\sigma_{\text{F}}=\frac{4KTY_{\text{Fa}}Y_{\text{Sa}}}{0.85\Phi_{\text{R}}(1-0.5\Phi_{\text{R}})^2z_1^2m^3\sqrt{1+u^2}}\leqslant[\sigma_{\text{F}}]\ \text{MPa}$$

其中，锥距：$R_e=\frac{m}{2}\sqrt{z_1^2+z_2^2}=0.5\times8\times\sqrt{26^2+83^2}=347.91\text{mm}$。

齿宽系数：$\Phi_R=\frac{b}{R_e}=\frac{90}{347.91}=0.26$。

齿数比：$u=\frac{z_2}{z_1}=\frac{83}{26}=3.19$。

可得

$$\sigma_{\text{F1}}=\frac{4\times1.1\times1.81\times10^6\times2.67\times1.61}{0.85\times0.26\times(1-0.5\times0.26)^2\times26^2\times8^3\times\sqrt{1+3.19^2}}$$
$$=176.88\text{MPa}<[\sigma_{\text{F1}}]=214\text{MPa}$$

$$\sigma_{\text{F2}}=\frac{Y_{\text{Fa2}}Y_{\text{Sa2}}}{Y_{\text{Fa1}}Y_{\text{Sa1}}}\sigma_{\text{F1}}=\frac{2.14\times1.83}{2.67\times1.61}\times176.88=161.14\text{MPa}>[\sigma_{\text{F2}}]=115\text{MPa}$$

综上可知，该齿轮不满足弯曲强度要求。

11-15　已知直齿锥-斜齿圆柱齿轮减速器布置和转向如图 11-2-5 所示，锥齿轮 $m=$ 5mm，齿宽 $b=50$mm，$z_1=25$，$z_2=60$；斜齿轮 $m_n=6$mm，$z_3=21$，$z_4=84$。欲使轴Ⅱ上的轴向力在轴承上的作用完全抵消，求斜齿轮 3 的螺旋角 β_3 的大小和旋向。（提示：锥齿轮的力作用在齿宽中点。）

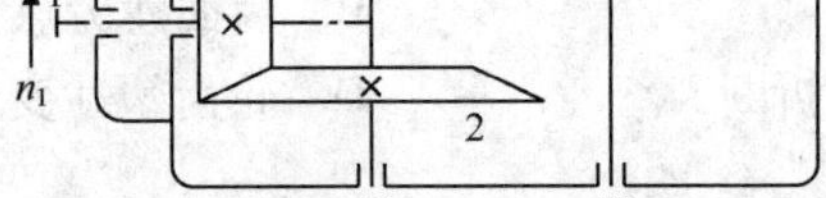

图 11-2-5

解： 齿轮 2 上的轴向力为 $F_{a2}=\frac{2T_1}{d_{m1}}\tan\alpha\cdot\sin\delta_2$，其中 $\alpha=20°$。

分度圆锥角：$\delta_1 = \arctan \dfrac{1}{u} = \arctan \dfrac{25}{60} = 22.62°$。

于是 $d_{m1} = d_1 - b\sin\delta_1 = 5 \times 25 - 50\sin 22.62° \doteq 105.77\text{mm}$，$\sin\delta_2 = 0.923$。

齿轮 3 上的轴向力为 $F_{a3} = \dfrac{2T_3}{d_3}\tan\beta_3$，不计效率时，有 $T_3 = T_2 = T_1 i_{12}$，于是

$$F_{a3} = \frac{2T_1}{d_3} i_{12} \tan\beta_3$$

其中，$d_3 = \dfrac{m_n}{\cos\beta_3} z_3 = \dfrac{6 \times 21}{\cos\beta_3} = \dfrac{126}{\cos\beta_3}$，$i_{12} = \dfrac{z_2}{z_1} = \dfrac{60}{25} = 2.4$。

为使得轴上的轴向力完全抵消，即 $F_{a2} = F_{a3}$，故 $\dfrac{\tan\alpha \cdot \sin\delta_2}{d_{m1}} = \dfrac{i_{12}\tan\beta_3}{d_3}$。

整理得：$\sin\beta_3 = \dfrac{126 \times \tan 20° \times 0.923}{105.77 \times 2.4} = 0.167$。

解得：$\beta_3 = 9.61°$。

圆锥齿轮 2 的轴向力 F_{a2} 指向大端，方向指向下；斜齿轮 3 的轴向力 F_{a3} 方向指向上，转动方向与锥齿轮 2 同向，箭头指向右。齿轮 3 又是主动齿轮，根据左右手定则判断，其符合右手定则，故斜齿轮 3 为右旋。

11-16　在图 11-2-5 中，试画出作用在斜齿轮 3 和锥齿轮 2 上的圆周力 F_t、轴向力 F_a、径向力 F_r 的作用线和方向。

解：题解如图 11-2-6 所示。

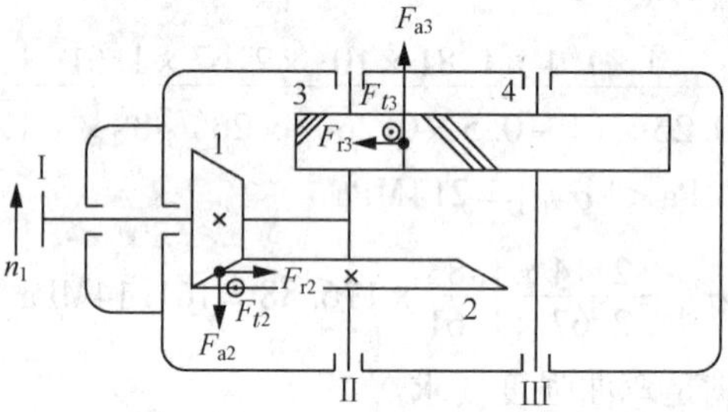

图 11-2-6

11.3　名校考研真题详解

一、选择题

1. 一般开式齿轮的主要失效形式是(　　)。[浙江大学 2013 研]

A. 齿面胶合　　　　B. 齿面疲劳点蚀

C. 齿面磨损或轮齿疲劳折断　　　　D. 轮齿塑性变形

【答案】C

【解析】开式齿轮传动由于齿轮外露，不能保证良好的润滑，而且容易落入灰尘、杂质，容易产生齿面磨粒磨损，同时可能产生轮齿折断的现象。闭式齿轮传动由于润滑和密封条件好，一般不会发生磨粒磨损，而是产生齿面点蚀、齿面胶合或者轮齿折断。

2. 齿轮传动设计时，齿轮(　　)时的齿宽系数可取大些。[浙江大学 2013 研]

A. 悬臂布置　　　B. 对称布置　　　C. 非对称布置　　　D. 两级展开式布置

【答案】B

【解析】对一般机械，齿宽系数可参考表1选取，由表11-3-1可知，在其他条件一样的情形下，对称布置齿宽系数取的大一些。

表 11-3-1

齿轮相对于轴承的位置	齿面硬度	
	软齿面	硬齿面
对称	0.8～1.4	0.4～0.9
非对称布置	0.2～1.2	0.3～0.6
悬臂布置	0.3～0.4	0.2～0.25

3. 一对圆柱齿轮传动时两轮齿接触应力(　　)。[湘潭大学2016研]

A. 大齿轮的更大　　B. 小齿轮的更大　　C. 相等的　　　　D. 不能确定哪个大

【答案】C

【解析】一对圆柱齿轮传动时两轮齿的许用接触应力一般是不同的，但是它们的接触应力是相等的。

二、填空题

1. 齿轮传动中，轮齿疲劳点蚀破坏，通常首先发生在______，采取______的措施，可以降低齿轮传动的载荷系数。[厦门大学2012研]

【答案】齿根表面靠近节线处；提高轴系刚度

【解析】当齿向误差一定时，如果轴系刚度小，轴受力弯曲变形大，则齿轮齿向误差大；而如果轴系刚度大，则轴受力弯曲变形小，相当于齿轮齿向误差小。因此，提高轴系刚度就可以降低齿轮传动的齿向载荷系数K_β。

2. 已知某直齿圆柱齿轮传递的转矩$T=100N \cdot m$，齿数$Z=80$，模数$m=2.5mm$，则其圆周力$F_t=$______。一对标准圆柱齿轮传动，已知$Z_1=20$，$Z_2=50$，它们的齿根弯曲应力关系是______。[厦门大学2012研]

【答案】1kN；Z_1的弯曲应力大于Z_2

【解析】①直齿圆柱齿轮圆周力的计算公式为：$F_t=2T_1/d_1$，由于$T=100N \cdot m$，$d=2.5\times80=200mm=0.2m$。故$F_t=1kN$。

②有弯曲疲劳的校核公式可知弯曲应力与齿数成反比，两轮模数相同，齿数少的弯曲应力大。

3. 齿轮传动的功率损耗主要包括：______、______、______。[厦门大学2013研]

【答案】啮合中的摩擦损耗；搅动润滑油的油阻损耗；轴承中的摩擦损耗

【解析】本题考查齿轮传动的功率损耗。由于轴承摩擦及溅油这两项功率损耗不大，一般取$\eta_2\times\eta_3=0.95\sim0.96$，则总效率$\eta$为$\eta=\eta_1\times\eta_2\times\eta_3=(0.95\sim0.96)\tan\gamma/\tan(\gamma+\varphi_v)$。

4. 闭式硬齿面齿轮传动的主要失效形式是______，故通常先按______强度进行设计计算，然后按______强度进行校核。[华中科技大学2012研]

【答案】轮齿折断；齿根弯曲疲劳；齿面接触疲劳

【解析】本题考查闭式硬齿面齿轮传动的失效形式和设计准则。

5. 设计圆柱齿轮时，为便于装配，通常使小齿轮的齿宽______于大齿轮的齿宽；选择齿宽系数 ψ_d 时，若齿轮不对称布置、轴刚性差，则 ψ_d 应选得______些。[华中科技大学 2012 研]

【答案】大；小

【解析】一般齿轮制造、安装精度高，轴的刚度大，齿轮对称于轴承布置时，齿宽 b 与 ψ_d 可以取大值；反之，b 与 ψ_d 应选小些。

三、判断题

合金钢经热处理后弹性模量远大于碳钢，所以重要场合的齿轮应选用合金钢材料。(　　)[浙江大学 2012 研]

【答案】错

【解析】合金钢的弹性模量与碳素钢的弹性模量相差不大，合金钢经过热处理弹性模量不会发生很大变化，故热处理之后的合金钢的弹性模量不可能远大于碳素钢的弹性模量。

四、简答题

试述直齿圆柱齿轮传动失效形式有哪些？并说明闭式硬齿面齿轮传动的设计准则是什么？[常州大学 2015 研]

答：(1)直齿圆柱齿轮传动失效形式有：①轮齿折断；②齿面点蚀；③齿面磨损；④齿面胶合；⑤齿面塑性变形。

(2)闭式硬齿面齿轮传动的设计准则：按弯曲疲劳强度设计，按接触疲劳强度校核。

五、计算题

1. 已知一对外啮合渐开线标准直齿圆柱齿轮传动，其模数 $m=4$mm，分度圆压力角 $\alpha=20°$，$h_a^*=1$，$c^*=0.25$，传动比 $i_{12}=1.5$。标准安装时，中心距 $a=100$mm，求分度圆半径 r_1、r_2，齿数 z_1、z_2，齿顶圆半径 r_{a1}、r_{a2}，齿根圆半径 r_{f1}、r_{f2}，节圆半径 r_1'、r_2' 和啮合角 α'。[厦门大学 2012 研]

解：由 $i_{12}=z_2/z_1=1.5$；$a=\frac{1}{2}m(z_1+z_2)=100\text{mm}$，且 $m=4\text{mm}$，

可得齿数

$$z_1=20,\ z_2=30$$

分度圆半径

$$r_1=\frac{1}{2}mz_1=\frac{1}{2}\times4\times20=40\text{mm}$$

$$r_2=\frac{1}{2}mz_2=\frac{1}{2}\times4\times30=60\text{mm}$$

齿顶圆半径

$$r_{a1}=\frac{1}{2}mz_1+mh_a^*=\frac{1}{2}\times4\times20+4\times1=44\text{mm}$$

$$r_{a2}=\frac{1}{2}mz_2+mh_a^*=\frac{1}{2}\times4\times30+4\times1=64\text{mm}$$

齿根圆半径

$$r_{f1}=\frac{1}{2}mz_1-m(h_a^*+c^*)=\frac{1}{2}\times4\times20-4\times(1+0.25)=35\text{mm}$$

$$r_{f2}=\frac{1}{2}mz_2-m(h_a^*+c^*)=\frac{1}{2}\times4\times30-4\times(1+0.25)=55\text{mm}$$

由于是标准安装，故分度圆与节圆重合，故有

$$r'=r_1=40\text{mm}$$

$$r'=r_2=60\text{mm}$$

$$\alpha'=\alpha=20°$$

2. 有一对标准直齿圆柱齿轮传动，查得齿形系数 $Y_{Fa1}=2.83$，$Y_{Fa2}=2.41$，应力修正系数 $Y_{Sa1}=1.65$，$Y_{Sa2}=1.77$。许用弯曲应力 $\sigma_{FP1}=300\text{MPa}$、$\sigma_{FP2}=290\text{MPa}$，已算得小齿轮齿根弯曲应力 $\sigma_{F1}=285\text{MPa}$。试问：两个齿轮的弯曲疲劳强度是否均满足要求？按弯曲强度设计时 $Y_{Fa}Y_{Sa}/\sigma_{FP}$ 应代入小齿轮的还是大齿轮的？（两个问题均需通过计算说明）［华中科技大学 2013 研］

答：$\sigma_{F2}=\sigma_{F1}\frac{Y_{Fa2}Y_{Sa2}}{Y_{Fa1}Y_{Sa1}}=285\times\frac{2.41\times1.77}{2.83\times1.65}=260.354\text{MPa}<\sigma_{FP2}=290\text{MPa}$

$\sigma_{F1}<\sigma_{FP1}$

故两个齿轮的弯曲疲劳强度均满足要求。

$\frac{Y_{Fa1}Y_{Sa1}}{\sigma_{FP1}}=\frac{2.83\times1.65}{300}=0.016$

$\frac{Y_{Fa2}Y_{Sa2}}{\sigma_{FP2}}=\frac{2.41\times1.77}{290}=0.015$

$\because\frac{Y_{Fa1}Y_{Sa1}}{\sigma_{FP1}}>\frac{Y_{Fa2}Y_{Sa2}}{\sigma_{FP2}}$

$\therefore$ 齿轮 1 的弯曲疲劳强度更弱，应代入小齿轮的$\frac{Y_{Fa1}Y_{Sa1}}{\sigma_{FP1}}$。

3. 已知一对外啮合正常齿制标准直齿圆柱齿轮 $z_1=30$，$z_2=40$，标准中心距 $a=140\text{mm}$。试计算这对齿轮的模数、分度圆直径、齿顶圆直径、齿根圆直径、齿距、齿厚和齿槽宽的数值。［常州大学 2015 研］

解：标准中心距

$$a=\frac{1}{2}m(z_1+z_2)$$

且 $a=140\text{mm}$，$z_1=30$，$z_2=40$，解得 $m=4\text{mm}$

分度圆直径

$$d_1=mz_1=4\times30=120\text{mm}$$

$$d_2=mz_2=4\times40=160\text{mm}$$

齿顶圆直径

$$d_{a1}=d_1+2mh_a^*=120+2\times4\times1=128\text{mm}$$

$$d_{a2}=d_2+2mh_a^*=160+2\times4\times1=168\text{mm}$$

齿根圆直径

$$d_{f1} = d_1 - 2m(h_a^* + c^*) = 120 - 2 \times 4 \times (1 + 0.25) = 110\text{mm}$$

$$d_{f2} = d_2 - 2m(h_a^* + c^*) = 160 - 2 \times 4 \times (1 + 0.25) = 150\text{mm}$$

齿距

$$p = m\pi = 4 \times 3.14 = 12.56\text{mm}$$

齿厚

$$s = \frac{1}{2}m\pi = \frac{1}{2} \times 4 \times 3.14 = 6.28\text{mm}$$

齿槽宽

$$e = \frac{1}{2}m\pi = \frac{1}{2} \times 4 \times 3.14 = 6.28\text{mm}$$

4. 如图 11-3-1 所示传动中：

(1) 确定并画出各齿轮的转动方向；

(2) 欲使中间轴Ⅱ所受轴向力 F_a 最小，斜齿轮 3、4 轮齿的旋向如何？

(3) 画图标出两对齿轮所受径向力 F_r、F_t、轴向力 F_a 的方向。［常州大学 2015 研］

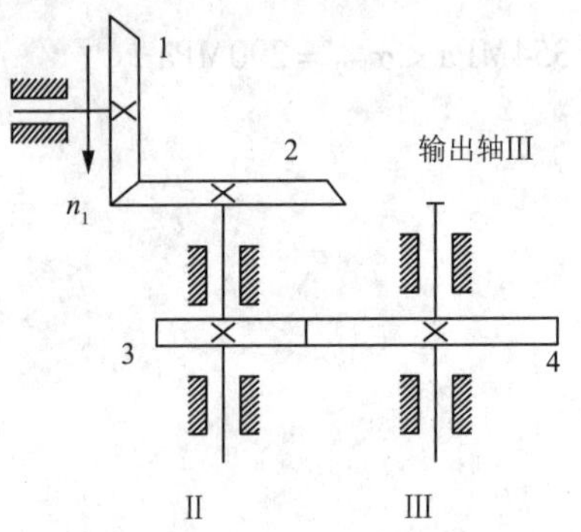

图 11-3-1

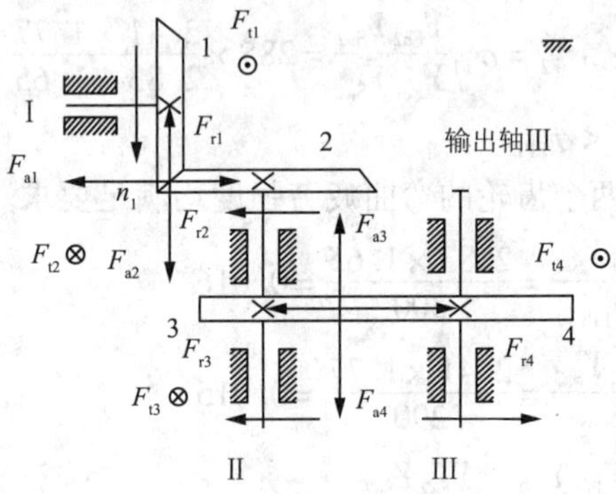

图 11-3-2

解：(1) 各齿轮的转动方向如图 11-3-2 所示。

(2) 欲使中间轴Ⅱ所受轴向力 F_a 最小，斜齿轮 3 应当左旋，斜齿轮 4 应当右旋。

(3) 两对齿轮的受力方向如图 11-3-2 所示。

5. 已知一对斜齿圆柱齿轮的参数为 $m_n = 5\text{mm}$，$Z_1 = 20$，$Z_2 = 40$，中心距 $a = 155\text{mm}$，试求螺旋角，分度圆直径 d_1，基圆直径 d_{b1}，齿顶圆压力角 α_{a1}，齿根圆直径 d_{f1}。［湘潭大学 2016 研］

解：由

$$a = \frac{d_1 + d_2}{2} = \frac{m_t}{2}(z_1 + z_2) = \frac{m_n(z_1 + z_2)}{2\cos\beta}$$

式中 $a = 155\text{mm}$，$z_1 = 20$，$z_2 = 40$，$m_n = 5\text{mm}$。

解得

$$\beta = 14.59°$$

分度圆直径

$$d_1 = m_t z_1 = \frac{m_n z_1}{\cos\beta} = \frac{5 \times 20}{\cos 14.59°} = 103.33\text{mm}$$

基圆直径

$$d_{b1} = d_1 \cos\alpha_t$$

$$\tan\alpha_t = \frac{\tan\alpha_n}{\cos\beta},\ \alpha_n = 20°$$

解得

$$d_{b1} = 96.717\text{mm}$$

齿顶圆直径

$$d_{a1} = d_1 + 2h_a = 103.33 + 2 \times 5 = 113.33\text{mm}$$

由 $d_1\cos\alpha_1 = d_{a1}\cos\alpha_{a1}$，得齿顶圆压力角

$$\alpha_{a1} = 31.04°$$

齿根圆直径

$$d_{f1} = d_1 - 2h_f = 103.33 - 2 \times 1.25 \times 5 = 90.83\text{mm}$$

第12章　蜗杆传动

12.1　复习笔记

【通关提要】

本章主要介绍了圆柱蜗杆传动的参数及几何计算、失效形式、受力分析、强度刚度计算、效率、润滑和热平衡计算。学习时需要重点掌握蜗杆传动的受力分析，即圆周力、径向力和轴向力的方向判断，多以计算题的形式出现。学习时还需要掌握蜗杆传动的参数选择、效率及热平衡计算，多以选择题、填空题和简答题的形式出现。复习本章时不应以计算为重点，需要注意细节内容的理解及记忆。

【重点难点归纳】

一、蜗杆传动的特点和类型(见表12-1-1)

表12-1-1　蜗杆传动的特点和类型

要点		主要内容
特点	优点	①传动比大；②结构紧凑；③传动平稳；④噪声较小
	缺点	①传动效率较低；②成本较高
分类	蜗杆形状	①圆柱蜗杆和环面蜗杆。 ②圆柱蜗杆按其螺旋面的形状又分为阿基米德蜗杆(ZA蜗杆)和渐开线蜗杆(ZI蜗杆)等
	旋向	左旋蜗杆和右旋蜗杆

二、圆柱蜗杆传动的主要参数和几何尺寸

1. 圆柱蜗杆传动的主要参数(见表12-1-2)

表12-1-2　圆柱蜗杆传动的主要参数

参数	计算公式(含义)
模数 m	m = 蜗杆轴向模数 m_{a1} = 蜗轮端面模数 m_{t2}
压力角 α	α = 蜗杆轴向压力角 α_{a1} = 蜗轮端面压力角 α_{t2}；标准值 $\alpha = 20°$
蜗杆头数 z_1	通常 $z_1 = 1$、2、4。提高传动比时，可取 $z_1 = 1$，增大传递功率时，取 $z_1 = 2$ 或4
蜗轮齿数 z_2	为了避免根切，$z_2 \geqslant 26$，但也不宜大于80
蜗杆直径系数 q	$q = d_1/m$；d_1 指蜗杆分度圆直径
导程角 γ	$\tan\gamma = z_1 p_x/(\pi d_1) = z_1 m/d_1 = z_1/q$；$p_x$ 为轴向齿距
齿面间滑动速度 v_s	$$v_s = \sqrt{v_1^2 + v_2^2} = \frac{v_1}{\cos\gamma}$$ 式中，v_1 为蜗杆圆周速度；v_2 为蜗轮圆周速度
中心距 a	$a = (d_1 + d_2)/2 = m(q + z_2)/2$

注：蜗杆传动的设计计算都以中间平面的参数和几何关系为准。

2. 圆柱蜗杆传动的几何尺寸计算(见表12-1-3)

表12-1-3 圆柱蜗杆传动的几何尺寸计算

名称	计算公式	
	蜗杆	蜗轮
蜗杆分度圆直径，蜗轮分度圆直径	$d_1 = mq$	$d_2 = mz_2$
齿顶高	$h_a = m$	$h_a = m$
齿根高	$h_f = 1.2m$	$h_f = 1.2m$
蜗杆齿顶圆直径，蜗轮喉圆直径	$d_{a1} = m(q+2)$	$d_{a2} = m(z_2+2)$
齿根圆直径	$d_{f1} = m(q-2.4)$	$d_{f2} = m(z_2-2.4)$
蜗杆轴向齿距，蜗轮端面齿距	$P_{a1} = P_{t2} = P_x = \pi m$	
径向间隙	$c = 0.20m$	
中心距	$a = 0.5(d_1+d_2) = 0.5m(q+z_2)$	

三、蜗杆传动的失效形式、材料和结构

1. 蜗杆传动的失效形式及材料选择

(1)失效形式

蜗杆传动的主要失效形式有：①胶合；②点蚀；③磨损。

(2)材料选择

蜗杆一般采用碳钢或合金钢制造。

2. 蜗杆和蜗轮的结构

蜗杆绝大多数和轴制成一体，称为蜗杆轴。

四、圆柱蜗杆传动的受力分析(见表12-1-4)

表12-1-4 圆柱蜗杆传动的受力分析

要点	主要内容
圆周力 F_t	$F_{t1} = F_{a2} = 2T_1/d_1$ 方向：蜗杆圆周力 F_{t1} 的方向与蜗轮轴向力 F_{a2} 的方向相反
径向力 F_r	$F_{r1} = F_{r2} = F_{a1}\tan\alpha$ 方向：对于蜗轮、蜗杆都是由作用点指向各自的轮心
轴向力 F_a	$F_{a1} = F_{t2} = 2T_2/d_2 = 2T_1 i_{12}\eta/d_2$ 方向：蜗杆轴向力 F_{a1} 的方向与蜗轮圆周力 F_{t2} 的方向相反

五、圆柱蜗杆传动的强度计算

1. 蜗轮强度计算(见表12-1-5)

表12-1-5 蜗轮强度计算

要点	主要内容	
齿面疲劳接触强度	校核公式	$\sigma_H = Z_E Z_\rho \sqrt{\frac{K_A T_2}{a^3}} \leqslant [\sigma_H]$ Z_E为材料综合弹性系数；Z_ρ为接触系数；K_A为使用系数

续表

要点	主要内容	
齿面疲劳接触强度	设计公式	$a \geqslant \sqrt[3]{K_A T_2 \left(\frac{Z_E Z_\rho}{[\sigma_H]}\right)^2}$ 参数含义同上
	许用接触应力	对于锡青铜，由教材表 12-4 查取；对于铝青铜及灰铸铁，由教材表 12-5 查取
	粗算 d_l 和 m	$d_l = 0.68a^{0.875}$，$m = (2a - d_l)/z_2$ 再由教材表 12-1 选定标准模数 m 及 q、d_1 的数值
齿根弯曲疲劳强度	校核公式	$\sigma_F = \frac{1.53K_A T_2}{d_1 d_2 m\cos\gamma} Y_{Fa2} \leqslant [\sigma_F]$ Y_{Fa2} 为蜗轮齿形系数，按当量齿数 $z_v = z_1/\cos^3\gamma$ 查图选取
	设计公式	$m^2 d_1 \geqslant \frac{1.53K_A T_2}{z_2 \cos\gamma [\sigma_F]} Y_{Fa2}$ 参数含义同上

2. 蜗杆的刚度计算

蜗杆产生的挠度应小于许用挠度$[Y]$。由切向力 F_{t1} 和径向力 F_{r1} 产生的挠度分别为

$$Y_{t1} = F_{t1} l^3/(48EI),\ Y_{r1} = F_{r1} l^3/(48EI)$$

合成总挠度为

$$Y = \sqrt{Y_{t1}^2 + Y_{r1}^2} \leqslant [Y]$$

式中，E 为蜗杆材料的弹性模量；I 为蜗杆危险截面惯性矩，$I = \pi d_1^4/64$；l 为蜗杆支点跨距。

六、圆柱蜗杆传动的效率、润滑和热平衡计算

1. 蜗杆传动的效率

(1)闭式蜗杆传动的效率包括三部分：轮齿啮合摩擦损耗的效率 η_1、轴承效率 η_2、蜗杆或蜗轮搅油引起的效率 η_3。

(2)蜗杆主动时，蜗杆传动的总效率为

$$\eta = (0.95 \sim 0.97)\tan\gamma/\tan(\gamma + \rho')$$

2. 蜗杆传动的润滑

一般蜗杆传动采用润滑油的粘度及润滑方式可根据教材表 12-9 中数据进行选取。

3. 蜗杆传动的热平衡计算(见表 12-1-6)

表 12-1-6　蜗杆传动的热平衡计算

要点	主要内容
计算	$\Delta t = 1000P_1(1-\eta)/(\alpha_t A) \leqslant [\Delta t]$ Δt 为温度差；P_1 为蜗杆传递功率；α_t 为表面传热系数；A 为散热面积
冷却措施	①增加散热面积；②提高表面传热系数

12.2 课后习题详解

12-1　计算教材例 12-1 的蜗杆和蜗轮的几何尺寸。

解： 分度圆直径

$$d_1 = mq = 4 \times 10 = 40\text{mm}$$

$$d_2 = mz_2 = 4 \times 39 = 156\text{mm}$$

蜗轮和蜗杆的齿顶高

$$h_a = m = 4\text{mm}$$

蜗轮和蜗杆的齿根高

$$h_f = 1.2m = 1.2 \times 4 = 4.8\text{mm}$$

齿顶圆直径

$$d_{a1} = m(q + 2) = 4 \times (10 + 2) = 48\text{mm}$$

$$d_{a2} = m(z_2 + 2) = 4 \times (39 + 2) = 164\text{mm}$$

齿根圆直径

$$d_{f1} = m(q - 2.4) = 4 \times (10 - 2.4) = 30.4\text{mm}$$

$$d_{f2} = m(z_2 - 2.4) = 4 \times (39 - 2.4) = 146.4\text{mm}$$

蜗杆轴向齿距和蜗轮端面齿距：$p_{a1} = p_{t2} = \pi m = \pi \times 4 = 12.56\text{mm}$。

径向间隙：$c = 0.2m = 0.8\text{mm}$；中心距：$a = 0.5m(q + z_2) = 0.5 \times 4 \times (10 + 39) = 98\text{mm}$。

12-2　如图 12-2-1 所示，蜗杆主动，$T_1 = 20\text{N} \cdot \text{m}$，$m = 4\text{mm}$，$z_1 = 2$，$d_1 = 50\text{mm}$，蜗轮齿数 $z_2 = 50$，传动的啮合效率 $\eta = 0.75$。试确定：(1) 蜗轮的转向；(2) 蜗杆与蜗轮上作用力的大小和方向。

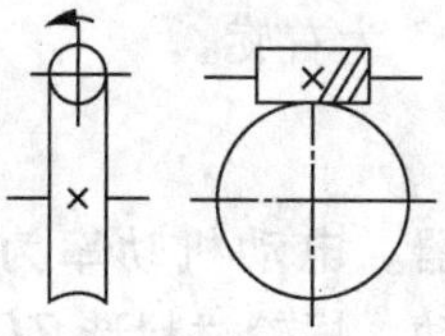

图 12-2-1

图 12-2-2

解： (1) 由图 12-2-1 可知，蜗杆为左旋，根据左手定则可知蜗杆的轴向力方向向左，则蜗轮的圆周力方向向右，蜗轮沿顺时针方向转动。

(2) 各力的方向如图 12-2-2 所示。

蜗杆的圆周力与蜗轮的轴向力的大小相等，方向相反，即

$$F_{t1} = F_{a2} = \frac{2T_1}{d_1} = \frac{2 \times 20}{50 \times 10^{-3}} = 800\text{N}$$

蜗杆的轴向力与蜗轮的圆周力的大小相等，方向相反，即

$$F_{t2} = F_{a1} = \frac{2T_2}{d_2}$$

其中

$$T_2 = T_1 i\eta = 20 \times 25 \times 0.75 = 375\text{N} \cdot \text{m}$$

$$d_2 = mz_2 = 4 \times 50 = 200\text{mm}$$

$$F_{t2} = F_{a1} = \frac{2T_2}{d_2} = \frac{2 \times 375}{200 \times 10^{-3}} = 3750\text{N}$$

蜗杆的径向力与蜗轮的径向力的大小相等，方向相反，即

$$F_{r1} = F_{r2} = F_{t2}\tan\alpha = 3750 \times \tan 20° = 1364.9\text{N}$$

12-3　如图 12-2-3 所示为蜗杆传动和锥齿轮传动的组合，已知输出轴上的锥齿轮 z_4 的转向 n。(1) 欲使中间轴上的轴向力能部分抵消，试确定蜗杆传动的螺旋线方向和蜗杆的转向；(2) 在图中标出各轮轴向力的方向。

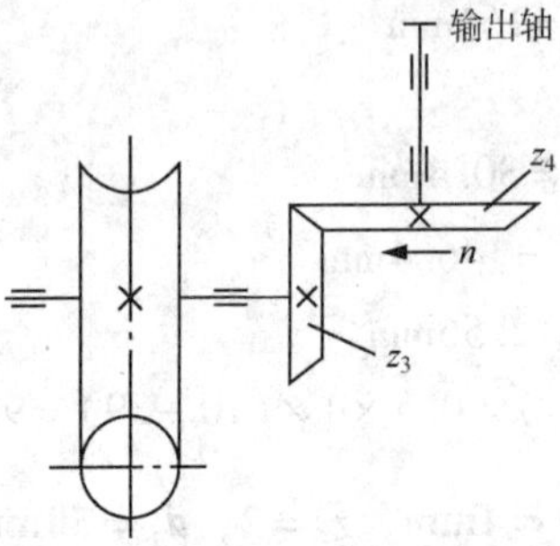

图 12-2-3

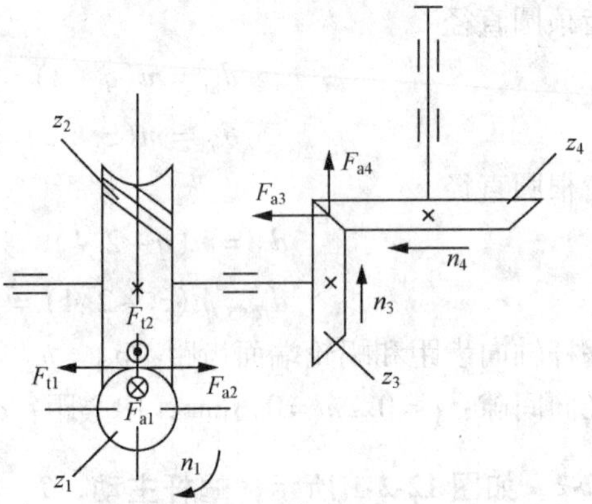

图 12-2-4

答：(1) 蜗杆右旋，顺时针转动。

锥齿轮 3 的轴向力指向大端，即水平向左，为使该中间轴上的轴向力能部分相互抵消，需使蜗轮的轴向力方向与之相反，水平向右，与之相反的蜗杆的圆周力水平向左，蜗杆顺时针转动。又根据齿轮 4 的转向可得到中间轴上蜗轮的转向，圆周力垂直于纸面向外，蜗杆的轴向力垂直于纸面向里。由此可知，其转向符合右手法则，为右旋。

(2) 各轮的轴向力如图 12-2-4 所示。

12-4　设计一由电动机驱动的单级圆柱蜗杆减速器。电动机功率为 7kW，转速为 1440r/min，蜗轮轴转速为 80r/min，载荷平稳，单向传动。蜗轮材料选 ZCuSn10Pb1 锡青铜，砂型铸造；蜗杆选用 40Cr；表面淬火。

解：(1) 确定许用应力

蜗杆为 40Cr 表面淬火，其硬度大于 45HRC，蜗轮材料为 10-1 锡青铜，估计滑动速度：$v_s = 6\text{m/s}$，查教材表 12-4 得，蜗轮表面许用接触应力 $[\sigma_H] = 200\text{MPa}$。

(2) 选择蜗杆头数，并估计传动效率

根据传动比 $i = \frac{n_1}{n_2} = \frac{1440}{80} = 18$，查教材表 12-2 选取蜗杆头数 $z_1 = 2$，则 $z_2 = iz_1 = 18 \times 2 = 36$。

查教材表 12-8 估计传动效率 $\eta = 0.79$。

(3) 确定蜗轮转矩

$$T_2 = \frac{9.55 \times 10^6 P_1 \eta}{n_2} = \frac{9.55 \times 10^6 \times 7 \times 0.79}{80} = 0.66 \times 10^6 \text{N} \cdot \text{mm}$$

(4)按式 $a \geqslant \sqrt[3]{K_A T_2 \left(\frac{Z_E Z_\rho}{[\sigma_H]}\right)^2}$ 计算中心距

其中，使用系数取 $K_A = 1.2$，综合弹性系数 $Z_E = 150$，接触系数 $Z_\rho = 2.8$，则

$$a \geqslant \sqrt[3]{K_A T_2 \left(\frac{Z_E Z_\rho}{[\sigma_H]}\right)^2} = \sqrt[3]{1.2 \times 0.66 \times 10^6 \times \left(\frac{150 \times 2.8}{200}\right)^2} = 151.7\text{mm}$$

(5)确定各参数

$$d_1 \approx 0.68 a^{0.875} = 55\text{mm},\ m = \frac{2a - d_1}{z_2} = \frac{2 \times 151.7 - 55}{36} = 6.9\text{mm}$$

查教材表 12-1 可得：$m = 8\text{mm}$；$d_1 = 80\text{mm}$；$q = d_1/m = 10$，则 $d_2 = 8 \times 36 = 288\text{mm}$。

中心距

$$a = \frac{1}{2} \times 8 \times (10 + 36) = 184\text{mm}$$

导程角

$$\gamma = \arctan \frac{z_1}{q} = \arctan \frac{2}{10} = 11.310°$$

(6)验算滑动速度

$$v_1 = \frac{\pi d_1 n_1}{60 \times 1000} = \frac{\pi \times 80 \times 1440}{60 \times 1000} = 6.03\text{m/s}$$

可得滑动速度为

$$v_s = \frac{v_1}{\cos\gamma} = \frac{6.03}{\cos 11.310°} = 6.15\text{m/s}$$

与预期估计值相当。

12-5　一圆柱蜗杆减速器，蜗杆轴功率 $P_1 = 100\text{kW}$，传动总效率 $\eta = 0.8$，三班制工作。试按所在地区工业用电价格(每千瓦小时若干元)计算五年中用于功率损耗的费用。

解：估计一年有 250 个工作日，用电价格为 a 元每千瓦时。于是 5 年中功率损耗的费用：$P_1(1-\eta) \times 250 \times 3 \times 8 \times 5a = 6 \times 10^5 a$(元)。

12-6　手动铰车采用圆柱蜗杆传动，如图 12-2-5 所示，已知 $m = 8\text{mm}$、$z_1 = 1$、$d_1 = 80\text{mm}$，$z_2 = 40$，卷筒直径 $D = 200\text{mm}$。

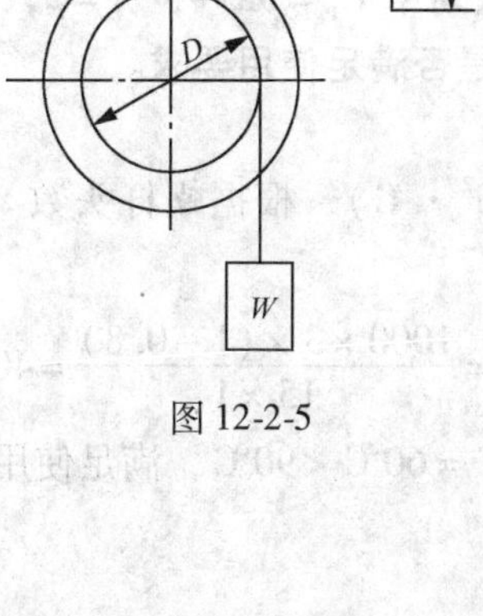

图 12-2-5

问：(1)欲使重物 W 上升 1m，蜗杆应转多少转？(2)蜗杆与蜗轮间间的当量摩擦系数 $f'=0.18$，该机构能否自锁？(3)若重物 $W=5\text{kN}$，手摇时施加的力 $F=100\text{N}$，手柄转臂的长度 l 应是多少？

解：(1)重物上升 1m 时，手柄所转转数：$N=1000\times i/(\pi D)=\dfrac{1000\times 40}{3.14\times 200}=63.7\text{r}$。

(2)蜗杆分度圆上的导程角：$\gamma=\arctan\dfrac{z_1 m}{d_1}=\arctan\left(\dfrac{1\times 8}{80}\right)=5.71°$。

当量摩擦角：$\rho'=\arctan f'=\arctan 0.18=10.2°$。

比较可知 $\gamma<\rho'$，即该机构能够自锁。

(3)由(2)可得该蜗杆传动的机械效率

$$\eta=0.96\frac{\tan\gamma}{\tan(\gamma+\rho')}=0.96\times\frac{\tan 5.71}{\tan(5.71+10.2)}=0.337$$

$T_2=i\eta T_1$，其中输出转矩 $T_2=W\dfrac{D}{2}$，输入转矩 $T_1=Fl$，则有 $W\dfrac{D}{2}=i\eta Fl$，代入数据解得手柄转臂长为

$$l=\frac{WD}{2i\eta F}=\frac{5\times 10^3\times 200\times 10^{-3}}{2\times 40\times 0.337\times 100}=0.371\text{m}=371\text{mm}$$

12-7　计算教材例 12-2 的蜗杆和蜗轮的几何尺寸。设蜗轮轴的直径 $d_s=70\text{mm}$，试绘制蜗轮的工作图。

解：基本参数

$$z_1=2,\ z_2=42,\ m=8\text{mm},\ q=10;$$

蜗杆的分度圆直径：$d_1=mq=8\times 10=80\text{mm}$；

蜗轮的分度圆直径：$d_2=mz_2=8\times 42=336\text{mm}$；

蜗轮和蜗杆的齿顶高：$h_a=m=8\text{mm}$；

蜗轮和蜗杆的齿根高：$h_f=1.2m=1.2\times 8=9.6\text{mm}$；

蜗杆齿顶圆直径：$d_{a1}=m(q+2)=8\times(10+2)=96\text{mm}$；

蜗轮喉圆直径：$d_{a2}=m(z_2+2)=8\times(42+2)=352\text{mm}$；

蜗杆齿根圆直径：$d_{f1}=m(q-2.4)=8\times(10-2.4)=60.8\text{mm}$；

蜗轮齿根圆直径：$d_{f2}=m(z_2-2.4)=8\times(42-2.4)=316.8\text{mm}$；

蜗杆轴向齿距和蜗轮端面齿距：$p_{a1}=p_{t2}=p_x=\pi m=\pi\times 8=25.12\text{mm}$；

径向间隙：$c=0.20m=0.20\times 8=1.6\text{mm}$。

蜗轮工作图略。

12-8　一单级蜗杆减速器输入功率 $P_1=3\text{kW}$，$z_1=2$，箱体散热面积约为 1m^2，通风条件较好，室温 20℃，试验算油温是否满足使用要求。

解：蜗杆传动的散热计算。

取表面传热系数 $\alpha_t=15\text{W}/(\text{m}^2\cdot℃)$，根据蜗杆头数 $z_1=2$，查教材表 12-8，取传动效率 $\eta=0.8$，则有

$$\Delta t=\frac{1000\times P_1\times(1-\eta)}{\alpha_t A}=\frac{1000\times 3\times(1-0.8)}{15\times 1}=40℃<[\Delta t]=60℃\sim 70℃$$

油温：$t=t_0+\Delta t=20℃+40℃=60℃<90℃$，满足使用要求。

12-9　一开式蜗杆传动，传递功率 $P=5\text{kW}$，蜗杆转速 $n_1=1460\text{r/min}$，传动比 $i_{12}=21$，载荷平稳，单向传动，试选择蜗杆、蜗轮材料并确定其主要尺寸参数。［提示：可根据教材表 12-1 初定 q 值，以便由教材式(12-2)求出导角 γ。］

解：(1)确定材料和许用应力

蜗杆为 40Cr 表面淬火，其硬度大于 45HRC，蜗轮材料为 10-1 锡青铜，砂模铸造。估计滑动速度 $v_s=5\text{m/s}$，查教材表 12-4 得，蜗轮表面许用接触应力 $[\sigma_H]=200\text{MPa}$。

(2)选择蜗杆头数，并估计传动效率

根据传动比 $i_{12}=21$，查教材表 12-2 选取蜗杆头数 $z_1=2$，则 $z_2=i_{12}z_1=21\times2=42$。

查教材表 12-8 估计开式传动效率 $\eta=0.7$。

(3)确定蜗轮转矩

$$T_2=9.55\times10^6\frac{P\eta}{n_2}=9.55\times10^6\frac{P\eta i_{12}}{n_1}=9.55\times10^6\times\frac{5\times0.7\times21}{1460}=4.8\times10^5\text{N}\cdot\text{mm}。$$

(4)按式 $a\geqslant\sqrt[3]{K_AT_2\left(\frac{Z_EZ_\rho}{[\sigma_H]}\right)^2}$ 计算中心距

其中，使用系数取 $K_A=1.2$，综合弹性系数 $Z_E=150$，接触系数 $Z_\rho=2.8$，则有

$$a\geqslant\sqrt[3]{K_AT_2\left(\frac{Z_EZ_\rho}{[\sigma_H]}\right)^2}=\sqrt[3]{1.2\times4.8\times10^5\times\left(\frac{150\times2.8}{200}\right)^2}=136.4\text{mm}$$

(5)确定各参数

$$d_1\approx0.68a^{0.875}=50\text{mm}，m=\frac{2a-d_1}{z_2}=\frac{2\times136.4-50}{42}=5.3\text{mm}$$

查教材表 12-1，可得

$$m=6.3\text{mm}，d_1=63\text{mm}，q_1=10\text{mm}$$

$$d_2=6.3\times42=264.6\text{mm}$$

中心距：$a=\frac{1}{2}\times6.3\times(10+42)=163.8\text{mm}$；

导程角：$\gamma=\arctan\frac{z_1}{q}=\arctan\frac{2}{10}=11.310°$；

(6)验算滑动速度：$v_1=\frac{\pi d_1n_1}{60\times1000}=\frac{\pi\times63\times1460}{60\times1000}=4.8\text{m/s}$；

滑动速度：$v_s=\frac{v_1}{\cos\gamma}=\frac{4.8}{\cos11.31°}=4.9\text{m/s}$。与预期估计值相当。

12.3　名校考研真题详解

一、选择题

1. 高速重要的蜗杆传动蜗轮的材料应选用(　　)。［浙江大学 2012 研］

A. 淬火合金钢　　B. 巴氏合金　　C. 锡青铜　　D. 铝铁青铜

【答案】C

【解析】蜗轮轮齿一般用铜合金或铸铁制造，在高速重要的蜗杆传动中，常采用铸造锡青铜。它是理想的蜗轮材料，由铜和锡为主的软硬二相组成，耐磨性能好，可以用于承载。

2. 轴向垂直的蜗杆蜗轮传动中蜗杆的导程角与蜗轮的螺旋角之间的关系是(　　)。[湘潭大学 2016 研]

A. 大小相等，旋向相反

B. 大小互余，旋向相同

C. 大小相等，旋向相同

D. 大小互补，旋向相反

【答案】C

【解析】蜗杆蜗轮传动的正确啮合条件是：蜗杆轴向模数和轴向压力角应分别等于蜗轮端面模数和端面压力角。当蜗杆蜗轮交错角为90°时，还需保证蜗杆导程角等于蜗轮螺旋角，且两者旋向相同。

二、填空题

1. 在蜗杆传动中，引进特性系数 q 的目的______。蜗杆传动中，齿面节点处的相对滑动速度 $v_s=$______(写出基本参数表达式)。[厦门大学 2012 研]

【答案】减少蜗轮滚刀的数量并便于刀具的标准化；$v_1/\cos\gamma$

【解析】使用滚刀加工蜗轮蜗杆时，只要有一种尺寸的蜗杆，就得有一种对应的蜗轮滚刀。对于同一模数，可以有很多不同直径的蜗杆，因而对每一模数就要配备很多蜗轮滚刀。显然，这样很不经济。为了限制蜗轮滚刀的数目及便于滚刀的标准化，就对每一标准模数规定了一定数量的蜗杆分度圆直径 d_1 而把比值 $q=d_1/m$ 称为蜗杆的直径系数。

2. 蜗杆传动用于传递交错轴之间的______和______，通常两轴交错角为______。蜗杆传动的主要优点是______、______、______和______等。[厦门大学 2013 研]

【答案】回转运动；动力；90°；能得到很大的传动比；结构紧凑；传动平稳；噪声较小

【解析】本题考查蜗杆传动的基本内容。蜗杆传动是一种在空间交错的两轴间传递运动和动力的传动机构，两轴线交错的夹角可为任意值，常用的为90°。这种传动的不足之处是传动效率低、常需耗用有色金属等，通常用于减速装置，但也有个别机器用作增速装置。

三、判断题

1. 蜗杆传动的转速比 n_1/n_2 等于其分度圆直径的反比 d_2/d_1。(　　)[浙江大学 2010 研]

【答案】错

【解析】蜗杆传动比是蜗轮齿数和蜗杆头数之比，与蜗杆直径无关。

2. 为提高蜗杆的刚度，应采取的措施是蜗杆选用高强度合金钢。(　　)[浙江大学 2010 研]

【答案】错

【解析】合金钢和高强度合金钢的刚度相同。

3. 经调质处理的45号钢制轴，验算刚度时发现不足，合理的改进方法是改用合金钢。(　　)[浙江大学 2010 研]

【答案】错

【解析】45号钢和合金钢的刚度相同。

四、计算题

1. 提升装置的传动如图 12-3-1 所示，当提升重物 G 时，轴 1 的回转方向 n_1 如图所示。已知运动从斜齿轮 1 的下方输入，若使得轴 1 上的轴向载荷最小，试求：

(1) 分别标出齿轮 1、蜗杆 2 所受的圆周力 F_t、轴向力 F_a、径向力 F_r 的方向；

(2) 判断蜗杆 2 的旋向、蜗轮 3 的旋向；

(3) 判断齿轮 1 的旋向。［浙江大学 2013 研］

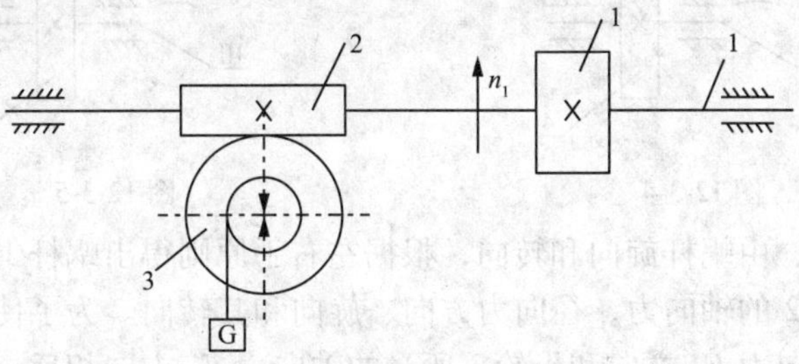

图 12-3-1

答：首先判断蜗杆 2 的旋向，根据左、右手定则可以判断蜗杆 2 的旋向为右旋，蜗轮与蜗杆能够正确啮合，旋向必须相同，故蜗轮 3 的旋向为右旋。要使轴 1 上轴向载荷最小，则齿轮 1 所受轴向力应该向右，又因齿轮 1 为从动轮，根据左、右手定则可以判断齿轮 1 为右旋。

蜗杆 2 的受力分析如图 12-3-2 所示。

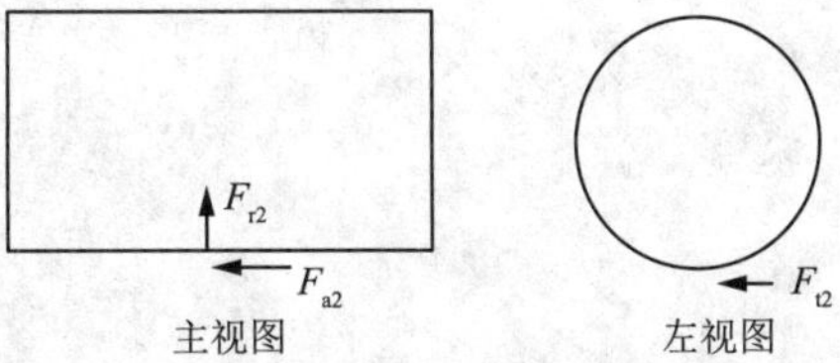

图 12-3-2

齿轮 1 的受力分析如图 12-3-3 所示。

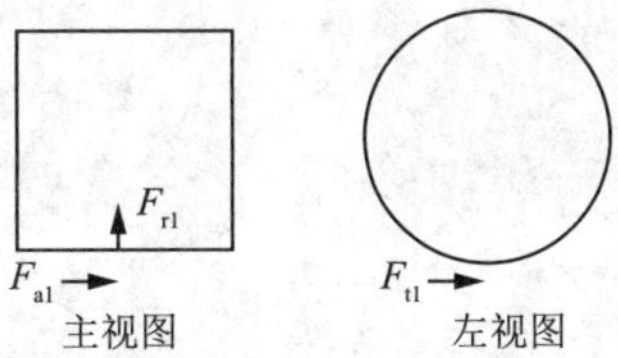

图 12-3-3

2. 如图 12-3-4 所示的蜗轮－斜齿圆柱齿轮传动装置中，已知输入轴 I 上的右旋蜗杆 1 的转动方向如图所示。今欲使轴 Ⅱ 上的两轮的轴向力抵消一部分：

(1) 确定蜗轮 2、齿轮 3 和齿轮 4 的螺旋角方向；

(2) 在图上标出蜗轮 2 和齿轮 3、4 的转动方向；

(3) 在图上标出蜗杆 1、蜗轮 2 和齿轮 3、4 的圆周力 F_t、轴向力 F_a 的方向。［湘潭大学 2016 研］

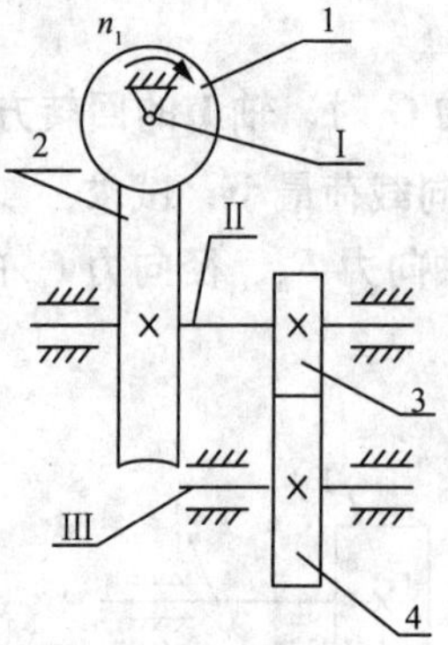

图 12-3-4

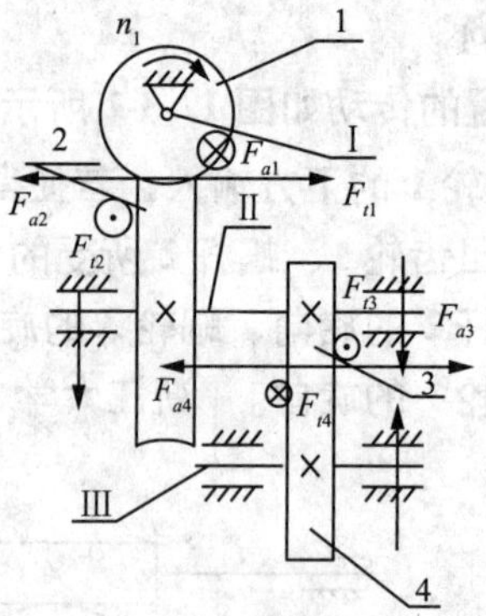

图 12-3-5

解： 分析题意知，由蜗杆旋向和转向，根据左右手原则得出蜗杆 1 的轴向力和径向力方向，从而判断出蜗轮 2 的轴向力、径向力方向、旋向和其转向。为了使Ⅱ轴上的力抵消一部分，则蜗轮 2 受的轴向力 F_{a2}方向和齿轮 3 所受的轴向力 F_{a3}方向相反，在此基础上，再根据左右手原则判断齿轮旋向。

(1) 蜗轮 2 右旋；齿轮 3 右旋；齿轮 4 左旋。

(2) 如图 12-3-5 所示。

(3) 如图 12-3-5 所示。

第 13 章　带传动和链传动

13.1　复习笔记

【通关提要】

本章详细介绍了带传动的受力分析和应力分析、带的弹性滑动和打滑、V 带传动的设计计算、张紧轮的布置、滚子链传动的受力分析和设计计算以及链传动的布置等。学习时需要重点掌握以上内容。关于带传动和链传动的受力分析及计算，多以选择题和计算题的形式出现；关于带的弹性滑动和打滑，多以选择题和简答题的形式出现；关于 V 带传动的设计计算及张紧轮的布置，多以选择题和填空题的形式出现；关于链传动的多边形效应，多以选择题、填空题和简答题的形式出现。复习时需重点理解记忆。

【重点难点归纳】

一、带传动的类型和应用

1. 带传动的类型(见图 13-1-1)

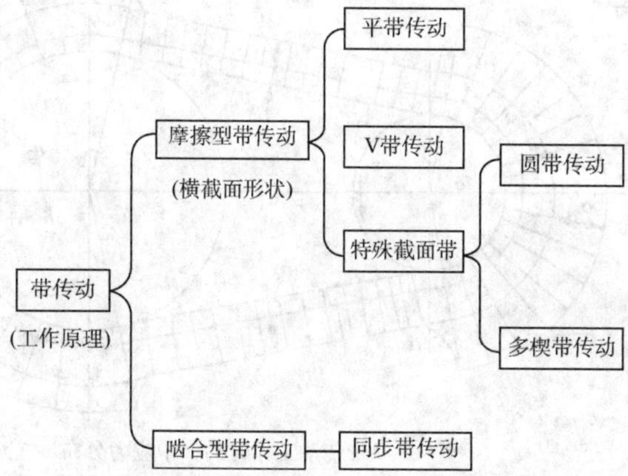

图 13-1-1　带传动的分类结构图

2. 带传动的参数

(1)包角 α

$$\alpha = \pi \pm (d_2 - d_1)/a = 180° \pm (d_2 - d_1)/a \times 57.3°$$

式中，d_1、d_2分别为小带轮、大带轮的直径；“+”号适用于大带轮包角 α_2，“-”号适用于小带轮包角 α_1。

(2)带长 L

$$L = 2a + \pi(d_1 + d_2)/2 + (d_2 - d_1)^2/(4a)$$

二、带传动的受力分析(见表 13-1-1)

表 13-1-1　带传动的受力分析

要点	主要内容
松边、紧边、有效拉力	$F_1 - F_0 = F_0 - F_2$；$F = F_1 - F_2$ F_1为紧边拉力；F_2为松边拉力；F_0为初拉力；F 为有效拉力

续表

要点	主要内容
功率 P 的计算	$P = Fv/1000$
基本公式	$F_1 = Fe^{f\alpha}/(e^{f\alpha} - 1)$ $F_2 = F/(e^{f\alpha} - 1)$ $F = F_1 - F_2 = F_1(1 - 1/e^{f\alpha})$
最大有效拉力	$F_{ec} = 2F_0(1 - 1/e^{f\alpha})/(1 + 1/e^{f\alpha})$ F_{ec}为最大(临界)有效拉力；α 取 α_1 和 α_2 中的较小者。从上式可知： ①F_{ec}与初拉力 F_0 成正比。 ②F_{ec}随包角 α 的增大而增大。α 越大，传动能力也就越高。 ③最大有效拉力 F_{ec} 随摩擦系数 f 的增大而增大

三、带的应力分析(见表 13-1-2)

表 13-1-2　带的应力分析

要点	主要内容
应力分布图	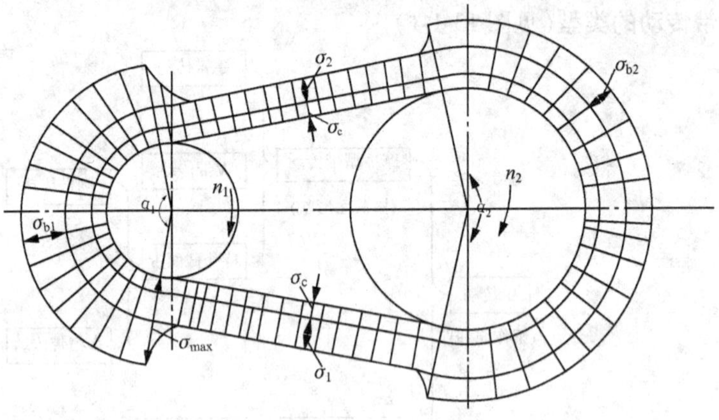 带传动工作时的带中应力分布
拉应力	$\sigma_1 = F_1/A$；$\sigma_2 = F_2/A$
离心拉应力	$\sigma_c = qv^2/A$ q 为传动带单位长度的质量；v 为带的线速度
弯曲应力	$\sigma_b = 2yE/d$ y 为带的中性层到最外层的垂直距离；E 为传动带的弹性模量；d 为大小带轮直径
瞬时最大应力	$\sigma_{max} = \sigma_1 + \sigma_{b1} + \sigma_c$ 发生在带的紧边开始绕上小带轮处
应力循环总次数	$N = 3600\mathrm{k}T v/\mathrm{L}$ k 为带轮数，一般 $k = 2$；T 为带的寿命

四、带传动的弹性滑动、传动比和打滑现象(见表 13-1-3)

表 13-1-3　带传动的弹性滑动、传动比和打滑现象

要点	弹性滑动	打滑
定义	由于带的弹性变形而引起的带与带轮间的微量滑动	带与带轮间发生显著的相对滑动

续表

要点	弹性滑动	打滑
产生原因	带两边拉力不等以及带的弹性变形，使得带的速度低于小带轮的线速度 v_1，而大于大带轮的线速度 v_2	带传动的功率超过带与带轮间的总摩擦力
是否能避免	无法避免的	应极力避免
计算	滑动率 $\varepsilon=[(v_1-v_2)/v_1]\times100\%$ 传动比 $i=n_1/n_2=d_2/[d_1(1-\varepsilon)]$	—

五、V 带传动的计算

1. 单根普通 V 带的许用功率

单根普通 V 带的许用功率

$$[P_0]=(P_0+\Delta P_0)K_\alpha K_L$$

式中，ΔP_0为功率增量；K_α为包角修正系数；K_L为带长修正系数。

2. 带的型号和根数的确定(见表 13-1-4)

表 13-1-4 带的型号和根数的确定

要点	主要内容
计算功率	$P_c=K_AP$ P 为传动的额定功率；K_A 为工作情况系数
确定型号	据计算功率 P_c 和小带轮转速 n_1，由选型图选定带型
V 带根数	$z=P_c/[P_0]=P_c/[(P_0+\Delta P_0)K_\alpha K_L]$ z 应取整数，为使每根 V 带受力均匀，V 带根数不宜太多，通常 $z<10$

3. 主要参数的选择

(1)带轮直径和带速

①小轮的基准直径应等于或大于 d_{min}；

②大带轮的基准直径为 $i=d_2=n_1d_1(1-\varepsilon)/n_2$；

③带速为 $\nu=\pi d_1n_1/(60\times1000)$。一般 $5m/s\leqslant\nu\leqslant30m/s$。

(2)中心距、带长和包角

①初步确定中心距，即 $0.7(d_1+d_2)<a_0<2(d_1+d_2)$；

②计算初定的 V 带基准长度 $L_0=2a_0+\pi(d_1+d_2)/2+(d_2-d_1)^2/(4a_0)$；

③根据以上计算结果以及带型选取最相近的带的基准长度 L_d；

④确定中心距 $a=a_0+(L_d-L_0)/2$；

⑤中心距变动范围 $(a-0.015L_d)\sim(a+0.03L_d)$。

⑥小带轮包角计算公式 $\alpha_1=180°-(d_2-d_1)\times57.3°/a$；一般应使 $\alpha_1\geqslant120°$。

(3)初拉力 $F_0=500P_c(2.5/K_\alpha-1)/(z\nu)+q\nu^2$。

(4)作用在带轮轴上的压轴力 $F_Q=2zF_0\sin(\alpha_1/2)$。

六、V 带轮的结构

1. 带轮的材料

带轮常用铸铁制造，有时也采用钢或非金属材料(塑料、木材)。

2. 带轮的结构形式

根据带轮直径由小到大，依次选择实心式、腹板式和轮辐式结构。

3. V带轮的轮槽角

V带轮的轮槽角规定为32°、34°、36°和38°，根据带轮的直径确定。

七、链条和链轮

1. 链条

按结构的不同主要有滚子链和齿形链两种。

（1）滚子链（见表13-1-5）

表13-1-5　滚子链

要点	主要内容
结构	组成部分有内链板、外链板、销轴、套筒和滚子
节距	链条的零件尺寸、传递功率与节距 p 呈正相关关系
排数	功率较大时，可采用双排链或多排链
链节数	链节数最好取为偶数，避免使用过渡链节产生附加弯矩

（2）齿形链

齿形链由齿形链板、导板和铰接元件组成，主要用在高速、重载、低噪音、大中心距的工况下。

2. 链轮

（1）链轮主要尺寸的计算式为

分度圆直径 $d = p/(\sin 180°/z)$；

齿顶圆直径 $d_{amax} = d + 1.25p - d_1$；$d_{amin} = d + (1 - 1.6/z)p - d_1$；

齿根圆直径 $d_f = d - d_1$。

式中，d 为链轮上被链条节距等分的分度圆的直径；p 为节距；z 为齿数。

（2）链轮材料

常用的链轮材料有合金钢、碳钢、灰铸铁等。

（3）链轮的结构

根据链轮直径由小到大，依次选择实心式、孔板式和组合式结构。

八、链传动的运动分析和受力分析

1. 链传动的运动分析（见表13-1-6）

表13-1-6　链传动的运动分析

要点	主要内容
平均速度 v	$v = z_1 n_1 p/(60 \times 1000) = z_2 n_2 p/(60 \times 1000)$
平均传动比	$i = n_1/n_2 = z_2/z_1$
瞬时传动比	$i = \omega_1/\omega_2 = R_2 \cos\gamma/(R_1 \cos\beta)$ β 为滚子中心 A 的相位角；γ 为滚子中心 B 的相位角。

注：改善运动不均匀性的方法：选用小节距的链，增加链轮齿数和限制链轮转速。

2. 链传动的受力分析(见表 13-1-7)

表 13-1-7　链传动的受力分析

要点	主要内容
紧边拉力 F_1	$F_1 = F + F_c + F_y$
松边拉力 F_2	$F_2 = F_c + F_y$
离心拉力 F_c	$F_c = qv^2/2$
悬垂拉力 F_y	$F_y = K_y qg\alpha$ K_y 为下垂量 $y = 0.02a$ 时的垂度系数
轴上的压力 F_Q	$F_Q = (1.2 \sim 1.3)F$

九、链传动的主要参数及其选择(见表 13-1-8)

表 13-1-8　链传动的主要参数及其选择

要点	主要内容
齿数	①小链轮齿数不宜过少或太多，可按传动比由表选取。 ②大链轮齿数 $z_2 \leqslant 120$
节距	宜选用小节距链，重载时宜选用多排链
中心距	$a = \frac{p}{4}\left[\left(L_p - \frac{z_1 + z_2}{2}\right) + \sqrt{\left(L_p - \frac{z_1 + z_2}{2}\right)^2 - 8\left(\frac{z_2 - z_1}{2\pi}\right)^2}\right]$ 一般可取 $a = (30 \sim 50)p$
节数	$L_p = \frac{2a}{p} + \frac{z_1 + z_2}{2} + \frac{p}{a}\left(\frac{z_2 - z_1}{2\pi}\right)^2$ 结果须圆整为偶数

十、滚子链传动的计算(见表 13-1-9)

表 13-1-9　滚子链传动的计算

要点	主要内容
失效形式	疲劳破坏、胶合、磨损和过载拉断
单排链的计算功率 P_c	$P_c = K_A K_Z P / K_m$ K_A 为工作情况系数；K_Z 为齿数系数；K_m 为多排链系数
链条型号选择	选择依据：计算功率和小链轮转速
校核链条静强度	$Q/(K_A F_1) \geqslant S$ Q 为链的极限载荷；F_1 为紧边拉力；S 为安全系数

十一、链传动的润滑和布置

1. 链传动的润滑

链传动的润滑方法主要有：

(1)人工定期用油壶或油刷给油；

(2)滴油润滑；

(3)油浴润滑；

(4)飞溅润滑；

(5)油泵压力喷油润滑。

2. 链传动的布置

两链轮轴线应平行，两链轮应位于同一平面内，尽量采用水平或接近水平的布置，原则上应使紧边在上，否则松边下垂量增大后，链条易与链轮卡死。

13.2 课后习题详解

13-1 如图13-2-1所示，一平带传动，已知两带轮直径分别为150mm和400mm，中心距为1000mm，小带轮主动、转速为1460r/min。试求：(1)小带轮包角；(2)带的几何长度；(3)不考虑带传动的弹性滑动时大带轮的转速；(4)滑动率$\varepsilon=0.015$时大带轮的实际转速。

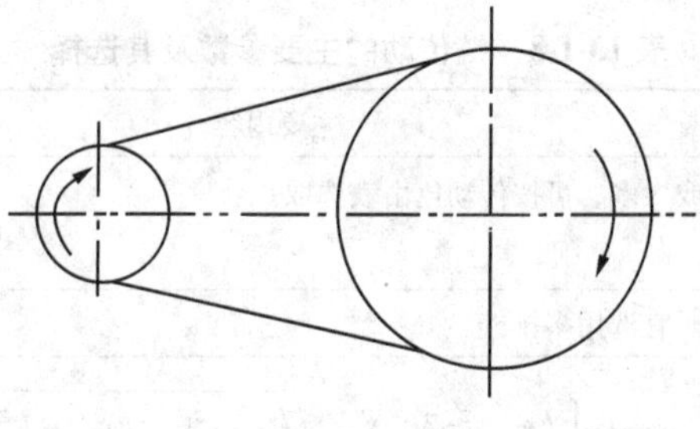

图13-2-1

解：(1)小带轮的包角

$$\alpha_1=180°-\frac{d_2-d_1}{a}\times57.3°=180°-\frac{400-150}{1000}\times57.3°=165.675°(2.892\text{rad})$$

(2)带的几何长度

$$L=2a+\frac{\pi}{2}(d_1+d_2)+\frac{(d_2-d_1)^2}{4a}=2\times1000+\frac{\pi}{2}\times(150+400)+\frac{(400-150)^2}{4\times1000}=2879\text{mm}$$

(3)不考虑带的弹性滑动时有$\frac{n_1}{n_2}=\frac{d_2}{d_1}$，故大带轮转速为

$$n_2=\frac{n_1d_1}{d_2}=\frac{1460\times150}{400}=547.5\text{r/min}$$

(4)考虑弹性滑动时有$\frac{n_1}{n_2}=\frac{d_2}{d_1(1-\varepsilon)}$，故大带轮转速为

$$n_2=(1-\varepsilon)\frac{n_1d_1}{d_2}=(1-0.015)\times\frac{1460\times150}{400}=539.3\text{r/min}$$

13-2 题13-1中，若传递功率为5kW，带与铸铁带轮间的摩擦系数$f=0.3$，所用平带单位长度质量$q=0.35$kg/m，试求：(1)带的紧边、松边拉力；(2)此带传动所需的初拉力；(3)作用在轴上的压力。

解：(1)带传动的有效圆周力：$F=\frac{1000P}{v}=\frac{1000\times5\times60\times1000}{\pi\times150\times1460}=436\text{N}$；

小轮包角：$\alpha_1=2.892\text{rad}$；

紧边拉力：$F_1=F\frac{e^{f\alpha}}{e^{f\alpha}-1}=436\times\frac{2.38}{2.38-1}=752\text{N}$；

松边拉力：$F_2 = F\dfrac{1}{e^{f\alpha}-1} = 436 \times \dfrac{1}{2.38-1} = 316\text{N}$。

(2)考虑离心力的影响，所需初拉力：$F_0 = 0.5(F_1 + F_2) + F_C$。其中，由离心力引起的拉力

$$F_C = qv^2 = 0.35 \times 11.47^2 = 46\text{N}$$

故

$$F_0 = 0.5(F_1 + F_2) + F_C = 0.5 \times (752 + 316) + 46 = 580\text{N}$$

(3)作用在轴上的压力为

$$F_Q = 2F_0 \sin\frac{\alpha_1}{2} = 2 \times 580 \times \sin\frac{165.675°}{2} = 1150.9\text{N}$$

13-3　一普通 V 带传动，已知带的型号为 A 型，两个 V 带轮的基准直径分别为 125mm 和 250mm，初定中心距 $a_0 = 450\text{mm}$。试求：(1)初步计算带的长度 L_0；(2)按教材表 13-2 选定带的基准长度 L_d；(3)确定实际的中心距。

解：(1)初步计算带的基准长度

$$\begin{aligned} L_0 &= 2a_0 + \pi(d_1 + d_2)/2 + (d_2 - d_1)^2/(4a_0) \\ &= 2 \times 450 + \pi(125 + 250)/2 + (250 - 125)^2/(4 \times 250) = 1497.73\text{mm} \end{aligned}$$

(2)根据教材表 13-2，选取带的基准长度 $L_\text{d} = 1550\text{mm}$。

(3)实际的中心距

$$a \approx a_0 + (L_\text{d} - L_0)/2 = 450 + (1550 - 1497.73)/2 = 476\text{mm}$$

13-4　题 13-3 中的普通 V 带传动，用于电动机与物料磨粉机之间，作减速传动，每天工作 8h。已知电动机功率 $P = 4\text{kW}$，转速 $n_1 = 1440\text{r/min}$。试求所需 A 型带的根数。

解：(1)求计算功率

查教材表 13-9，取 $K_A = 1.2$，故计算功率：$P_c = K_A P = 1.2 \times 4 = 4.8\text{kW}$。

(2)验算小带轮包角

$$\alpha_1 = 180° - \frac{d_2 - d_1}{a} \times 57.3° = 180° - \frac{250 - 125}{476} \times 57.3° = 164.95° > 120°$$

可知小带轮包角合适。

(3)求 V 带根数

由小带轮转速和直径查教材表 13-4，取 $P_0 = 1.92\text{kW}$。V 带传动的滑动率 $\varepsilon = 0.01 \sim 0.02$，取 $\varepsilon = 0.02$。则传动比

$$i = \frac{d_2}{d_1(1-\varepsilon)} = \frac{250}{125(1-0.02)} = 2.04$$

查教材表 13-6，取 $\Delta P_0 = 0.17\text{kW}$。

由小带轮包角查教材表 13-8，取 $K_\alpha = 0.965$，查教材表 13-2，取 $K_L = 0.98$，则有

$$z = \frac{P_c}{(P_0 + \Delta P_0)K_\alpha K_L} = \frac{4.8}{(1.92 + 0.17) \times 0.965 \times 0.98} = 2.43$$

取 $z = 3$。

13-5　试计算一带式输送机中的普通 V 带传动(确定带的型号、长度及根数)。已知从动轮的转速 $n_2 = 610\text{r/min}$，单班工作制，电动机额定功率为 7.5kW，主动轮转速 $n_1 =$

1450r/min。

解：(1)求计算功率

查教材表13-9，取 $K_A=1.1$，故计算功率：$P_c=K_AP=1.1\times7.5=8.25\text{kW}$。

(2)选取V带型号

由计算功率和转速查教材图13-15，选取 A 型。

(3)求带轮基准直径

由教材图13-15，$d_1=112\sim140\text{mm}$。查教材表13-10的基准直径系列，取 $d_1=125\text{mm}$，V带传动的滑动率 $\varepsilon=0.01\sim0.02$，取 $\varepsilon=0.02$。可得大带轮基准直径

$$d_2=\frac{n_1}{n_2}d_1(1-\varepsilon)=\frac{1450}{610}\times125\times(1-0.02)=291\text{mm}$$

查教材表13-10，取大带轮基准直径 $d_2=300\text{mm}$。

(4)验算带速

$$v=\frac{\pi d_1n_1}{60\times1000}=\frac{\pi\times125\times1450}{60\times1000}=9.49\text{m/s}$$

在5m/s~30m/s之间，合适。

(5)求V带基准长度和中心距

初选中心距：$a_0=1.5(d_1+d_2)=1.5\times(125+300)=637.5\text{mm}$。

取 $a_0=650\text{mm}$，符合 $0.7(d_1+d_2)<a_0<2(d_1+d_2)$。则带长

$$L_0=2a_0+\frac{\pi(d_1+d_2)}{2}+\frac{(d_2-d_1)^2}{4a_0}$$

$$=2\times650+\frac{3.14}{2}\times(125+300)+\frac{(300-125)^2}{4\times650}=1979.03\text{mm}$$

查教材表13-2，A型带选用基准长度 $L_d=2050\text{mm}$。

实际中心距：$a\approx a_0+\dfrac{(L_\text{d}-L_0)}{2}=650+\dfrac{2050-1979.03}{2}=685\text{mm}$。

(6)验算小带轮包角

$$\alpha_1=180^\circ-\frac{d_2-d_1}{a}\times57.3^\circ=180^\circ-\frac{300-125}{685}\times57.3^\circ=165^\circ>120^\circ$$

合适。

(7)求V带根数

根据小带轮转速和直径查教材表13-4，取 $P_0=1.92\text{kW}$。

又根据传动比：$i=\dfrac{d_2}{d_1(1-\varepsilon)}=\dfrac{300}{125\times(1-0.02)}=2.45$。查教材表13-6，取 $\Delta P_0=0.17\text{kW}$，由小带轮包角查教材表13-8，取 $K_\alpha=0.964$，查教材表13-2，取 $K_L=1.04$，故有

$$z=\frac{P_c}{(P_0+\Delta P_0)K_\alpha K_L}=\frac{8.25}{(1.92+0.17)\times0.964\times1.04}=3.94$$

则 $z=4$。

(8)求作用在带轮轴上的压力

查教材表13-1，取 $q=0.105\text{kg/m}$，可得单根V带的初拉力

$$F_0=\frac{500P_c}{zv}\left(\frac{2.5}{K_\alpha}-1\right)+qv^2=\frac{500\times8.25}{4\times9.49}\times\left(\frac{2.5}{0.964}-1\right)+0.105\times9.49^2$$

$$=182.6\text{N}$$

作用在轴上的压力

$$F_Q = 2zF_0 \sin\frac{\alpha_1}{2} = 2\times 4\times 182.6\times \sin\frac{165°}{2} = 1448.3\text{N}$$

13-6　在教材例 13-2 中，若选用 *A* 型普通 V 带，试确定带的长度和根数。

解： 选用 *A* 型带

(1)由教材图 13-15，小带轮基准直径 $d_1 = 112 \sim 140\text{mm}$，现取 $d_1 = 140\text{mm}$，则

$$d_2 = \frac{n_1}{n_2}d_1(1-\varepsilon) = \frac{1460}{640}\times 140\times(1-0.02) = 313\text{mm}$$

查教材表 13-10，取大带轮基准直径 $d_2 = 315\text{mm}$。

(2)验算带速

$$v = \frac{\pi d_1 n_1}{60\times 1000} = \frac{\pi\times 140\times 1460}{60\times 1000} = 10.70\text{m/s}$$

带速在 5m/s ~ 30m/s 之间，合适。

(3)求带基准长度和中心距

初选中心距：$a_0 = 1.5(d_1+d_2) = 1.5\times(140+315) = 682.5\text{mm}$

取 $a_0 = 680\text{mm}$，符合 $0.7(d_1+d_2) < a_0 < 2(d_1+d_2)$。则带长

$$\begin{aligned} L_0 &= 2a_0 + \frac{\pi(d_1+d_2)}{2} + \frac{(d_2-d_1)^2}{4a_0} \\ &= 2\times 680 + \frac{\pi(140+315)}{2} + \frac{(315-140)^2}{4\times 680} \\ &= 2086\text{mm} \end{aligned}$$

查教材表 13-2，对 *A* 型带选用基准长度 $L_d = 2050\text{mm}$。

实际中心距：$a \approx a_0 + \frac{L_d - L_0}{2} = 680 + \frac{2050-2086}{2} = 662\text{mm}$。

(4)验算小带轮包角

$$\alpha_1 = 180° - \frac{d_2-d_1}{a}\times 57.3° = 180° - \frac{315-140}{662}\times 57.3° = 165° > 120°$$

合适。

(5)求 V 带根数

根据小带轮转速和直径查教材表 13-4 得：$P_0 = 2.28\text{kW}$。

传动比：$i = \frac{d_2}{d_1(1-\varepsilon)} = \frac{315}{140\times(1-0.02)} = 2.3$。

查教材表 13-6，取 $\Delta P_0 = 0.17\text{kW}$，由小带轮包角查表 13-8，取 $K_\alpha = 0.965$，查教材表 13-2，取 $K_L = 1.04$，故有

$$z = \frac{P_c}{(P_0+\Delta P_0)K_\alpha K_L} = \frac{10.8}{(2.28+0.17)\times 0.965\times 1.04} = 4.39$$

则 $z = 5$。

(6)求作用在带轮轴上的压力

查教材表 13-1，取 $q = 0.105\text{kg/m}$，可得单根 V 带的初拉力

$$F_0=\frac{500P_c}{zv}\left(\frac{2.5}{K_\alpha}-1\right)+qv^2$$
$$=\frac{500\times10.8}{5\times10.7}\times\left(\frac{2.5}{0.965}-1\right)+0.105\times10.7^2=172.58\text{N}$$

作用在轴上的压力

$$F_Q=2zF_0\sin\frac{\alpha_1}{2}=2\times5\times172.58\times\sin\frac{165°}{2}=1711\text{N}$$

13-7 在教材例 13-2 中，已知大带轮轴的直径 d_s = 50mm，试确定大带轮的材料、各部尺寸并绘制工作图。

解：根据教材例 13-2 的结果可知选用大带轮的基准直径 d_2 = 315mm，因此可选用腹板式带轮。

其圆周速度 v = 10.7m/s，因此带轮的材料可选用铸铁制造。其工作图如图 13-2-2 所示。

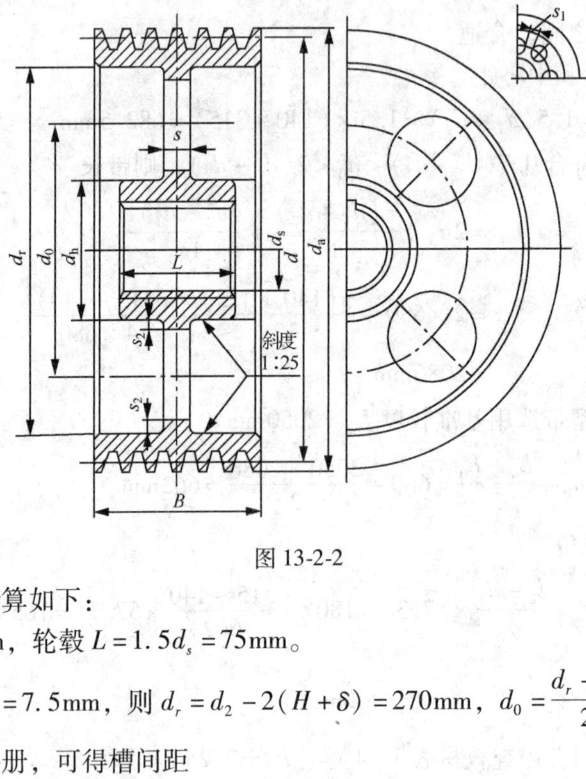

图 13-2-2

其中各部尺寸计算如下：

$d_h=2d_s=100$mm，轮毂 $L=1.5d_s=75$mm。

取 $H=15$mm，$\delta=7.5$mm，则 $d_r=d_2-2(H+\delta)=270$mm，$d_0=\frac{d_r+d_h}{2}=185$mm。

查阅机械设计手册，可得槽间距

$e=(19\pm0.4)$mm = 18.6mm ~ 19.4mm，取下极限 e = 18.6mm。

第一槽对称面至端面的距离

$$f=12.5_{-1}^{+2}=13\text{mm}$$

带轮宽

$$B=(z-1)e+2f=(4-1)\times18.6+2\times13=81.8\text{mm}$$

则腹板厚度

$$s=(0.2\sim0.3)B=0.25\times81.8=20.45\text{mm}$$
$$s_1\geqslant1.5s=1.5\times20.45=30.675\text{mm}$$
$$s_2\geqslant0.5s=0.5\times20.45=10.225\text{mm}$$

13-8　题 13-5 选用窄 V 带，求带的根数。

解：由题 13-5 可知，计算功率 $P_c = K_A P = 1.1 \times 7.5 = 8.25\text{kW}$。

根据教材图 13-16 选取带型号为 SPZ，根据小带轮转速和直径查教材表 13-5，取 $P_0 = 3.28\text{kW}$。

查教材表 13-7，取 $\Delta P_0 = 0.23\text{kW}$，由小带轮包角查教材表 13-8，取 $K_\alpha = 0.962$，查教材表 13-2，取 $K_L = 1.01$，故有

$$z = \frac{P_c}{(P_0 + \Delta P_0) K_\alpha K_L} = \frac{8.25}{(3.28 + 0.23) \times 1.01 \times 0.962} = 2.4$$

取 $z = 3$。

13-9　一链传动，链轮齿数 $z_1 = 21$、$z_2 = 53$、链条型号为 10A、链长 $L_p = 100$ 节。采用“三圆弧一直线”齿形，试求两链轮的分度圆、齿顶圆和齿根圆直径以及传动的中心距。

解：查教材表 13-12 可知，$10A$ 型滚子链的节距 $p = 15.875\text{mm}$，滚子外径 $d_1' = 10.16\text{mm}$，则两链轮的几何尺寸：

(1) 分度圆直径

$$d_1 = \frac{p}{\sin\dfrac{180°}{z_1}} = \frac{15.875}{\sin\dfrac{180°}{21}} = 106.5\text{mm}$$

$$d_2 = \frac{p}{\sin\dfrac{180°}{z_2}} = \frac{15.875}{\sin\dfrac{180°}{53}} = 268\text{mm}$$

(2) 齿顶圆直径

$$d_{a1} = p\left(0.54 + \cos\frac{180°}{z_1}\right) = 15.875 \times \left(0.54 + \cot\frac{180°}{21}\right) = 114\text{mm}$$

$$d_{a2} = p\left(0.54 + \cos\frac{180°}{z_2}\right) = 15.875 \times \left(0.54 + \cot\frac{180°}{53}\right) = 276\text{mm}$$

(3) 齿根圆直径

$$d_{f1} = d_1 - d_1' = 106.5 - 10.16 = 96.34\text{mm}$$

$$d_{f2} = d_2 - d_2' = 268 - 10.16 = 257.84\text{mm}$$

(4) 中心距

若可调，则 $a \approx 40p = 40 \times 15.875 = 635\text{mm}$；

若不可调，则 $a = \dfrac{p}{4}\left[\left(L_p - \dfrac{z_1 + z_2}{2}\right) + \sqrt{\left(L_p - \dfrac{z_1 + z_2}{2}\right)^2 - 8\left(\dfrac{z_2 - z_1}{2\pi}\right)^2}\right]$

$$= \frac{15.875}{4}\left[\left(100 - \frac{21 + 53}{2}\right) + \sqrt{\left(100 - \frac{21 + 53}{2}\right)^2 - 8\left(\frac{53 - 21}{2\pi}\right)^2}\right] = 493\text{mm}。$$

取 $a = 490\text{mm}$，可使链的初垂度较小，保持链传动的张紧。

13-10　题 13-9 中，小链轮为主动轮，$n_1 = 600\text{r/min}$，载荷平稳，试求：(1) 此链传动能传递的最大功率；(2) 工作中可能出现的失效形式；(3) 应采用何种润滑方式。

解：(1) 链传动所能传递的最大许用功率 $P_{\max} = \dfrac{K_A K_z}{K_m} P_0$。

查教材图 13-33 可知，10A 滚子链的额定功率 $P_0 = 6.8\text{kW}$。

因 $z_1=21$，故查教材图 13-34，取 $K_z=1.25$，又 $K_m=1$，$K_A=1.0$。

则能传递的最大功率：$P_{\max}=\frac{P_0K_zK_A}{K_m}=\frac{6.8\times1.25\times1.0}{1.0}=8.5\text{kW}$。

(2)工作中可能出现的失效形式是链板疲劳破坏。

(3)该链传动的链速：$v=\frac{z_1pn_1}{60\times1000}=\frac{21\times15.875\times600}{60\times1000}=3.3\text{m/s}$。

查教材图 13-35 可知，应采用油浴或飞溅润滑。

13-11　设计一往复式压气机上的滚子链传动。已知电动机转速 $n_1=960\text{r/min}$，$P=3\text{kW}$，压气机转速 $n_2=330\text{r/min}$，试确定大、小链轮齿数，链条节距，中心距和链节数。

解：(1)链轮齿数

$i=\frac{n_1}{n_2}=\frac{960}{330}=2.9$，查教材表 13-13，取 $z_1=26$，故有

$$z_2=iz_1=2.9\times26=75.4$$

取 $z_2=76$。

实际传动比

$$i=\frac{76}{26}=2.92$$

与初始传动比的误差小于 ±5%，故允许。

(2)链条节数

初选中心距 $a_0=40p$，故有

$$L_p=2\frac{a_0}{p}+\frac{z_1+z_2}{2}+\frac{p}{a_0}\left(\frac{z_2-z_1}{2\pi}\right)^2=2\times\frac{40p}{p}+\frac{26+76}{2}+\frac{p}{40p}\times\left(\frac{76-26}{2\pi}\right)^2\approx132.58$$

取 $L_p=132$。

(3)计算功率

根据教材表 13-14，取 $K_A=1.0$；由教材图 13-34，查得 $K_z=0.98$；选用单排链，由教材表 13-15 查得 $K_m=1.0$，则

$$P_c=\frac{K_Ak_z}{K_m}P=\frac{1.0\times0.98}{1.0}\times3=2.94\text{kW}$$

(4)确定链条型号

由 $P_c=2.94\text{kW}$、$n_1=960\text{r/min}$，查教材图 13-33，取 08A 链条可满足要求。查教材表 13-12 知 08A 链条的节距 $p=12.7\text{mm}$。

(5)实际中心距设计为可调：$a=a_0=40p=40\times12.7=508\text{mm}$。

(6)验算链速

$$v=\frac{z_1pn_1}{60\times1000}=\frac{21\times12.7\times960}{60\times1000}=4.27\text{m/s}$$

符合原来假定。

13-12　一滚子链传动，已知主动链轮齿数 $z_1=17$、采用 10A 滚子链、中心距 $a=500\text{mm}$、水平布置、传递功率 $P=1.5\text{kW}$、主动链轮转速 $n_1=130\text{r/min}$。设工作情况系数 $K_A=1.1$，静力强度安全系数 $S=7$，试验算此链传动。

解：查教材表 13-12 可知，10A 型滚子链的节距 $p=15.875\text{mm}$，故链条的速度

$$v=\frac{z_1pn_1}{60\times1000}=\frac{17\times15.875\times130}{60\times1000}=0.585\text{m/s}<0.6\text{m/s}$$

其主要失效形式为过载拉断，验算其静力强度的安全系数：$\frac{Q}{K_AF_1}>S$。

(1)离心拉力

由教材表13-12查得10A滚子链条单位长度质量$q=1.0\text{kg/m}$，故离心拉力为

$$F_c=qv^2=1.0\times0.585^2=0.34\text{N}$$

因为链速很低，离心拉力值很小，可略去不计。

(2)悬垂拉力

水平布置时垂度系数$K_y=6$，故悬垂拉力为

$$F_y=K_yqga=6\times1.0\times9.8\times\frac{500}{1000}=29.4\text{N}$$

(3)圆周力

$$F=\frac{1000P}{v}=\frac{1000\times1.5}{0.585}=2564.1\text{N}$$

故紧边拉力为

$$F_1=F+F_y+F_c=\frac{1000P}{v}+K_yqga+qv^2=2593.84\text{N}$$

又查教材表13-12可得极限载荷$Q=21800\text{N}$，$K_A=1.1$，则

$$\frac{Q}{K_AF_1}=\frac{21800}{1.1\times2593.84}=7.64>S=7$$

故该链传动满足要求。

13.3 名校考研真题详解

一、选择题

1. 链传动通常布置在传动系统中的(　　)。[湘潭大学2016研]

A. 低速级　　B. 中间级　　C. 高速级　　D. 任意一级

【答案】A

【解析】由于链传动的多边形效应，其瞬时链速和瞬时传动比不是常数，传动平稳性差，故常布置在传动系统中的低速级。

2. 在带传动设计中，限制小带轮的最小直径是为了避免(　　)。[浙江大学2010研]

A. 带轮强度不够　　B. 传动结构太大

C. 带轮的弯曲应力过大

【答案】C

【解析】带轮越小，带的弯曲应力越大，因此小带轮的直径不能太小。

3. 在一定转速下，要减轻链传动的速度不均匀性和动载荷，应(　　)。[浙江大学2010研]

A. 增大链条的节距和链轮齿数　　B. 增大链条的节距，减少链轮齿数

C. 减少链条的节距和链轮齿数　　D. 减少链条的节距，增大链轮齿数

【答案】D

【解析】链的转速越高，节距越大，齿数越少，则惯性力就越大，相应的动载荷也就越大。设计时应尽可能选用小节距的链；为改善链传动的运动不均匀性，可选用较小的链节距，增加链轮齿数和限制链轮转速。

二、填空题

1. 带传动中，用______方法可以使小带轮的包角 α 加大。带传动不能保证精确的传动比，其原因是______。[厦门大学 2012 研]

【答案】增大小带轮直径；带传动中带的弹性滑动是不可避免的

【解析】带的弹性滑动是由于紧松边的拉力差导致的。对于带传动，弹性滑动是不可避免的，故对于要求精确传动比的场合，是不可以采用带传动的(同步带除外)。

2. 链传动设计时，链条长度的链节数最好取为______，其目的是避免使用______。[湘潭大学 2016 研]

【答案】偶数；过渡链节

【解析】过渡链节在工作时会产生附加弯曲应力，对于链条的强度有较大影响。

3. 若带所需传递的圆周力超过带与带轮间的______时，带与带轮将发生显著的相对滑动，这种现象称为______。[湘潭大学 2016 研]

【答案】极限摩擦力；打滑

【解析】本题考查带打滑的原因。打滑是失效方式之一，应极力避免，但是，当带传动所传递的功率突然增大而超过设计功率时，打滑可以起到过载保护的作用。

4. 带传动工作时产生弹性滑动的主要原因是______和______。[华中科技大学 2012 研]

【答案】带的紧边和松边存在拉力差；带为弹性体

【解析】本题考查带产生弹性滑动的原因，需要和打滑做一个区分。弹性滑动是不可避免的，而打滑可以避免。

5. 带传动时，带中的应力有______、______和______，且最大应力发生在______处。[华中科技大学 2012 研]

【答案】拉应力；离心拉应力；弯曲应力；紧边绕上小带轮处

【解析】本题考查带的应力分析，只需记住即可。

6. 设计时，为改善滚子链传动的运动不均匀性，可______节距 p 或______齿数 z。[华中科技大学 2012 研]

【答案】减小；增大

【解析】本题考查链传动的运动不均匀性，即多边形效应。多边形效应受轮齿的节距影响，链速和传动比的变化使链传动中产生加速度，从而产生附加动载荷，引起冲击振动。

三、判断题

1. 中心距已定的带传动，传动比增大，则小轮包角减小。(　　)[浙江大学 2012 研]

【答案】对

【解析】传动比 $i=\frac{n_1}{n_2}=\frac{\omega_1}{\omega_2}=\frac{\frac{v}{r_1}}{\frac{v}{r_2}}=\frac{d_2}{d_1}$，传动比变大，而中心距不变，则小轮直径 d_1 变小，大轮直径 d_2 变大。小轮的包角为 $\alpha_1=180°-\frac{d_2-d_1}{a}\cdot\frac{180°}{\pi}$，$d_1$ 变小，d_2 变大，α_1 减小。

2. 窄 V 带与普通 V 带相比，其传动承载能力较高。(　　)[浙江大学 2012 研]

【答案】对

【解析】窄 V 带受力合理，线绳没有凹陷状况，受力均匀从而使得窄 V 带的承载能力提高。与普通 V 带相比，窄 V 带具有传动功率大、强度高、伸长小、效率高和寿命长等优点，并能适应大速比和短中心距的传动要求，还具有耐油和抗静电等优良特性。

3. 链条的节数宜采用偶数。(　　)[浙江大学 2012 研]

【答案】对

【解析】链的节数最好采用偶数，以免链条联成环形时使用过渡链节，因为过渡链节的链板在受拉时将受到附加弯曲应力，其强度明显低于正常链板。

4. 带传动由于工作中存在打滑，造成转速比不能保持准确。(　　)[浙江大学 2013 研]

【答案】错

【解析】在带传动中不能保持准确的传动比是由于存在弹性滑动，这是不可避免的，而打滑会致使传动失效，是带传动中必须避免的。

5. 水平放置的链传动其紧边应设置在上边。(　　)[浙江大学 2013 研]

【答案】对

【解析】链传动的布置一般应遵守下列原则：两链轮轴线应平行，两链轮应位于同一平面内，尽量采用水平或接近水平的布置，原则上应使紧边在上，否则松边下垂量增大后，链条易与链轮卡死。

6. 链传动为啮合传动，和齿轮传动一样，理论上瞬时角速度之比为常数。(　　)[浙江大学 2013 研]

【答案】错

【解析】平均角速度之比为常数，但由于多边形效应，瞬时角速度之比不为常数。瞬时角速度之比为 $i=\frac{\omega_1}{\omega_2}=\frac{R_2\cos\gamma}{R_1\cos\beta}$其中角 β 和角 γ 随时间变化而变化，故瞬时传动比不为常数。

四、简答题

1. 带传动中，什么是弹性滑动和打滑现象？各会产生什么后果？[常州大学 2015 研]

答：(1)弹性滑动的概念

带的弹性滑动是指在带传送中，由于带的松边和紧边产生的拉力差以及带的弹性变形而引起的带与带轮间的微量滑动。

(2)打滑的概念

打滑是指由于过载引起带与轮缘表面产生的显著相对滑动。

（3）弹性滑动产生的后果：带传动的弹性滑动会导致在小带轮上，带的速度低于小带轮的线速度 v_1；在大带轮上，带的速度高于大带轮的线速度 v_2。

（4）打滑现象产生的后果：带传动的打滑会加剧带的磨损，降低从动带轮的转速，甚至使传动失效。

2. 设计滚子链传动时，为什么中心距不宜取得过大或过小？［湘潭大学 2016 研］

答：链传动设计时，中心距过小，链速不变时，单位时间内链条绕转次数增多，链条屈伸次数和循环次数增多，因而加剧了链的磨损和疲劳。同时小链轮包角变小，包角范围内，每个轮齿所受载荷增大，且易出现跳齿和脱链现象；中心距过大时会引起松边垂度过大，传动时造成松边颤动。

3. 带传动弹性滑动是如何产生的，它和打滑有什么区别？能否通过正确设计来消除弹性滑动？打滑首先发生在哪个带轮上？为什么？［上海交通大学 2007 研］

答：（1）①带传动的弹性滑动的产生

带传动在工作时，传动带受到拉力后要产生弹性变形，但由于紧边和松边拉力不同，所以两边的弹性变形不同，从而导致带与带轮之间产生相对滑动，称为带传动的弹性滑动。

②弹性滑动和打滑的区别

打滑是由于工作载荷过大，带传动需要传递的有效圆周力超过了临界值，而引起的在整个带与带轮的接触面上发生的显著滑动。

（2）弹性滑动是带传动正常工作时的固有特性，故不能通过正确设计来消除。

（3）打滑首先发生在小带轮上，因为小带轮的包角总是小于大带轮的包角，故小带轮上的临界摩擦力小于大带轮上的临界摩擦力。

4. 影响链传动动载荷的主要参数是什么？设计时应如何选择该参数？［山东大学 2019 年研］

答：影响链传动动载荷的主要参数是链轮齿数、链节距和链轮转速。设计中采用较多的小链轮齿数、较小的链节距，并限制链轮转速不要过高，对降低动载荷都是有利的。

第14章　轴

14.1　复习笔记

【通关提要】

本章主要介绍了轴的分类、结构设计以及强度刚度校核计算。其中，轴的结构设计部分，几乎每年必出一道轴的结构改错题，学习时需重点掌握。另外，轴的弯扭合成计算，由于计算量大，不宜以计算题的形式出现，多以考查折合系数的含义为主，多以填空题和简答题的形式出现。关于提高轴的强度和刚度多以简答题为主。复习时，以理解记忆为主。

【重点难点归纳】

一、轴的功用和类型

轴的功能：①传递运动和转矩；②支撑回转零件。

1. 按承受载荷的不同分类

(1)转轴：承受转矩和弯矩的轴。

(2)传动轴：主要承受转矩的轴。

(3)心轴：只承受弯矩的轴。

2. 按轴线的形状不同分类

按轴线的形状可分为直轴、曲轴、挠性钢丝轴。

二、轴的材料

轴的材料常采用碳钢和合金钢。

三、轴的结构设计(见表14-1-1)

表14-1-1　轴的结构设计

要点	主要内容
轴上零件定位	利用轴上的轴肩定位，也可加定位套进行轴上定位
轴上零件固定	①轴向固定：轴肩、套筒、螺母或轴端挡圈等。 ②周向固定：键、花键或过盈配合等连接形式
轴的各段直径和长度的确定	①根据扭矩计算轴的最小直径。 ②有配合要求的轴段，选用标准直径和公差，并制出相应的锥度及圆角。 ③轴段的长度要保证零件的装配和调整空间
改善受力状况	①合理布置轴上的零件，改善轴的受力状况。 ②合理设计结构，减小应力集中

四、轴的强度计算(见表14-1-2)

表14-1-2　轴的强度计算

要点		主要内容
按扭转强度计算	校核式	$\tau = T/W_T = 9.55\times10^6 P/(0.2d^3 n)\leqslant[\tau]$ τ为扭转切应力；T为轴所受的扭矩；W_T为轴的抗扭截面系数，$W_T=\pi d^3/16=0.2d^3$；n为轴的转速；P为轴传递的功率；d为计算截面处轴的直径；$[\tau_T]$为许用扭转切应力

续表

要点		主要内容
按扭转强度计算	设计式	$d \geqslant \sqrt[3]{\frac{9.55\times10^6}{0.2[\tau]}}\sqrt[3]{\frac{P}{n}} \geqslant C\sqrt[3]{\frac{P}{n}}$ C 为常数，可查教材表 14－2 确定，该设计式一般用于计算最小轴径
按弯扭合成强度计算	校核式	$\sigma_e = \frac{M_e}{W} = \frac{\sqrt{M^2+(\alpha T)^2}}{W} = \frac{\sqrt{M^2+(\alpha T)^2}}{0.1d^3} \leqslant [\sigma_{-1b}]$ M_e为当量弯矩；W 为轴的抗弯截面系数，$W=\pi d^3/32=0.1d^3$。 α 为折合系数，根据不同的转矩情况，取 0.3、0.6 和 1
	计算轴径的一般步骤	①求解支承反力；②依次作弯矩图、扭矩图和弯扭合成图；③计算危险截面的轴径

五、轴的刚度的计算

1. 弯曲变形计算

(1)按挠度曲线的近似微分方程式积分求解。

(2)变形能法。

2. 扭转变形的计算

(1)等直径轴的扭角

$$\varphi = Tl/(GI_P) = 32Tl/(G\pi d^4)$$

式中，T 为转矩；l 为轴受转矩作用的长度；G 为材料的切变模量；d 为轴径；I_p为轴截面的极惯性矩。

(2)阶梯轴的扭角

$$\frac{1}{G}\sum_{i1}^{n}\frac{T_i l_i}{I_{pi}}$$

式中，T_i、l_i、I_{pi}分别代表阶梯轴第 i 段上所传递的转矩及该段的长度和极惯性矩。

六、轴的临界转速的概念

若轴所受的外力频率与轴的自振频率一致，产生共振，此时轴的转速称为临界转速。

14.2 课后习题详解

14-1 在图 14-2-1 中Ⅰ、Ⅱ、Ⅲ、Ⅳ轴是心轴、转轴还是传动轴？心轴是固定的还是转动的？

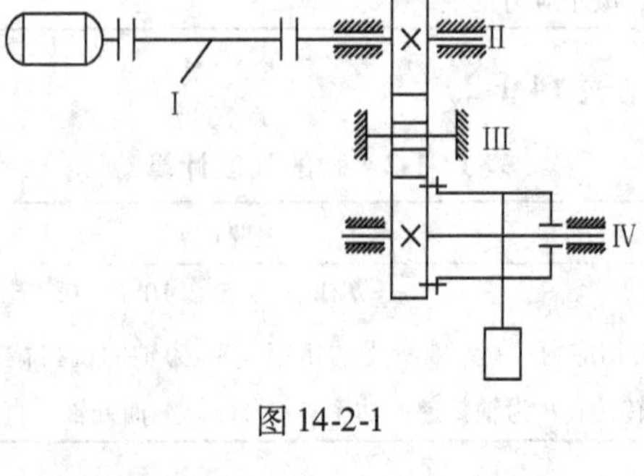

图 14-2-1

解：Ⅰ轴只传递转矩而不承受弯矩，所以为传动轴；

Ⅱ、Ⅳ轴既传递转矩又承受弯矩，所以为转轴；

Ⅲ轴只承受弯矩，所以为心轴。

14-2　已知一传动轴传递的功率为37kW，转速 $n=900\mathrm{r/min}$，轴上有一个键槽，如果轴上的扭切应力不许超过40MPa，试求该轴的直径。

解：按扭转强度估算轴颈，可得

$$d \geqslant \sqrt[3]{\frac{9.55\times10^6}{0.2[\tau]}}\sqrt[3]{\frac{p}{n}}=\sqrt[3]{\frac{9.55\times10^6}{0.2\times40}}\sqrt[3]{\frac{37}{900}}=36.6\mathrm{mm}$$

取 $d=37\mathrm{mm}$。

14-3　已知一传动轴直径 $d=32\mathrm{mm}$，转速 $n=1725\mathrm{r/min}$，如果轴上的扭切应力不许超过50MPa，问该轴能传递多大的功率？

解：轴扭转强度条件：$\tau=\dfrac{T}{W_T}=\dfrac{9.55\times10^6P}{0.2d^3n}\leqslant[\tau]=50\mathrm{MPa}$。

该轴能传递的功率：$P\leqslant\dfrac{[\tau]0.2d^3n}{9.55\times10^6}=\dfrac{50\times0.2\times32^3\times1725}{9.55\times10^6}=59.2\mathrm{kW}$。

14-4　图14-2-2所示的转轴，直径 $d=60\mathrm{mm}$，传递的转矩 $T=2300\mathrm{N\cdot m}$，$F=9000\mathrm{N}$，$a=300\mathrm{mm}$。若轴的许用弯曲应力 $[\sigma_{-1b}]=160\mathrm{MPa}$，求 x 的最大值。

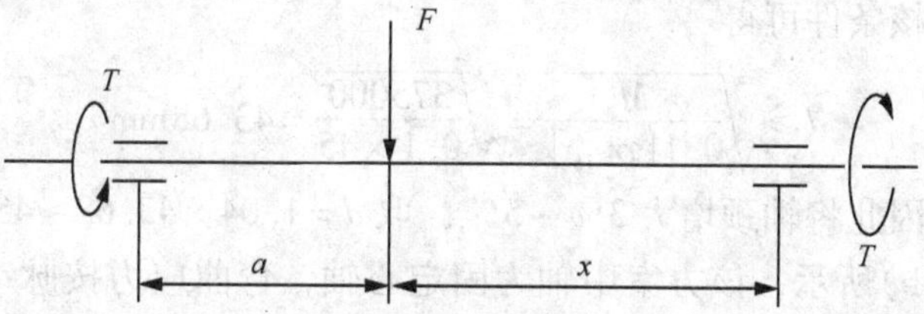

图 14-2-2

解：分析可知该轴的最危险截面位于 F 点作用截面处，且最大弯矩值为 $M=\dfrac{Fax}{a+x}$，对于频繁正反转的轴，可作为对称循环变应力，$\alpha=1$。认为该轴的扭转切应力为对称变应力循环，所以取折合系数 $\alpha=1$，则当量弯矩

$$M_e=\sqrt{M^2+(\alpha T)^2}=\sqrt{\left(\frac{9000\times0.3x}{0.3+x}\right)^2+2300^2}(\mathrm{N\cdot m})$$

$$=\sqrt{\left(\frac{2700x}{0.3+x}\right)^2+2300^2}(\mathrm{N\cdot mm})$$

根据弯扭强度条件可得：$\sigma_e=\dfrac{M_e}{W}=\dfrac{1}{0.1d^3}\sqrt{M^2+(\alpha T)^2}\leqslant[\sigma_{-1b}]$，即

$$\frac{1}{0.1\times0.06^3}\times\sqrt{\left(\frac{2700x}{0.3+x}\right)^2+2300^2}\leqslant160\times10^6\mathrm{Pa}$$

解得：$x\leqslant6.45\mathrm{m}$。

14-5　图14-2-3所示为起重机动滑轮轴的两种结构方案，轴的材料为Q275，起重量 $W=10\mathrm{kN}$，求轴的直径 d。

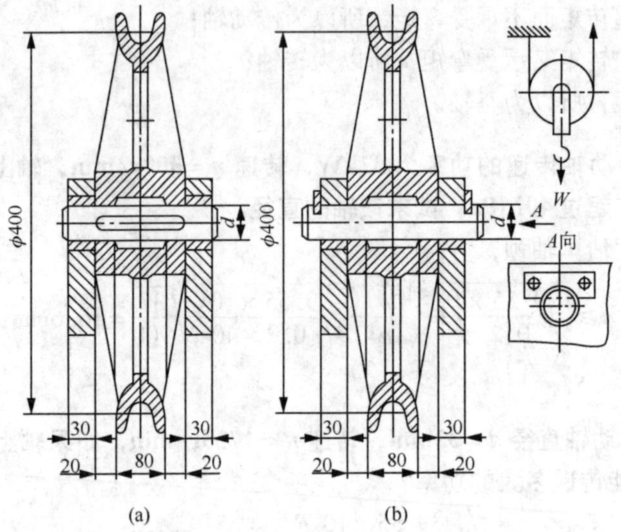

图 14-2-3

解： 最大弯矩发生在跨中截面处，值为 $M=\frac{W}{2}\times75=5000\times75=375000\text{N}\cdot\text{mm}$。

(1)如图 14-2-3(a)所示，该方案中轴为转动心轴，弯曲应力为对称循环变应力，查教材表 14-3，取许用应力 $[\sigma_{-1b}]=45\text{MPa}$。

根据弯曲强度校核条件可得

$$d\geqslant\sqrt[3]{\frac{M}{0.1[\sigma_{-1b}]}}=\sqrt[3]{\frac{375000}{0.1\times45}}=43.68\text{mm}$$

由于该轴上有键槽，因此将轴颈增大 3% ~5%，取 $d=1.04\times43.68\approx45\text{mm}$。

(2)如图 14-2-3(b)所示，该方案中轴为固定心轴，弯曲应力按脉动循环处理，查教材表 14-3，取许用应力 $[\sigma_{0b}]=75\text{MPa}$。

根据弯曲强度校核条件可得

$$d\geqslant\sqrt[3]{\frac{M}{0.1[\sigma_{0b}]}}=\sqrt[3]{\frac{375000}{0.1\times75}}=36.84\text{mm}$$

取 $d=37\text{mm}$。

14-6 已知一单级直齿圆柱齿轮减速器，用电动机直接驱动，电动机功率 $P=22\text{kW}$，转速 $n_1=1470\text{r/min}$，齿轮的模数 $m=4\text{mm}$，齿数 $z_1=18$，$z_2=82$，若支承间跨距 $l=180\text{mm}$(齿轮位于跨距中央)，轴的材料用 45 钢调质，试计算输出轴危险截面处的直径 d。

解： 根据轴的材料为 45 钢调质查表得其许用弯曲应力 $[\sigma_{-1b}]=60\text{MPa}$。

输入轴传递的扭矩：$T=9.55\times10^6\frac{P}{n}=9.55\times10^6\times\frac{22}{1470}=143000\text{N}\cdot\text{mm}$。

作出输出轴的受力简图，如图 14-2-4(a)所示，其中作用力

$$F_t=\frac{2T_1}{d_1}=\frac{2T_1}{mz_1}=\frac{2\times143000}{4\times18}=3972\text{N}$$

$$F_r=F_t\tan\alpha=3972\times\tan20°=1446\text{N}$$

分别作出在圆周力和径向力作用下的弯矩图，如图 14-2-4(b)(c)所示。

竖直面内 a 点的弯矩：$M_{aV}=\dfrac{l}{2}\cdot\dfrac{F_r}{2}=\dfrac{180}{2}\cdot\dfrac{1446}{2}=65070\text{N}\cdot\text{mm}$。

水平面内 a 点的弯矩：$M_{aH}=\dfrac{l}{2}\cdot\dfrac{F_t}{2}=\dfrac{180}{2}\cdot\dfrac{3972}{2}=178740\text{N}\cdot\text{mm}$。

合成弯矩如图 14-2-4(d)所示。

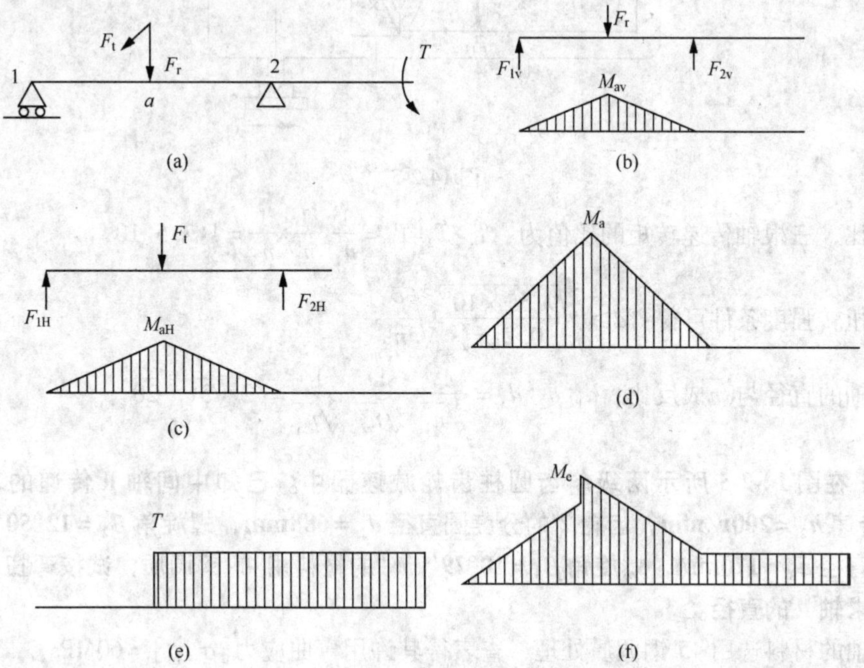

图 14-2-4

叠加得合成弯矩：$M_a=\sqrt{M_{aH}^2+M_{aV}^2}=\sqrt{178740^2+65070^2}=190216\text{N}\cdot\text{mm}$。

又输出轴上的扭矩：$T_2=\dfrac{T_1\times z_2}{z_1}=143000\times\dfrac{82}{18}=651444\text{N}\cdot\text{mm}$。

扭矩图如图 14-2-4(e)所示，并认为扭转切应力为脉动循环应力，取折合系数 $\alpha=0.6$，可得当量弯矩为

$$M_e=\sqrt{M_a^2+(\alpha T)^2}=\sqrt{190216^2+(0.6\times651444)^2}=434694\text{N}\cdot\text{mm}$$

弯扭合成图如图 14-2-4(f)所示。

根据弯扭合成强度条件可得

$$d\geqslant\sqrt[3]{\frac{M_e}{0.1[\sigma_{-1b}]}}=\sqrt[3]{\frac{434694}{0.1\times60}}=41.7\text{mm}$$

由于该轴上有键槽，因此将轴径增大 3% ~5%，取 $d=1.05\times41.7\approx44\text{mm}$。

14-7　图 14-2-5 所示两级圆柱齿轮减速器。已知高速级传动比 $i_{12}=2.5$，低速级传动比 $i_{34}=4$。若不计轮齿啮合及轴承摩擦的功率损失，试计算三根轴传递转矩之比，并按扭转强度估算三根轴的轴径之比。

解：根据题意可得：$\dfrac{n_1}{n_2}=i_{12}=2.5$，$\dfrac{n_2}{n_3}=i_{34}=4$。

不计功率损失，则各轴传递功率相等。由转矩计算公式 $T=9.55\times10^6\dfrac{P}{n}$可知，转矩和

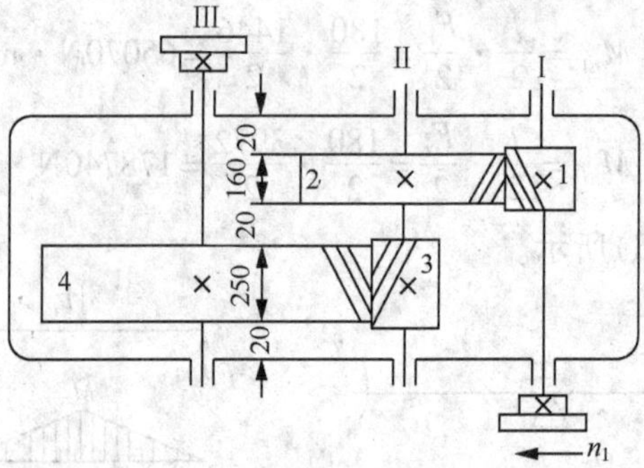

图 14-2-5

转速成反比，三根轴传递转矩的比值为：$T_1:T_2:T_3=\frac{1}{n_1}:\frac{1}{n_2}:\frac{1}{n_3}=1:2.5:10$。

根据扭转强度条件可得：$d\geqslant\sqrt[3]{\frac{9.55\times10^6}{0.2[\tau]}}\sqrt[3]{\frac{P}{n}}$。

相应轴的直径与$\sqrt[3]{n}$成反比：$d_1:d_2:d_3=\frac{1}{\sqrt[3]{n_1}}:\frac{1}{\sqrt[3]{n_2}}:\frac{1}{\sqrt[3]{n_3}}=\sqrt[3]{2}:\sqrt[3]{5}:\sqrt[3]{20}$。

14-8　在图 14-2-5 所示两级斜齿圆柱齿轮减速器中。已知中间轴Ⅱ传递的功率 $P=40$kW，转速 $n_2=200$r/min，齿轮 2 的分度圆直径 $d_2=688$mm，螺旋角 $\beta_2=12°50'$，齿轮 3 的分度圆直径 $d_3=170$mm，螺旋角 $\beta_3=10°29'$，轴的材料用 45 钢调质，试按弯扭合成强度计算方法求轴Ⅱ的直径。

解： 轴的材料选用 45 钢调质处理，查表得其许用弯曲应力$[\sigma_{-1b}]=60$MPa。

由图 14-2-5 可知，轴Ⅱ传递的扭矩

$$T=9.55\times10^6\frac{P}{n}=9.55\times10^6\times\frac{40}{200}=1.91\times10^6\text{N}\cdot\text{mm}$$

(1)做出轴Ⅱ的受力简图，如图 14-2-6(a)所示。

齿轮 1、2 啮合点处的作用力

$$F_{t2}=\frac{2T}{d_2}=\frac{2\times1.91\times10^6}{688}=5552\text{N}$$

$$F_{r2}=\frac{F_{t2}\tan\alpha_n}{\cos\beta_2}=\frac{5552\times\tan20°}{\cos12°50'}=2073\text{N}$$

$$F_{a2}=F_{t2}\tan\beta_2=5552\times\tan12°50'=1264\text{N}$$

齿轮 3、4 啮合点处的作用力

$$F_{t3}=\frac{2T}{d_3}=\frac{2\times1.91\times10^6}{170}=22471\text{N}$$

$$F_{r3}=\frac{F_{t3}\tan\alpha_n}{\cos\beta_3}=\frac{22471\times\tan20°}{\cos10°29'}=8318\text{N}$$

$$F_{a3}=F_{t3}\tan\beta_3=22471\times\tan10°29'=4157\text{N}$$

(2)求垂直面的支反力

由图 14-2-5 可知

$$L_1 = 20 + \frac{160}{2} = 100\text{mm}$$

$$L_2 = \frac{160}{2} + 20 + \frac{250}{2} = 225\text{mm}$$

$$L_3 = \frac{250}{2} + 20 = 145\text{mm}$$

在径向力作用平面内

$$F_{1V} = \frac{F_{r2} \cdot (L_2 + L_3) - F_{a2} \cdot \frac{d_2}{2} - F_{a3} \cdot \frac{d_3}{2} - F_{r3} \cdot L_3}{L_1 + L_2 + L_3}$$

$$= \frac{2073 \times (225 + 145) - 1264 \times \frac{688}{2} - 4157 \times \frac{170}{2} - 8318 \times 145}{100 + 225 + 145}$$

$$= -2611\text{N}$$

$$F_{2V} = F_{r2} - F_{r3} - F_{1V} = 2073 - 8318 + 2611 = -3634\text{N}$$

在圆周力作用平面内

$$F_{1H} = -\frac{F_{t2} \cdot (L_2 + L_3) + F_{t3} \cdot L_3}{L_1 + L_2 + L_3} = -\frac{5552 \times (225 + 145) + 22471 \times 145}{100 + 225 + 145} = -11303\text{N}$$

$$F_{2H} = -F_{t2} - F_{t3} - F_{1H} = -5552 - 22471 + 11303 = -16720\text{N}$$

(3)计算弯矩并绘制弯矩图

①径向力作用平面内

$$M_{B左V} = F_{1V}L_1 = -2611 \times 100 = -261100\text{N} \cdot \text{mm}$$

$$M_{B右V} = M_{B左V} + F_{a2}\frac{d_2}{2} = -261100 + 1264 \times \frac{688}{2} = 173716\text{N} \cdot \text{mm}$$

$$M_{C左V} = F_{1V}(L_1 + L_2) - F_{r2}L_2 + F_{a2}\frac{d_2}{2}$$

$$= -2611 \times (100 + 225) - 2073 \times 225 + 1264 \times \frac{688}{2} = -880184\text{N} \cdot \text{mm}$$

$$M_{C右V} = M_{C左} + F_{a3}\frac{d_3}{2} = -880184 + 4157 \times \frac{170}{2} = -526839\text{N} \cdot \text{mm}$$

绘制径向力作用平面内弯矩图如图 14-2-6(b)所示。

②圆周力作用平面内

$$M_{BH} = F_{1H}L_1 = -11303 \times 100 = -1130300\text{N} \cdot \text{mm}$$

$$M_{CH} = F_{1H}(L_1 + L_2) + F_{t2}L_2 = -11303 \times (100 + 225) + 5552 \times 225 = -2424275\text{N} \cdot \text{mm}$$

绘制圆周力作用平面内弯矩图如图 14-2-6(c)所示。

③合成弯矩

由径向力作用平面内弯矩图和圆周力作用平面内弯矩图可知，C 点左侧(即齿轮 3 左侧面)弯矩最大，为

$$M_a = \sqrt{M_{C左V}^2 + M_{CH}^2} = \sqrt{(-880184)^2 + (-2424275)^2} = 2579114.8\text{N} \cdot \text{mm}$$

(4)绘制扭矩图，如图 14-2-6(d)所示，$T = 1910000\text{N} \cdot \text{mm}$。

(5)轴的扭转切应力为脉动循环应力，取折合系数 $\alpha = 0.6$，则当量弯矩值为

$$M_e = \sqrt{M_a^2 + (\alpha T)^2} = \sqrt{2579114.8^2 + (0.6 \times 1910000)^2} = 2822259.6\text{N} \cdot \text{mm}$$

(6)根据弯扭合成强度条件可得

$$d \geqslant \sqrt[3]{\frac{M_e}{0.1[\sigma_{-1b}]}} = \sqrt[3]{\frac{2822259.6}{0.1 \times 60}} = 77.77\text{mm}$$

由于该轴上有键槽，因此将轴径增大 3% ~ 5%，取 $d = 1.04 \times 77.77 = 80.8808$mm，取 $d = 82$mm。

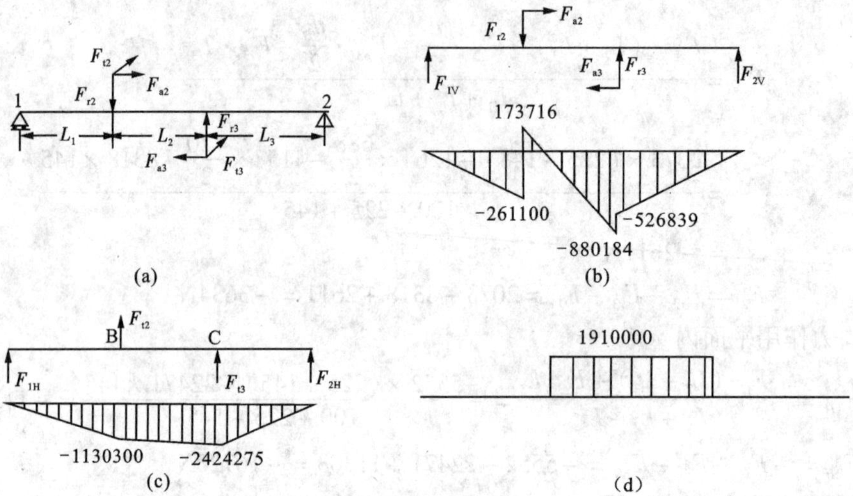

图 14-2-6

14-9 仅从轴的结构设计考虑(不考虑轴承的润滑及轴的圆角过渡等问题)，指出图 14-2-7中存在的错误并加以改正。

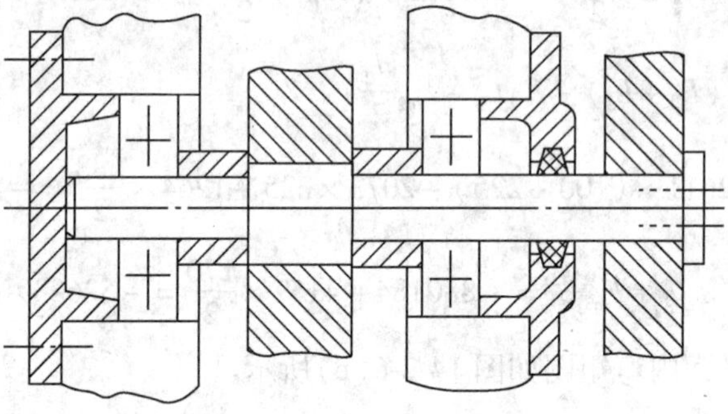

图 14-2-7

解: (1)轴端伸出过长，轴与轴承端盖不应接触；

(2)箱体与轴承端盖之间应有调整垫片；

(3)传动件缺少周向固定，应加键连接；

(4)传动件一侧应由轴肩固定；

(5)与轮毂配合段轴颈长度应比毂长小 1mm 至 2mm；

(6)轴承安装距离过长，应将轴制成阶梯轴；

(7)轴端挡圈固定时轴端应缩进轮毂 1mm 至 2mm。

正确的结构设计如图 14-2-8 所示。

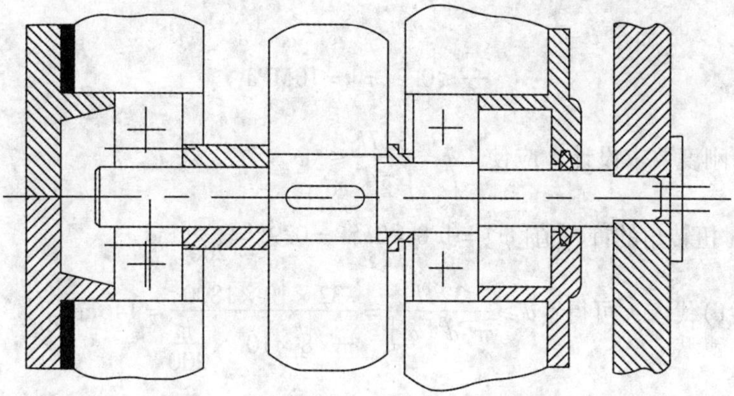

图 14-2-8

14-10　图 14-2-9 所示为单级齿轮减速器输出轴装配图，试按轴的结构设计要求，补填各轴段直径尺寸并指出设计中存在的错误。（提示：当滚动轴承的内径 $d \geqslant 20$mm 时，国家标准规定 d 值每挡增加 5mm。）

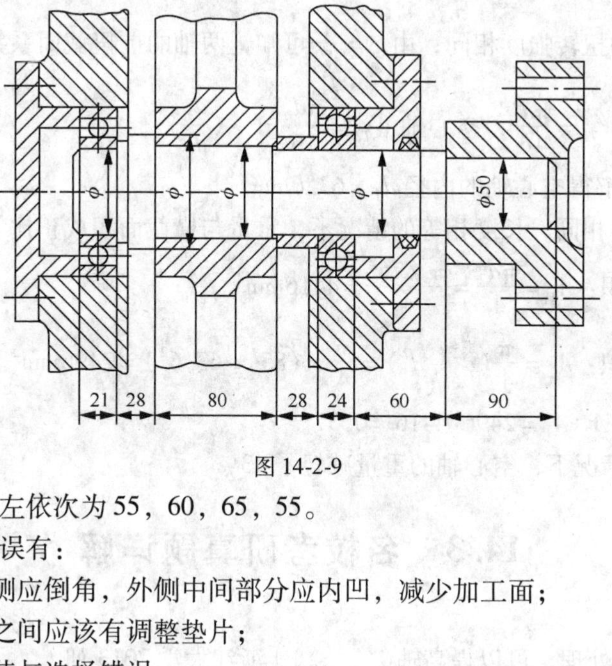

图 14-2-9

解：直径从右往左依次为 55，60，65，55。

设计中存在的错误有：

（1）端盖外圆外侧应倒角，外侧中间部分应内凹，减少加工面；

（2）端盖与箱体之间应该有调整垫片；

（3）两轴承的安装与选择错误；

（4）齿轮缺少周向定位；

（5）透盖与轴之间应有间隙；

（6）联轴器缺少轴向定位；

（7）联轴器缺少周向定位。

14-11　一钢制等直径直轴，只传递转矩，许用切应力 $[\tau]=50$MPa，长度为 1800mm，要求轴每米长的扭角 φ 不超过 $0.5°$，试求该轴的直径。

解：钢的切变模量 $G=8\times10^4$MPa。

（1）按扭转强度要求设计，应使：$\tau=\dfrac{T}{W_T}=\dfrac{T}{0.2d^3}\leqslant[\tau]$。

可得

$$\frac{T}{d^3}\leqslant 0.2[\tau]=10\text{MPa} \tag{14-2-1}$$

(2)按扭转刚度要求设计，应使：$\varphi=\frac{32Tl}{G\pi d^4}\leqslant[\varphi]$。

该轴的相对扭转角的许可值$[\varphi]=1.8\times0.5°=0.9°=\frac{\pi}{200}$ rad。

将式(14-2-1)代入，可得：$d\geqslant\frac{32Tl}{\pi G d^3[\varphi]}=\frac{32\times10\times1800}{\pi\times8\times10^4\times\frac{\pi}{200}}=146\text{mm}$。

14-12　一与直径 ϕ75mm 实心轴等扭转强度的空心轴，其外径 $d_0=85\text{mm}$，设两轴材料相同，试求该空心轴的内径 d_1 和减轻质量的百分率。(注：空心轴的 $W_T=\frac{\pi d^3}{16}(1-\beta^4)$，$\beta=\frac{d_1}{d_0}$为空心轴系数。)

解：(1)两轴的扭转强度相同，由$\tau=\frac{T}{W_T}$可知，两轴的抗扭截面系数 W 相等。

其中，实心轴 $W_{T1}=\frac{\pi d^3}{16}$，空心轴 $W_{T2}=\frac{\pi d_0^3}{16}\left[1-\left(\frac{d_1}{d_0}\right)^4\right]$。

令 $W_{T1}=W_{T2}$，解得空心轴的内径 $d_1=63.6\text{mm}$。

(2)在两轴材料相同，长度相等的情况下，重量与横截面积成正比。

实心轴横截面积：$A_1=\frac{\pi d^2}{4}=\frac{\pi\times75^2}{4}=4416\text{mm}^2$。

空心轴横截面积：$A_2=\frac{\pi}{4}(d^2-d_1^2)=\frac{\pi}{4}\times(85^2-63.6^2)=2496\text{mm}^2$。

可得：$m_2:m_1=A_2:A_1=2496:4416=0.57$。

即相同材料的情况下，空心轴的重量减轻了43%。

14.3　名校考研真题详解

一、选择题

1. 对轴采用热处理，可以提高轴(　　)。[浙江大学 2013 研]

A. 静强度　　B. 刚度　　C. 疲劳强度　　D. 耐冲击性能

【答案】C

【解析】轴经过热处理能够提高强度，特别是疲劳强度。由于热处理对材料的弹性模量几乎没有影响，故不能够提升轴的刚度。轴的刚度可以通过增加轴径和减小跨距来提升。

2. 在轴的初步估算时，轴的直径是按(　　)来初步确定的。[浙江大学 2013 研]

A. 弯矩　　B. 扭矩　　C. 轴上零件孔径　　D. 轴的安全系数

【答案】B

【解析】初步确定轴的直径时，通常还不知道支反力的作用点，不能决定弯矩的大小与分布情况，因而还不能按轴所受的具体载荷及其引起的应力来确定轴的直径。但在进行轴的结构设计前，通常已能求得轴所受的扭矩。因此，可按轴所受的扭矩初步估算轴所需的最小直径，再从最小直径起逐一确定各段轴的直径。

二、填空题

1. 轴环的用途是______，当轴上零件要求承受轴向力时，采用______来进行轴向定位，所能承受的轴向力较大。[厦门大学 2012 研]

【答案】使轴上零件获得轴向定位；轴肩

【解析】零件在轴上的固定可采用轴肩、套筒、螺母、紧定螺钉或弹性挡圈。

2. 心轴在工作中只受______作用而不传递______。[常州大学 2015 研]

【答案】弯矩；转矩

【解析】轴按承受的载荷和应力不同可分为：心轴，传动轴，转轴。其中心轴在工作中只受弯矩作用；传动轴在工作中只传递转矩；转轴在工作中既受弯矩作用又传递转矩。

三、简答题

1. 提高轴的疲劳强度的措施有哪些？[武汉理工大学 2008 研]

答：提高轴的疲劳强度的措施包括：

(1)减小应力集中；

(2)改进轴的表面质量。如工件表面采取高频淬火、滚压、渗氮等表面强化方法；

(3)改善轴的受力情况：

①改进轴上零件的结构，可减小轴上载荷或改善其应力特征；

②改变轴上零件的布置。

(4)适当提高调质强度，避免工件表面氧化脱碳。

2. 指出图 14-3-1 中的结构错误与不合理之处，简单说明原因。[大连理工大学 2001 研]

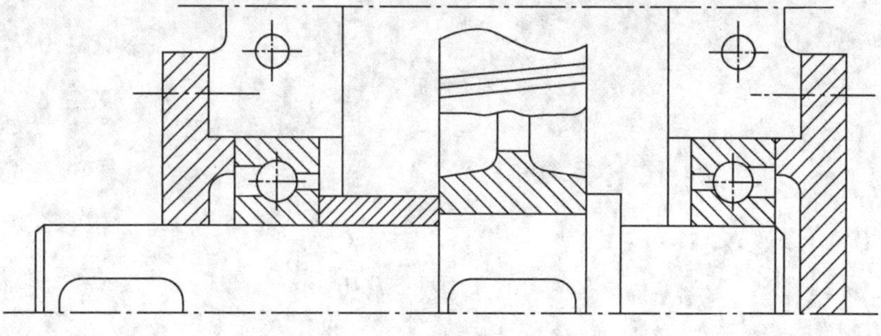

图 14-3-1

解：如图 14-3-2 所示，图 14-3-1 中的结构错误与不合理之处主要有：

(1)伸出轴颈应加长，且应有轴肩，作为轴上零件轴向定位用，且轴肩距透盖应有足够距离，以免轴上零件与透盖螺钉头部干涉；

(2)透盖与轴之间应有间隙，且应用密封毡圈密封；

(3)左边滚动轴承所在的轴段的轴径应稍大于轴承左端面以左的轴径(名义尺寸相同，公差不同也可)，以便于轴承的安装；

(4)两轴承应反向 180°安装，变为面对面正装；

(5)与齿轮配合的轴段长度应比轮毂宽度短 1 ~ 2mm，以保证套筒顶住齿轮端面；

(6) 右轴承左边轴上应有轴肩，作为轴承轴向定位用；

(7) 两端盖与箱体接触平面间应有调整垫片；

(8) 两端盖外圆外侧应倒角，外侧中间部分应内凹，以减少加工面。

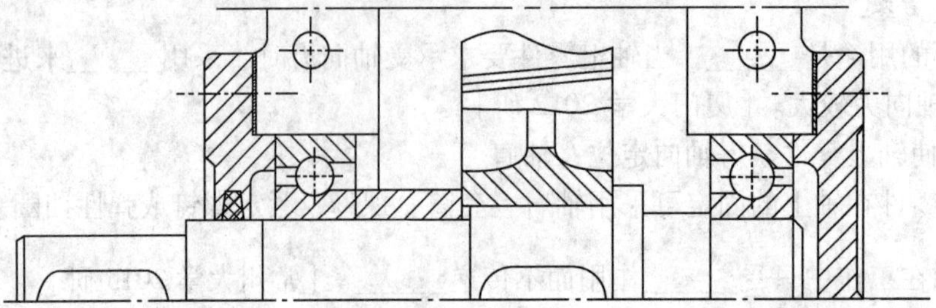

图 14-3-2

3. 当量弯矩 $M_{ca}=\sqrt{M^2+(\alpha T)^2}$ 中，α 的含义是什么？［华中科技大学 2013 研］

答： 当量弯矩 $M_{ca}=\sqrt{M^2+(\alpha T)^2}$ 中，α 是考虑弯曲应力与转矩所产生的扭转切应力的应力循环特性不同而引入的折合系数。

(1) 转矩不变时，$\alpha\dfrac{[\sigma_{-1b}]}{[\sigma_{+1b}]}\approx 0.3$；

(2) 当转矩脉动变化时，$\alpha\dfrac{[\sigma_{-1b}]}{[\sigma_{0b}]}\approx 0.6$；

(3) 对于频繁正反转的轴，可作为对称循环变应力，$\alpha=1$。

(4) 若转矩的变化规律不清楚，一般可按脉动循环处理。

其中 $[\sigma_{-1b}]$、$[\sigma_{0b}]$、$[\sigma_{+1b}]$，分别为对称循环、脉动循环及静应力状态下的许用弯曲应力。

第 15 章　滑动轴承

15.1　复习笔记

【通关提要】

本章主要介绍了摩擦状态、滑动轴承的结构型式、轴瓦及轴承衬材料、润滑剂和润滑装置、非液体摩擦滑动轴承的设计计算、流体动力润滑的形成条件、向心动压轴承的几何关系与承载量的计算以及液体动压多油模轴承与静压轴承简介。学习时需要重点掌握以上内容。本章主要以选择题、填空题和简答题的形式考查，判断题和计算题较少。复习本章时以理解记忆为主，计算为辅。

【重点难点归纳】

一、摩擦状态

包括：干摩擦、边界摩擦、液体摩擦和混合摩擦四种摩擦状态。

二、滑动轴承的结构形式

1. 向心滑动轴承(径向滑动轴承)

向心滑动轴承主要承受径向载荷，其宽径比 B/d 常取为 0.5 ~1 或 0.8 ~1.5。

2. 推力滑动轴承

推力轴承主要承受轴向力，包括固定式推力轴承和可倾式推力轴承。

三、轴瓦及轴承衬材料(见表 15-1-1)

表 15-1-1　轴瓦及轴承衬材料

要点	主要内容
锡锑轴承合金	作为轴承衬材料，常用于高速、重载的工况下
铅锑轴承合金	常用于中速、中载、冲击较小的轴承
青铜	可以单独制成轴瓦，也可用作轴承衬材料
具有特殊性能的轴承材料	①含油轴承；②橡胶轴承；③塑料轴承

四、润滑剂和润滑装置(见表 15-1-2)

表 15-1-2　润滑剂和润滑装置

要点	主要内容
润滑油	润滑油的黏度与温度呈负相关，与压力呈正相关
润滑脂	包括：①钙基润滑脂；②钠基润滑脂；③锂基润滑脂
固体润滑剂	包括石墨、二硫化钼(MoS_2)、聚氟乙烯树脂等
润滑装置	①油杯润滑；②油环润滑；③利用油泵循环给油

五、非液体摩擦滑动轴承的计算(见表15-1-3)

表 15-1-3 非液体摩擦滑动轴承的计算

要点	径向滑动轴承计算	止推滑动轴承计算
验算轴承的平均压力 p	$p=F/Bd\leqslant[p]$ F 为轴承径向载荷；B 为轴承宽度；$[p]$为轴瓦材料的许用压力	$p=\dfrac{F}{\frac{\pi}{4}(d_2^2-d_1^2)z}\leqslant[p]$ d_1为轴承孔直径；d_2为轴环直径；F 为轴向载荷；z 为环的数目
验算轴承的 pv 值	$pv=\dfrac{F}{Bd}\dfrac{\pi dn}{60\times1000}=\dfrac{Fn}{19100B}\leqslant[pv]$ n 为轴的转速；$[pv]$为轴瓦材料的 pv 许用值	$pv_m=p\dfrac{\pi d_m n}{60\times1000}$ $=\dfrac{4F_a}{z\pi(d_2^2-d_1^2)}\dfrac{\pi(d_1+d_2)n}{60\times1000\times2}\leqslant[pv]$ n 为轴颈的转速
验算滑动速度 v	$v\leqslant[v]$，$[v]$为许用线速度	

六、动压润滑的基本原理

1. 动压润滑的形成条件

形成动压油膜的必要条件:

(1)两工作表面间存在楔形间隙;

(2)两工作表面间润滑油充足;

(3)润滑油从大截面流进，从小截面流出。

2. 液体动压润滑的基本方程(一维雷诺方程)

$$\mathrm{d}p/\mathrm{d}x=6\eta v(h-h_0)/h^3$$

式中，p 为两平板间油膜压力；η 为润滑油的动力粘度；v 为相对滑动速度；h 为油膜厚度。

七、向心动压轴承的几何关系与承载量的计算

1. 向心动压轴承的几何参数

(1)直径间隙 $\Delta=D-d$;

(2)半径间隙 $\delta=R-r=\Delta/2$;

(3)相对间隙 $\psi=\Delta/d=\delta/r$;

(4)偏心率 $\chi=e/\delta$(e 为偏心距);

(5)轴承的总承载能力 $F=(\eta\omega \mathrm{d}BC_p)/\psi^2$;

(6)承载量系数 $C_p=(F\psi^2)/(\eta\omega \mathrm{d}B)=(F\psi^2)/(2\eta vB)$，式中，承载量系数 C_p 与轴承包角 α，宽径比 B/d 和偏心率 χ 有关。

2. 最小油膜厚度 $h_{\min}$

$$h_{\min}=r\psi(1-\chi)\geqslant[h]$$

$$[h]=S(Rz_1+Rz_2)$$

式中，Rz_1、Rz_2 分别为轴颈和轴瓦孔表面微观不平度的十点平均高度；S 为安全系数，通常取 $S\geqslant2$。

八、液体动压多油楔轴承与静压轴承简介

1. 多油楔滑动轴承

2. 静压轴承

3. 空气轴承

15.2 课后习题详解

15-1 滑动轴承的摩擦状态有几种？各有什么特点？

答： 滑动轴承的摩擦状态有以下三种：

(1)干摩擦

①定义

干摩擦是指物件间或试样间不加任何润滑剂时产生的摩擦作用。

②特点

摩擦阻力最大，磨损严重，热量不易散失，温升较大，产生热胶合。

(2)边界摩擦

①定义

边界摩擦是指两个作相对运动的物体表面仅被分子大小厚度的润滑剂油膜所隔开的摩擦状态。

②特点

在两金属表层形成一层边界油膜，可阻止接触表面凸峰部分的接触而不被破坏，使表面相互接触程度减小，从而具有良好的润滑作用。

(3)液体摩擦

①定义

液体摩擦是指润滑油充足时，两摩擦表面间形成一定厚度的压力油膜，将两金属表面分隔开的状态。

②特点

两摩擦表面被压力油膜隔开，彼此不直接接触，摩擦和磨损极轻。

15-2 校核铸件清理滚筒上的一对滑动轴承。已知装载量加自重为18000N，由两轴承平均分担，转速为40r/min，两端轴颈的直径为120mm，轴瓦宽径比为1.2，材料为锡青铜(ZCuSn5Pb5Zn5)，润滑脂润滑。

解： 由题目已知宽径比可得轴瓦宽：$B=1.2\times120=144\text{mm}$；

且单个轴承能承受的径向载荷：$F=\dfrac{W}{2}=\dfrac{18000}{2}=9000\text{N}$；

查教材表15-1可得该轴承所用材料锡青铜的许用值：$[p]=8\text{MPa}$，$[pv]=15\text{MPa}\cdot\text{m/s}$。

(1)验算压强 p

$$p=\frac{F}{Bd}=\frac{9000}{144\times120}=0.5208\text{MPa}\leqslant[p]=8\text{MPa}$$

(2)验算 pv 值

$$pv=\frac{F}{Bd}\cdot\frac{\pi dn}{60\times1000}=\frac{F\pi n}{60000B}=\frac{9000\times40\times\pi}{60000\times144}=0.13\text{MPa}\cdot\text{m/s}\leqslant[pv]=15\text{MPa}\cdot\text{m/s}$$

综上可知，锡青铜满足使用要求。

15-3　有一非液体摩擦向心滑动轴承，已知轴颈直径为100mm，轴瓦宽度为100mm，轴的转速为1200r/min，轴承材料为ZCuSn10P1，试问它允许承受多大的径向载荷？

解：根据轴承材料查教材表15-1得：$[p]=15\text{MPa}$，$[pv]=15\text{MPa}\cdot\text{m/s}$。

由轴承的压强条件

$$p=\frac{F}{Bd}=\frac{F}{100\times100}\leqslant[p]=15\text{MPa}$$

可得：$F\leqslant150000\text{N}$。

由轴承的 pv 值的验算条件

$$pv=\frac{F}{Bd}\cdot\frac{\pi dn}{60\times1000}=\frac{F\pi n}{60000B}=\frac{F\times1200\times\pi}{60000\times100}\leqslant[pv]=15\text{MPa}\cdot\text{m/s}$$

可得：$F\leqslant23873.24\text{N}$。

综上可知，该轴承允许的最大径向载荷 $F=23873.24\text{N}$。

15-4　试设计某轻纺机械一转轴上的非液体摩擦向心滑动轴承。已知轴颈直径为55mm，轴瓦宽度为44mm，轴颈的径向载荷为24200N，轴的转速为300r/min。

解：该轴承的压强 p 为 $p=\frac{F}{Bd}=\frac{24200}{44\times55}=10\text{MPa}$。

其 pv 值为 $pv=\frac{F}{Bd}\cdot\frac{\pi dn}{60\times1000}=\frac{F\pi n}{60000B}=\frac{24200\times300\times\pi}{60000\times44}=8.635\text{MPa}\cdot\text{m/s}$。

由 p 值和 pv 值对照教材表15-1可知，选用铸铝青铜ZCuAl10Fe3作为轴瓦材料即可满足要求，其许用值 $[p]=15\text{MPa}$，$[pv]=12\text{MPa}\cdot\text{m/s}$。

轴承选用润滑脂润滑，用油杯加脂。

15.3　名校考研真题详解

一、选择题

1. 在下列滑动轴承材料中，(　　)通常只用作双金属轴瓦的表层材料。[浙江大学2013研]

A. 铸铁　　B. 铸造锡青铜　　C. 铸造铝青铜　　D. 轴承合金

【答案】D

【解析】对于重要轴承，为了提高其承载能力、改善轴瓦的摩擦性能和节省贵重的减摩材料，常在轴瓦的内表面上浇铸一层减摩性能好的材料(轴承合金)，称为轴承衬。轴承合金在减摩性上超过了所有其它摩擦材料，且很容易与轴颈跑合，它与轴颈的抗胶合能力也较好。

2. 校核滑动轴承最小油膜厚度的目的是(　　)。[浙江大学2013研]

A. 保证轴承获得液体摩擦　　B. 控制轴承发热

C. 控制油流量　　D. 确定摩擦阻力

【答案】A

【解析】为了确保轴承在液体摩擦状态下安全运转，最小油膜厚度应该保证轴孔和轴颈表面的粗糙度凸峰不能直接接触。

3. 温度升高时，润滑油的粘度(　　)。[浙江大学 2013 研]

A. 升高　　B. 减低

C. 不变　　D. 可能升高也可能减低

【答案】B

【解析】润滑油的粘度随温度的升高而降低，随压强的增大而增加。

4. 以下 4 项特性中，只属于润滑脂的特性是(　　)。[浙江大学 2013 研]

A. 凝点　　B. 滴点　　C. 闪点　　D. 油性

【答案】B

【解析】润滑脂的主要性能指标是锥入度和滴点。

5. 润滑油牌号 L—AN32 中的 32 是表示这种润滑油(　　)的平均值。[湘潭大学 2016 研]

A. 动力粘度　　B. 条件粘度　　C. 运动粘度　　D. 闪点

【答案】C

【解析】牌号中的 32 表示润滑油在 40℃时，其运动粘度平均值为 $32mm^2/s$。

6. 在向心动压滑动轴承工作中，随着(　　)，滑动轴承承载能力增大。[湘潭大学 2016 研]

A. 相对间隙增大　　B. 轴承宽度的增大

C. 轴颈速度减小　　D. 润滑油动力粘度减小

【答案】B

【解析】由公式 $F=\eta\omega dBC_p/\psi^2$ 可知，B 项正确，ACD 三项都会使滑动轴承的承载能力减少。

二、填空题

1. 非液体摩擦滑动轴承的 pv 值表征了轴承的______，pv 值越大，轴承温度______，容易引起油膜的破裂。[湘潭大学 2016 研]

【答案】发热因素；越高

【解析】轴承工作时，摩擦功耗将转变为热量，使润滑油温度升高。轴承的发热量与其单位面积上的摩擦功耗 fpv 成正比(f 是摩擦系数)，限制 pv 值就是限制轴承的温升。

2. 设计液体摩擦动压向心滑动轴承时，如果增大相对间隙 ψ，则工作时轴承的承载能力______、润滑油的温升______。[华中科技大学 2012 研]

【答案】降低；降低

【解析】由轴承的总承载能力 $F=(\eta\omega dBC_p)/\psi^2$ 可知，增大相对间隙，总承载能力 F 降低。润滑油的温升与承载能力成正比，故温升降低。

三、判断题

1. 滑动轴承工作面是滑动摩擦，因此与滚动轴承相比，滑动轴承只能用于低速运转。(　　)[浙江大学 2012 研]

【答案】错

【解析】滑动轴承在液体润滑的条件下，能够高速运转。

2. 在相同温度和压力下，润滑油 N46 的粘度低于 N100 的粘度。(　　)［浙江大学 2010 研］

【答案】对

【解析】N 为国标“新标准粘度系列”的代号，指 40℃公称运动黏度，后面的标号越小表明粘度越小，故 N46 的粘度低于 N100 的粘度。

四、简答题

1. 动压油膜形成的条件是什么？［常州大学 2015 研、华中科技大学 2012 研］

答：形成动压油膜的必要条件：

(1)两工作表面间存在楔形间隙；

(2)两工作表面间润滑油充足；

(3)润滑油从大截面流进，从小截面流出。

2. 在机械传动中，润滑剂有何作用？润滑剂有哪几种？［浙江理工大学 2011 研］

答：(1)润滑剂的作用：降低摩擦副的摩擦阻力、减缓其磨损，还可以对摩擦副起到冷却、清洗和防止污染等作用。

(2)润滑剂的分类：可分为气体、液体、半固体和固体 4 种基本类型。

3. 试分析比较滚动轴承、液体润滑滑动轴承、非液体润滑滑动轴承的特点及应用(提示：从摩擦系数的大小、工作转速的高低、是否可用于频繁启动的场合、承受冲击载荷的能力、回转精度等方面进行论述)。［浙江大学 2006 研］

答：比较见表 15-3-1。

表 15-3-1

比较项目	滚动轴承	滑动轴承	
		非液体摩擦	液体摩擦
摩擦系数及效率	$f=0.0015\sim0.008$ $\eta=0.99\sim0.999$	$f=0.008\sim0.1$ $\eta=0.95\sim0.97$	$f=0.001\sim0.008$ $\eta=0.995\sim0.999$
适用	低中速、噪声较大， 适合经常启动的情况	低速、无噪声， 不宜频繁启动	中高速、无噪声， 不宜频繁启动
回转精度	较高	较低	一般较高
承受冲击荷载能力	较差	较好	好
维护成本	对灰尘敏感，需密封，润滑简单，耗油量少，不需经常照料	不需密封，但需润滑装置， 耗油量较多，需经常照料	
其他	径向大、轴向小 为大量供应的标准件	径向小、轴向大 一般要消耗有色金属，且要自行加工	

五、计算题

一动压向心滑动轴承，轴颈直径 $d=120\text{mm}$，轴承宽径比 $B/d=0.8$，相对间隙 $\psi=0.0015\text{mm}$，表面粗糙度 $Rz_1=0.005\text{mm}$，$Rz_2=0.003\text{mm}$，轴颈转速 $n=1000\text{r/min}$ 时，采用 N32 机械油，在温度 50℃时其粘度 $\eta=0.018\text{Pa}\cdot\text{s}$，若工作温度为 50℃，且安全系数 $S=2$，试求：

(1) 该轴承在液体摩擦状态下工作时所能承受的最大载荷值？

(2) 在上述工作状态时，轴与轴承的偏心距 e 值？［大连理工大学 2005 研］

附：$C_p=\dfrac{F\psi^2}{2\eta VB}$

表 15-3-2

$B/d=0.8$	x	0.6	0.65	0.7	0.75	0.8	0.85	0.9	0.95
	C_p	0.972	1.199	1.538	1.965	2.754	4.053	6.721	15.37

解：(1) 该轴承在液体摩擦状态下工作时，应满足条件 $h_{\min}\geqslant[h]$。

根据公式 $[h]=S(Rz_1+Rz_2)$，可得

$$[h]=2\times(0.005+0.003)=0.016\text{mm}$$

当轴承在最大载荷下工作时，最小油膜厚度达到临界值，有 $h_{\min}=[h]$

根据公式 $h_{\min}=r\psi(1-\chi)=\dfrac{d}{2}\psi(1-\chi)$（$\chi$ 为偏心率），可知

$$\chi=1-\frac{2[h]}{d\psi}=1-\frac{2\times0.016}{120\times0.0015}=0.82$$

又 $B/d=0.8$，查表并插值可得，$C_{\text{p}}=3.2736$。

根据公式 $C_{\text{p}}=\dfrac{F\psi^2}{2\eta vB}$ 可得所能承受的最大载荷

$$F_{\max}=\frac{2\eta vBC_{\text{p}}}{\psi^2}=\frac{2\times0.018\times\dfrac{2\pi\times1000}{60}\times\dfrac{0.12}{2}\times0.12\times0.8\times3.2736}{0.0015^2}=31577.4\text{N}$$

(2) 根据公式 $\psi=\dfrac{\delta}{r}$ 和 $\chi=\dfrac{e}{\delta}$，得

$$e=\chi\psi r=0.82\times0.0015\times\frac{120}{2}=0.0738\text{mm}$$

第 16 章　滚动轴承

16.1　复习笔记

【通关提要】

本章主要介绍了滚动轴承的类型及其代号、失效形式、寿命计算、当量动载荷的计算以及派生轴向力。学习时需要重点掌握以上内容。其中，滚动轴承的类型及其代号、失效形式，多以选择题、填空题和简答题的形式出现，其余内容以计算题为主，尤其派生轴向力，几乎每年都考一道计算题。复习本章时，考生需以计算为主，理解记忆细节内容。

【重点难点归纳】

一、滚动轴承的基本类型和特点

1. 滚动轴承的分类(见表 16-1-1)

表 16-1-1　滚动轴承的分类

<table>
<tr><th>要点</th><th colspan="2">主要内容</th></tr>
<tr><td rowspan="2">按承受载荷的方向</td><td>向心轴承</td><td>主要用于承受径向载荷，其公称接触角 $0° \leqslant \alpha \leqslant 45°$</td></tr>
<tr><td>推力轴承</td><td>主要用于承受轴向载荷，其公称接触角 $45° < \alpha \leqslant 90°$</td></tr>
<tr><td rowspan="2">按滚动体形状</td><td>球轴承</td><td>深沟球轴承、角接触球轴承等</td></tr>
<tr><td>滚子轴承</td><td>滚子又分为圆柱滚子、圆锥滚子、球面滚子和滚针等</td></tr>
</table>

2. 机械中常用滚动轴承的类型和性能特点

机械中常用滚动轴承的类型和性能特点查看教材表 16-2。由于结构不同，各类轴承的承载能力、极限转速和角偏差各不相同。

二、滚动轴承的代号(见表 16-1-2)

表 16-1-2　滚动轴承的代号

<table>
<tr><th colspan="4">构成</th><th>含义</th></tr>
<tr><td colspan="2">前置代号</td><td colspan="2">轴承分部件代号</td><td>用字母表示，如 K 表示轴承的滚动体和保持架组件</td></tr>
<tr><td rowspan="5">基本代号</td><td>五</td><td colspan="2">类型代号</td><td>常用代号为 3、5、6、7、N 五类，详细代号见教材表 13-1</td></tr>
<tr><td>四</td><td rowspan="2">尺寸系列代号</td><td>宽度系列代号</td><td>一般宽度为 0，通常不标注，但调心滚子轴承和圆锥滚子轴承，不能省略 0</td></tr>
<tr><td>三</td><td>直径系列代号</td><td>其代号有 7、8、9、0、1、2、3、4 和 5，对应于相同内径轴承的外径尺寸依次递增</td></tr>
<tr><td>二</td><td colspan="2" rowspan="2">内径代号</td><td rowspan="2">通常内径 = 内径代号 ×5；内径为 10mm、12mm、15mm 和 17mm 时，内径代号依次为 00、01、02 和 03</td></tr>
<tr><td>一</td></tr>
</table>

续表

构成		含义
后置代号	内部结构代号	表示同一类型轴承的不同内部结构，用字母表示
	密封与防尘结构代号	—
	保持架及其材料代号	—
	特殊轴承材料代号	—
	公差等级代号	由高到低分为2级、4级、5级、6级(或6X级)和N级。以/P2、/P4、/P5、/P6(或/P6X)表示，N级不标注
	游隙代号	由小到大分为2组、N组、3组、4组和5组。以/C2、/C3、/C4、/C5表示，N组不标注
	多轴承配置代号	—
	其他代号	—

三、滚动轴承的选择计算

1. 失效形式

(1)疲劳破坏；

(2)永久变形；

(3)磨损、胶合、内外圈和保持架破损。

2. 轴承寿命

寿命计算公式

$$L=(C/P)^{\varepsilon} \text{或} L_h=(C/P)^{\varepsilon}\cdot 10^6/(60n)$$

式中，ε为寿命指数，对于球轴承 $\varepsilon=3$，对于滚子轴承 $\varepsilon=10/3$；C 为基本额定动载荷，对向心轴承为 C_r，对推力轴承为 C_a；n 为轴的转速；P 为当量动载荷。

修正后的寿命计算公式为

$$L_h=\frac{10^6}{60n}\left(\frac{f_tC}{f_pP}\right)^{\varepsilon}$$

或

$$C=\frac{f_pP}{f_t}\left(\frac{60n}{10^6}\cdot L_h\right)^{\frac{1}{\varepsilon}}$$

式中，f_t为温度系数，$f_t\leqslant 1$；f_P为载荷系数。

3. 当量动载荷的计算

对于既承受径向载荷 F_r又承受轴向载荷 F_a的轴承，其当量动载荷的计算公式为

$$P=XF_r+YF_a$$

式中，X、Y分别为径向动载荷系数及轴向动载荷系数。

对于向心轴承，则有：

(1)当 $F_a/F_r>e$ 时，X、Y 值可查教材表16-11；

(2)当 $F_a/F_r\leqslant e$ 时，$Y=0$，$X=1$。

4. 角接触向心轴承轴向载荷的计算

(1)根据公式计算出两支承处的内部轴向力 F_{S1}、F_{S2}的大小，并确定内部轴向力方向；

①如图16-1-1(a)所示，正装(面对面排列)；

②如图 16-1-1(b)所示，反装(背靠背排列)。

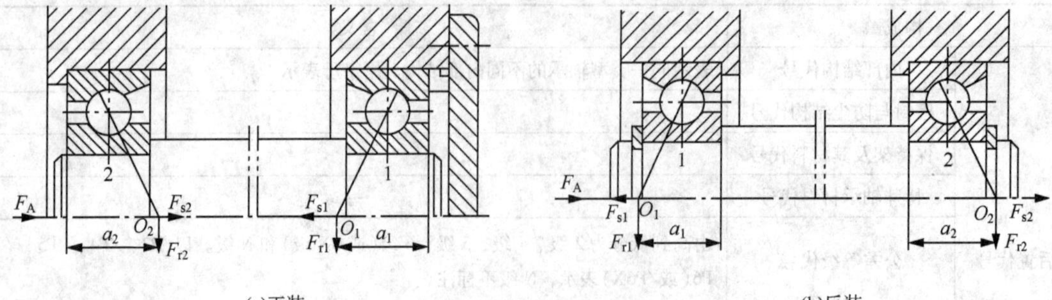

图 16-1-1

(2)若 $F_A+F_{S2}>F_{S1}$，则：

轴承1(压紧端)承受的轴向载荷：$F_{a1}=F_A+F_{S2}$；

轴承2(放松端)承受的轴向载荷：$F_{a2}=F_{S2}$。

(3)若 $F_A+F_{S2}<F_{S1}$，则：

轴承1(放松端)承受的轴向载荷：$F_{a1}=F_{S1}$；

轴承2(压紧端)承受的轴向载荷：$F_{a2}=F_{S1}-F_A$。

5. 滚动轴承的静强度校核

当量静载荷 P_0

当轴承既受径向力又受轴向力时

$$P_0=X_0F_r+Y_0F_a\leqslant C_0/S_0$$

式中，X_0为径向静载荷系数；Y_0为轴向静载荷系数；S_0为轴承静强度安全系数。

四、滚动轴承的润滑和密封

可根据 dn 值选择润滑剂的类型。

密封方法包括：接触式和非接触式两种。

五、滚动轴承的组合设计(见表 16-1-3)

表 16-1-3　滚动轴承的组合设计

要点	主要内容
轴承的固定	①两端固定；②一端固定，一端游动
轴承间隙的调整	根据轴承盖与机座间的垫片厚度和螺钉位置进行调整
轴承的预紧	①夹紧外圈而预紧；②弹簧预紧；③套筒预紧；④夹紧一对磨窄了的外圈而预紧；反装时可磨窄内圈并夹紧
滚动轴承的配合	以滚动轴承为基准选择配合方式

16.2　课后习题详解

16-1　说明下列型号轴承的类型、尺寸系列、结构特点、公差等级及其适用场合：6005，N209/P6，7207C，30209/P5。

答：(1)6005 深沟球轴承，窄宽度，特轻系列，内径尺寸 25mm，公差等级为 0 级。主要承受径向载荷，也可承受一定的轴向载荷；可用于高速传动。

(2)N209/P6 圆柱滚子轴承，窄宽度，轻系列，内径尺寸 45mm，公差等级为 6 级。只能承受径向载荷，适用于支承刚度大而轴承孔又能保证严格对中的场合，其径向尺寸轻、紧凑。

(3)7207C 角接触球轴承，窄宽度，轻系列，内径尺寸 35mm，接触角 $\alpha = 15°$，钢板冲压保持架，公差等级为 0 级。既可承受径向载荷，又可承受轴向载荷，适用于高速无冲击场合，一般成对使用，对称布置。

(4)30209/P5 圆锥滚子轴承，窄宽度，轻系列，内径尺寸 45mm，公差等级为 5 级。能同时承受径向载荷和轴向载荷。适用于刚性大和轴承孔能严格对中的场合，成对使用，对称布置。

16-2　一深沟球轴承 6304 承受的径向力 $F_r = 4\text{kN}$，载荷平稳，转速 $n = 960\text{r/min}$，室温下工作，试求该轴承的基本额定寿命，并说明能达到或超过此寿命的概率。若载荷改为 $F_r = 2\text{kN}$，轴承的基本额定寿命是多少？

解： 滚动轴承的基本额定寿命计算公式：$L_h = \dfrac{10^6}{60n}\left(\dfrac{f_t C}{f_p P}\right)^{\varepsilon}$。

其中，对于深沟球轴承 6304，查手册得其径向基本额定动载荷为 $C = 15800\text{N}$，查教材表 16-8 得温度系数 $f_t = 1$，查教材表 16-9 得载荷系数 $f_P = 1$，对于球轴承 $\varepsilon = 3$。

(1)当量动载荷 $P = F_r = 4\text{kN}$ 时，得：$L_h = \dfrac{10^6}{60n}\left(\dfrac{f_t C}{f_P P}\right)^{\varepsilon} = \dfrac{10^6}{60 \times 960}\left(\dfrac{15800}{4000}\right)^3 = 1070\text{h}$。

根据基本额定寿命的定义可知，在此载荷上，能达到或者超过此寿命的概率为 90%。

(2)当量动载荷 $P = F_r = 2\text{kN}$ 时，有

$$L_h = \frac{10^6}{60n}\left(\frac{f_t C}{f_p P}\right)^{\varepsilon} = \frac{10^6}{60 \times 960} \times \left(\frac{15800}{2000}\right)^3 = 8560\text{h}$$

16-3　根据工作条件，某机械传动装置中轴的两端各采用一个深沟球轴承支承，轴颈 $d = 35\text{mm}$，转速 $n = 2000\text{r/min}$，每个轴承承受径向载荷 $F_r = 2000\text{N}$，常温下工作，载荷平稳，预期寿命 $L_h = 8000\text{h}$，试选择轴承。

解： 查教材表 16-8 得温度系数 $f_t = 1$，查教材表 16-9 得载荷系数 $f_p = 1$，对于球轴承 $\varepsilon = 3$。

根据轴承基本额定动载荷寿命的计算公式

$$C_r = \frac{f_p P}{f_t}\sqrt[3]{\frac{60n}{10^6}L_h} = 2000 \times \sqrt[3]{\frac{60 \times 2000}{10^6}} \times 8000 = 19730\text{N}$$

由此查设计手册选取 6207 轴承，其基本额定动载荷 $C_r = 25500\text{N}$ 大于计算值，满足要求。

16-4　一矿山机械的转轴，两端用 6313 深沟球轴承支承，每个轴承承受的径向载荷 $F_r = 5400\text{N}$，轴的轴向载荷 $F_a = 2650\text{N}$，有轻微冲击，轴的转速 $n = 1250\text{r/min}$，预期寿命 $L_h = 5000\text{h}$，问是否适用。

解： 查手册可得 6313 轴承的径向额定静载荷 $C_{0r} = 60500\text{N}$，基本额定动载荷 $C_r = 93800\text{N}$。

(1)计算两轴承的轴向力

由于轴承轴向力未知，故初选取判断系数 $e = 0.3$，因此可估算派生轴向力

$$F_d = 0.3F_r = 0.3 \times 5400 = 1620\text{N}$$

轴向力

$$F_{a1} = F_d + F_a = 4270\text{N},\ F_{a2} = F_d = 1620\text{N}$$

可得

$$F_{a1}/C_{0r} = 4270/60500 = 0.07,\ F_{a2}/C_{0r} = 1620/60500 = 0.027$$

根据教材表 16-11 插值得到判断系数：$e_1 = 0.27$，$e_2 = 0.22$。

计算得

$$F_{d1} = 0.27F_r = 1458\text{N},\ F_{d2} = 0.22F_r = 1188\text{N}$$

轴向力

$$F_{a1} = F_{d2} + F_a = 3838\text{N},\ F_{a2} = F_{d2} = 1188\text{N}$$

可得

$$\frac{F_{a1}}{C_{0r}} = \frac{3838}{60500} = 0.0634,\ \frac{F_{a2}}{C_{0r}} = \frac{1188}{60500} = 0.0196$$

两次计算的 F_a/C_{0r} 比值相差不大，因此确定 $e_1 = 0.27$，$e_2 = 0.22$，且两轴承的轴向力 $F_{a1.} = 3838\text{N}$，$F_{a2} = 1188\text{N}$。

(2)求当量动载荷

由(1)可知：$\frac{F_{a1}}{F_r} = 0.71 > e_1$，$\frac{F_{a2}}{F_r} = e_1$，查教材表 16-11 可得

$$X_1 = 0.56,\ Y_1 = 1.58;\ X_2 = 1,\ Y_2 = 0$$

故当量动载荷为

$$P_1 = X_1F_r + Y_1F_{a1} = 9088.04\text{N}$$

$$P_2 = X_2F_r + Y_2F_{a1} = 5400\text{N}$$

因为 $P_1 > P_2$，故以轴承 1 的当量动载荷进行计算。

轻微冲击，查教材表 16-9 得载荷系数 $f_p = 1.2$，查教材表 16-8 得 $f_t = 1$，故

$$C_{r1} = \frac{f_p P_1}{f_t}\left(\frac{60n}{10^6}L_h\right)^{\frac{1}{\varepsilon}} = \frac{1.2 \times 9088.04}{1.0} \times \left(\frac{60 \times 1250}{10^6} \times 5000\right)^{\frac{1}{3}} = 78643.3\text{N} < C_r = 93800\text{N}$$

因此深沟球轴承 6313 适用。

16-5　某机械的转轴两端各用一个向心轴承支承。已知轴颈 $d = 40$mm，转速 $n = 1000$r/min，每个轴承的径向载荷 $F_r = 5880$N，载荷平稳，工作温度 125℃，预期寿命 $L_h = 5000$h，试分别按球轴承和滚子轴承选择型号，并比较之。

解：(1)型号选择

根据径向基本额定动载荷计算公式 $C_r = \frac{f_p P}{f_t}\left(\frac{60n}{10^6}L_h\right)^{\frac{1}{\varepsilon}}$，其中查教材表得：$f_p = 1$，$f_t = 0.95$。

①选用球轴承时，$\varepsilon = 3$，基本额定动载荷为

$$C_r = \frac{f_p P}{f_t}\left(\frac{60n}{10^6}L_h\right)^{\frac{1}{3}} = \frac{5880}{0.95} \times \left(\frac{60 \times 1000}{10^6} \times 5000\right)^{\frac{1}{3}} = 41434\text{N}$$

查手册，选取深沟球轴承 6408，其径向基本额定动载荷 $C_r = 65500$N，满足要求。

②选用滚子轴承时，$\varepsilon = \frac{10}{3}$，基本额定动载荷为

$$C_r = \frac{f_p P}{f_t}\left(\frac{60n}{10^6}L_h\right)^{\frac{3}{10}} = \frac{5880}{0.95} \times \left(\frac{60 \times 1000}{10^6} \times 5000\right)^{\frac{3}{10}} = 34260\text{N}$$

查手册选取圆柱滚子轴承 N208，其径向基本额定动载荷 $C_r = 37500\text{N}$，满足要求。

(2)比较

比较两者尺寸及相关参数可知，满足同样要求的球轴承尺寸要比滚子轴承大。因此，滚子轴承的承载能力比球轴承强。

16-6　根据工作条件，决定在某传动轴上安装一对角接触球轴承，如图 16-2-1 所示。已知两个轴承的载荷分别为 $F_{r1} = 1470\text{N}$，$F_{r2} = 2650\text{N}$，外加轴向力 $F_A = 1000\text{N}$，轴颈 $d = 40\text{mm}$，转速 $n = 5000\text{r/min}$，常温下运转，有中等冲击，预期寿命 $L_h = 2000\text{h}$，试选择轴承型号。

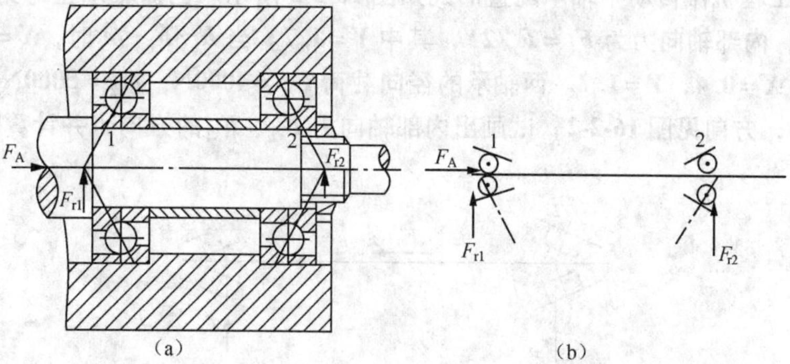

图 16-2-1

解：按题意初选 $\alpha = 25°$的角接触轴承类型 70000AC。

(1)计算轴向力

根据教材表 16-12 可知派生轴向力

$$F_{s1} = 0.68F_{r1} = 0.68 \times 1470 = 1000\text{N}(\text{方向水平向左})$$

$$F_{s2} = 0.68F_{r2} = 0.68 \times 2650 = 1802\text{N}(\text{方向水平向右})$$

因此，$F_{s2} + F_A > F_{s1}$，轴承 1 是压紧端，轴承 2 是放松端。两轴承的轴向力为

$$F_{a1} = F_{s2} + F_A = 1802 + 1000 = 2802\text{N}$$

$$F_{a2} = F_{s2} = 1802\text{N}$$

(2)计算轴承 1、2 的当量动载荷

$$\frac{F_{a1}}{F_{r1}} = \frac{2802}{1470} = 1.91 > e = 0.68,\ \frac{F_{a2}}{F_{r2}} = \frac{1802}{2650} = 0.68 = e = 0.68$$

由此查教材表 16-11 得：$X_1 = 0.41$，$Y_1 = 0.87$；$X_2 = 1$，$Y_2 = 0$。

故当量动载荷

$$P_1 = X_1F_{r1} + Y_1F_{a1} = 0.41 \times 1470 + 0.87 \times 2802 = 3040.44\text{N}$$

$$P_2 = X_2F_{r2} + Y_2F_{a2} = 1 \times 2650 + 0 \times 1802 = 2650\text{N}$$

(3)选择轴承型号

查教材表 16-8，常温下工作，取 $f_t = 1$；查教材表 16-9，有中等冲击，取 $f_p = 1.5$；球轴承时，$\varepsilon = 3$；并取轴承 1 的当量动载荷为计算依据，可得

$$C_r = \frac{f_p P}{f_t}\left(\frac{60n}{10^6}L_h\right)^{\frac{1}{3}} = \frac{1.5 \times 3040.44}{1} \times \left(\frac{60 \times 5000}{10^6} \times 2000\right)^{\frac{1}{3}} = 38466\text{N}$$

轴颈为 40mm，查手册选取角接触球轴承 7308AC，其 $C_r = 46200\text{N}$，满足要求。

16-7 根据工作要求，选用内径 $d = 50\text{mm}$ 的圆柱滚子轴承。轴承的径向载荷 $F_r = 39200\text{N}$，轴的转速 $n = 85\text{r/min}$，运转条件正常，预期寿命 $L_h = 1250\text{h}$，试选择轴承型号。

解：根据工作条件查教材表 16-9 得 $f_p = 1$，查教材表 16-8 得 $f_t = 1$，滚子轴承 $\varepsilon = \frac{10}{3}$，故

$$C_r = \frac{f_p P}{f_t}\left(\frac{60n}{10^6}L_h\right)^{\frac{3}{10}} = \frac{1 \times 39200}{1} \times \left(\frac{60 \times 85}{10^6} \times 1250\right)^{\frac{3}{10}} = 68333\text{N}$$

根据轴颈为 50mm 和径向动载荷 C_r 查手册选取圆柱滚子轴承 N310，其基本额定动载荷 $C_r = 76000\text{N}$，满足要求。

16-8 某工程机械传动中轴承配置形式如图 16-2-2 所示。已知轴承型号为 30311，判别系数 $e = 0.35$，内部轴向力为 $F_s = F_r/2Y$，其中 $Y = 1.7$。当 $F_a/F_r \leqslant e$ 时，$X = 1$，$Y = 0$；当 $F_a/F_r > e$ 时，$X = 0.4$，$Y = 1.7$。两轴承的径向载荷 $F_{r1} = 4000\text{N}$，$F_{r2} = 5000\text{N}$，外加轴向载荷 $F_A = 2000\text{N}$，方向见图 16-2-2，试画出内部轴向力 F_{s1}、F_{s2} 的方向，并计算轴承的当量动载荷 P_1、P_2。

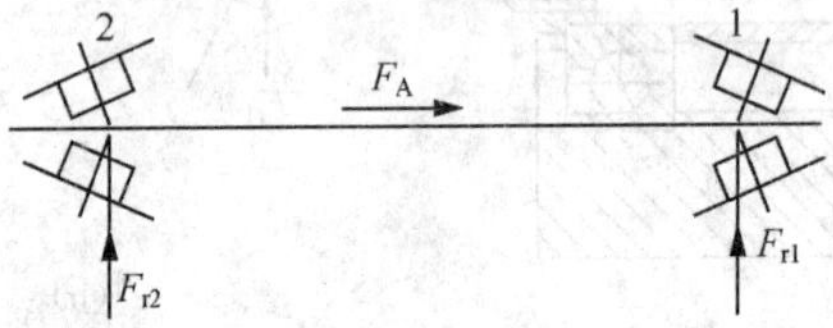

图 16-2-2

解：由题意可知，两轴承的派生轴向力分别为

$$F_{s1} = \frac{F_{r1}}{2Y} = \frac{4000}{2 \times 1.7} = 1176.47\text{N}$$

$$F_{s2} = \frac{F_{r2}}{2Y} = \frac{5000}{2 \times 1.7} = 1470.59\text{N}$$

轴向力 F_{s1}，F_{s2} 的方向如图 16-2-3 所示。

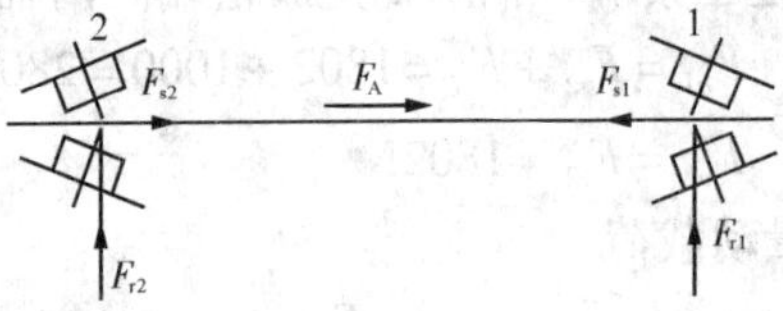

图 16-2-3

因为

$$F_{s2} + F_A = 3470.59\text{N} > F_{s1} = 1176.47\text{N}$$

则轴承 1 为压紧端，轴承 2 为放松端。两轴承的轴向载荷分别为

$$F_{a1} = F_A + F_{s2} = 3470.59\text{N}$$

$$F_{a2} = F_{s2} = 1470.59\text{N}$$

由

$$\frac{F_{a1}}{F_{r1}} = \frac{3470.59}{4000} = 0.87 > e = 0.35$$

$$\frac{F_{a2}}{F_{r2}} = \frac{1470.59}{5000} = 0.29 < e = 0.35$$

可得 $X_1 = 0.4$，$Y_1 = 1.7$；$X_2 = 1$，$Y_2 = 0$。

因此两轴承的当量动载荷分别为

$$P_1 = X_1 F_{r1} + Y_1 F_{a1} = 0.4 \times 4000 + 1.7 \times 3470.59 = 7500.003\text{N}$$

$$P_2 = X_2 F_{r2} + Y_2 F_{a2} = 1 \times 5000 + 0 = 5000\text{N}$$

16-9　一齿轮轴由一对 30206 轴承支承（见教材图 16-14），支点间的跨距为 200mm，齿轮位于两支点的中央。已知齿轮模数 $m_n = 2.5$mm，齿数 $z_1 = 17$，螺旋角 $\beta = 16.5°$，传递功率 $P = 2.6$kW，齿轮轴的转速 $n = 384$r/min。试求轴承的基本额定寿命。（提示：先作齿轮受力分析，再求出轴承两端径向载荷 F_{r1}、F_{r2}，然后再求轴承寿命。）

解：（1）计算齿轮啮合点处的作用力

齿轮轴传递的转矩：$T = 9.55 \times 10^6 \dfrac{P}{n} = 9.55 \times 10^6 \times \dfrac{2.6}{384} = 64661\text{N} \cdot \text{mm}$。

齿轮的分度圆直径

$$d_1 = \frac{m_n z_1}{\cos\beta} = \frac{2.5 \times 17}{\cos 16.5°} = 44.3\text{mm}$$

则各作用分力为：

①圆周力：$F_t = \dfrac{2T}{d_1} = \dfrac{2 \times 64661}{44.3} = 2919\text{N}$；

②径向力：$F_r = \dfrac{F_t \tan\alpha_n}{\cos\beta} = \dfrac{2919 \times \tan 20°}{\cos 16.5°} = 1108\text{N}$；

③轴向力：$F_a = F_t \tan\beta = 2919 \times \tan 16.5° = 865\text{N}$。

（2）求轴承的支反力

轴承的受力简图如图 16-2-4 所示。

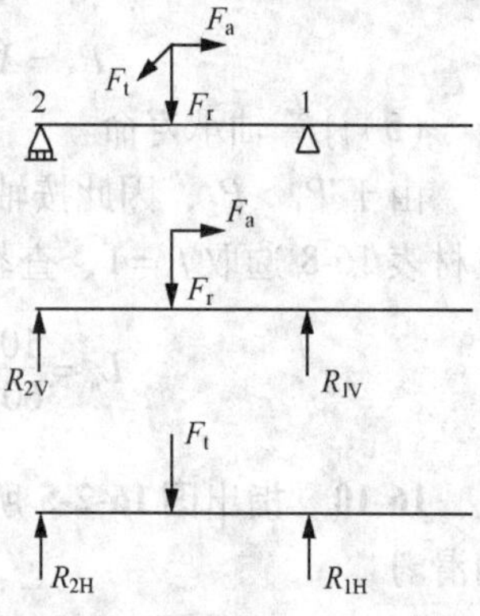

图 16-2-4

计算垂直面内的支反力，有

$$R_{1V} = \frac{F_r \times \dfrac{l}{2} + F_a \times \dfrac{d}{2}}{l} = \frac{1108 \times \dfrac{200}{2} + 865 \times \dfrac{44.3}{2}}{200} = 650\text{N}$$

$$R_{2V} = F_r - R_{1V} = 1108 - 650 = 458\text{N}$$

水平面内的支反力为

$$R_{1H} = R_{2H} = \frac{F_t}{2} = 1460\text{N}$$

合成得到

$$F_{r1} = \sqrt{R_{1V}^2 + R_{1H}^2} = \sqrt{650^2 + 1460^2} = 1598\text{N}$$

$$F_{r2} = \sqrt{R_{2V}^2 + R_{2H}^2} = \sqrt{458^2 + 1460^2} = 1530\text{N}$$

（3）计算两轴承的轴向力

设轴承接触角为 15°，根据教材表 16-12 可得圆锥滚子轴承的派生轴向力

$$F_{s1} = \frac{F_{r1}}{2Y} = \frac{1598}{2 \times 1.5} = 532.7\text{N}$$

$$F_{s2} = \frac{F_{r2}}{2Y} = \frac{1530}{2 \times 1.5} = 510\text{N}$$

因此，$F_{s2} + F_a > F_{s1}$，轴承 1 被压紧，轴承 2 被放松。

故两轴承的轴向载荷

$$F_{a1} = F_{s2} + F_a = 510 + 865 = 1375\text{N}$$

$$F_{a2} = F_{s2} = 510\text{N}$$

(4)计算轴承1、2的当量动载荷

查表得，圆锥滚子轴承的判断系数 $e = 0.4$，则

$$\frac{F_{a1}}{F_{r1}} = \frac{1375}{1598} = 0.86 > e$$

$$\frac{F_{a2}}{F_{r2}} = \frac{510}{1530} = 0.33 < e$$

教材表16-11可得 $X_1 = 0.4$，$Y_1 = 1.5$；$X_2 = 1$，$Y_2 = 0$；

则有

$$P_1 = X_1 F_{r1} + Y_1 F_{a1} = 0.4 \times 1598 + 1.5 \times 1375 = 2701.7\text{N}$$

$$P_2 = X_2 F_{r2} + Y_2 F_{a2} = 1 \times 1530 + 0 \times 510 = 1530\text{N}$$

(5)计算轴承寿命

由于 $P_1 > P_2$，因此按轴承1的寿命计算。查手册得其基本额定动载荷 $C_r = 43300\text{N}$，查教材表16-8选取 $f_t = 1$，查教材表16-9选取载荷系数 $f_p = 1$，故

$$L_h = \frac{10^6}{60n}\left(\frac{f_t C}{f_p P}\right)^{\varepsilon} = \frac{10^6}{60 \times 384} \times \left(\frac{43300}{2701.7}\right)^{\frac{10}{3}} = 450491.7\text{h}$$

16-10　指出图16-2-5所示轴系结构上的主要错误并改正之。（齿轮用油润滑，轴承用脂润滑。）

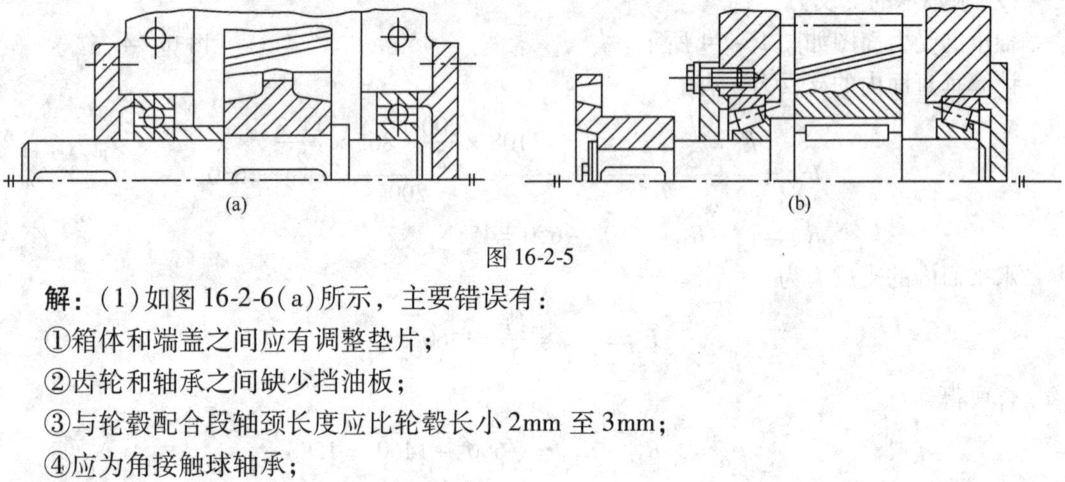

图16-2-5

解：(1)如图16-2-6(a)所示，主要错误有：

①箱体和端盖之间应有调整垫片；

②齿轮和轴承之间缺少挡油板；

③与轮毂配合段轴颈长度应比轮毂长小2mm至3mm；

④应为角接触球轴承；

⑤轴承安装方向错误；

⑥端盖和轴之间不应接触，要有间隙；

⑦端盖与轴之间应加密封圈；

⑧轴承左端缺少轴向定位；

⑨将轴制成阶梯轴，方便轴承装配；

⑩键连接应完全伸出轴承端盖，且距端盖有一定距离。

(2)如图16-2-6(b)所示，主要错误有：

①箱体上与轴承端盖接触面应有凸台，减少加工面积；

②箱体与轴承端盖之间应有调整垫片；
③齿轮和轴承之间缺少挡油板；
④同一轴上的键应在同一母线上；
⑤与轮毂配合段轴颈长度应比轮毂长小 2mm 至 3mm；
⑥轴承外圈过定位，内侧肩环取消；
⑦端盖和轴之间不应接触，要有间隙；
⑧端盖和轴之间应加密封圈；
⑨轴承缺少轴向定位，采用套筒定位；
⑩轴端挡圈固定，轴颈应缩进轮毂 2mm 至 3mm；
⑪传动件应在箱体中间。

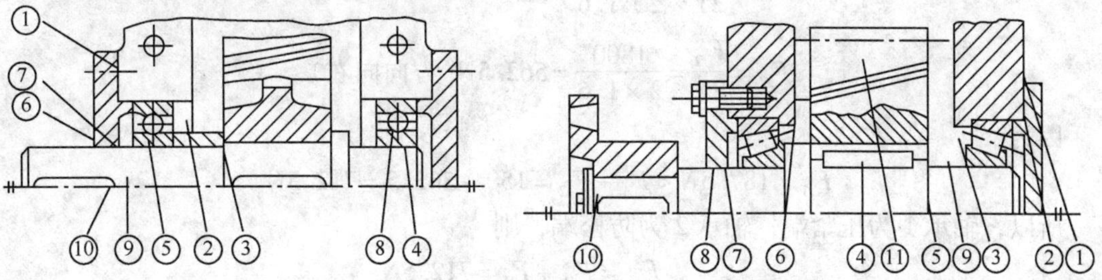

图 16-2-6

16-11　图 16-2-7 所示为一对窄边相对安装的圆锥滚子轴承支承的轴系，齿轮用油润滑，轴承用脂润滑，轴端装有联轴器，试指出图中的结构错误。（注：图中倒角和圆角不考虑。）

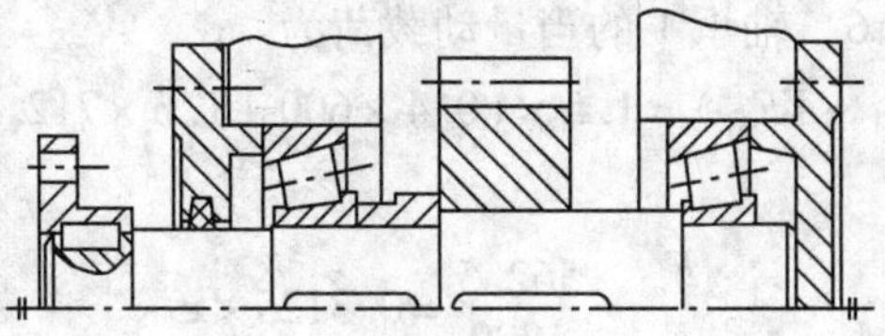

图 16-2-7

解：图 16-2-7 中的结构错误主要有：
(1) 键的位置不在轴的同一母线上；
(2) 两轴承的方向安装错误；
(3) 齿轮和轴承之间缺少挡油板；
(4) 键槽过长；
(5) 与轮毂配合段轴颈长度应比轮毂长小 2mm 至 3mm；
(6) 轴承缺少轴向定位；
(7) 轴承无需周向定位；
(8) 端盖和轴之间不应接触，要有间隙。

16-12　某轴系部件用一对圆锥滚子轴承支承，轴承背靠背安装。已知轴承 1 和轴承 2 的径向载荷分别为 $F_{r1}=600N$，$F_{r2}=1800N$；轴上作用的轴向载荷 $F_A=150N$，方向如图 16-2-8所示；轴承的附加轴向力 $F_s=F_r/2Y$，$e=0.37$，当轴承的总轴向力 F_a 与径向力 F_r 之比 $F_a/F_r>e$ 时，$X=0.4$，$Y=1.6$，当 $F_a/F_r<e$ 时，$X=1$，$Y=0$。轴承有中等冲击，载荷

系数 $f_p=1.5$，工作温度不大于 120℃。试求：(1)轴承 1 和轴承 2 的轴向载荷 F_{a1} 和 F_{a2}；(2)轴承 1 和轴承 2 的当量动载荷 P_1 和 P_2。

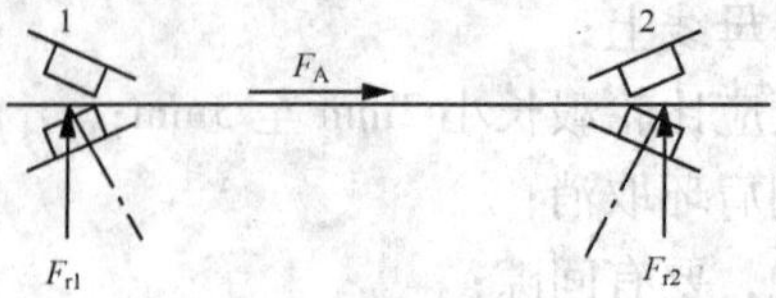

图 16-2-8

解：(1)由题意可知，两轴承的派生轴向力分别为

$$F_{s1}=\frac{F_{r1}}{2Y}=\frac{600}{2\times1.6}=187.5\text{N}(\text{方向向左})$$

$$F_{s2}=\frac{F_{r2}}{2Y}=\frac{1800}{2\times1.6}=562.5\text{N}(\text{方向向右})$$

因为

$$F_{s1}=187.5\text{N}<F_A+F_{s2}=150+562.5=712.5\text{N}$$

所以，轴承 1 为压紧端，轴承 2 为防松端，则

$$F_{a1}=F_{s1}+F_A=712.5\text{N}$$

$$F_{a2}=F_{s2}=562.5\text{N}$$

(2)由(1)可知

$$\frac{F_{a1}}{F_{r1}}=\frac{712.5}{600}=1.1875>e$$

所以，$X=0.4$，$Y=1.6$，轴承 1 的当量动载荷为

$$P_1=f_p(XF_{r1}+YF_{a1})=1.5\times(0.4\times600+1.6\times712.5)=2070\text{N}$$

因为

$$\frac{F_{a2}}{F_{r2}}=\frac{562.5}{1800}=0.3125<e$$

所以有 $X=1$，$Y=0$，轴承 2 的当量动载荷为

$$P_2=f_p(XF_{r2}+YF_{a2})=1.5\times(1\times1800+0\times562.5)=2700\text{N}$$

16.3 名校考研真题详解

一、选择题

1. 滚动轴承的基本额定寿命是指一批同型号的轴承，在相同的条件下运转，其中(　　)的轴承所能达到的寿命。[浙江大学 2012 研]

A. 90%　　B. 95%　　C. 99%　　D. 100%

【答案】A

【解析】一批同型号的轴承，在相同的条件下运转，其中 10% 的轴承已发生疲劳点蚀，而 90% 的轴承尚未发生疲劳点蚀时所能达到的总转数称为轴承的基本额定寿命。载荷越大，其基本额定寿命越短。

2. 跨距较大，承受较大径向力，轴的弯曲刚度较低时应选(　　)。[浙江大学 2012 研]

A. 深沟球轴承　　B. 调心球轴承　　C. 圆柱滚子轴承　　D. 滚针轴承

【答案】B

【解析】A 项，深沟球轴承适用于转速高的轴；B 项，调心球轴承主要承受径向载荷，也可承受小的轴向载荷，适用于多支点和弯曲刚度不足的轴以及难以对中的轴；C 项，圆柱滚子轴承适用于刚性很大、对中良好的轴；D 项，滚针轴承适用于径向载荷很大而径向尺寸受限制与刚度大的场合。

3. 在下面的滚动轴承型号中允许极限转速最高的轴承是(　　)。[湘潭大学 2016 研]

A. N307/P2　　B. 6207/P2　　C. 30207　　D. 51307/P2

【答案】B

【解析】A 项，N307 为圆柱滚子轴承，其允许的极限转速高；B 项，6207 为深沟球轴承，其允许的极限转速高；C 项，30207 为圆锥滚子轴承，其允许的极限转速中等；D 项，51307 为推力球轴承，其允许的极限转速低。由于圆柱滚子为线接触，球为点接触，故深沟球轴承的极限转速要高于圆柱滚子轴承，故答案选 B。

二、填空题

1. 滚动轴承内圈与轴的公差配合为______制，而外圈与座孔的配合采用______制。与滚动轴承 7118 相配合的轴径尺寸是______ mm。[厦门大学 2012 研]

【答案】基孔；基轴；90

【解析】滚动轴承的配合是轴承内圈与轴颈，轴承外圈与轴承座孔的配合。由于滚动轴承是标准件，故内圈与轴颈的配合采用基孔制，外圈与轴承座孔的配合采用基轴制。配合的松紧程度根据轴承工作载荷的大小，性质，转速高低等确定。

2. 角接触球轴承______越大，其______承载能力就越大。[湘潭大学 2016 研]

【答案】公称接触角；轴向

【解析】向心推力轴承的滚动体与外圈滚道接触点(线)处的法线 $N-N$ 与半径方向的夹角 α 称为轴承的接触角。α 越大，其在轴向的分力 $\sin\alpha$ 越大。轴向接触($\alpha=90°$)推力轴承只能承受轴向载荷。径向接触($\alpha=0°$)向心轴承，当以滚子为滚动体时，只能承受径向载荷。

3. 61313 轴承，其类型是______轴承，内径______ mm，______级精度。[常州大学 2015 研]

【答案】深沟球；65；0

【解析】本题考查代号的含义。左起第一位数字(或字母)表示轴承的类型，第二位和第三位数字表示轴承的直径系列和宽度系列，第四位和第五位数字表示轴承的内径，后置代号中，0 级公差等级和 0 组游隙可不标出。故 61313 表示内径为 65mm，0 级精度的深沟球轴承。

三、判断题

1. 代号相同的两只滚动轴承，使用条件相同时其寿命相同。(　　)[浙江大学 2012 研]

【答案】错

【解析】一批同型号的轴承，由于其材料均匀程度、加工、热处理、装配精度等方面不可避免、随机的差异，即使在同样工作条件下使用，每个轴承的使用寿命也不是相等的，寿命最长和最短可相差很多倍。

2. 滚动轴承的外圈与轴承座孔的配合应采用基孔制。(　　)[浙江大学 2013 研]

【答案】错

【解析】由于轴承是属于标准件，所以在与轴承配合时，轴承外圈与轴承座孔采用的是基轴制，轴承内圈孔与轴采用的是基孔制。

四、计算题

1. 图 16-3-1 所示为一单向运转轴系，已知斜齿轮 Z_2 和斜齿轮 Z_3 所受的轴向力分别为 $F_{a2}=3000N$ 和 $F_{a3}=6000N$。运动从斜齿轮 Z_2 上端传入，斜齿轮 Z_3 上端传出，如此时轴承 1 的反力为 $R_1=5000N$，轴承 2 的反力为 $R_2=12000N$，$S=0.7R$。试确定：

(1) 希望该轴上齿轮产生的轴向力能相互抵消一部分，试分析该轴的转向、并标出斜齿轮 Z_3 所受轴向力 F_{a3} 的方向；

(2) 滚动轴承计算时所用的当量动载荷(两滚动轴承型号相同，且取 $X=0.35$，$Y=0.57$，载荷系统 $K_p=1$)。[浙江大学 2013 研]

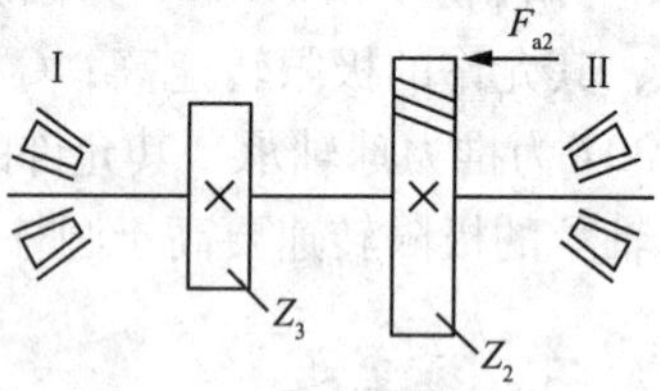

图 16-3-1

解：(1) 根据齿轮 2 的旋向和轴向力方向可知与其啮合的主动轮左旋，轴向力水平向右，再由左手定则判断出该轴的转向如图 16-3-2 所示。

由题意得

$$S_1=0.7R_1=0.7\times5000=3500N(\leftarrow)$$

$$S_2=0.7R_2=0.7\times12000=8400N(\rightarrow)$$

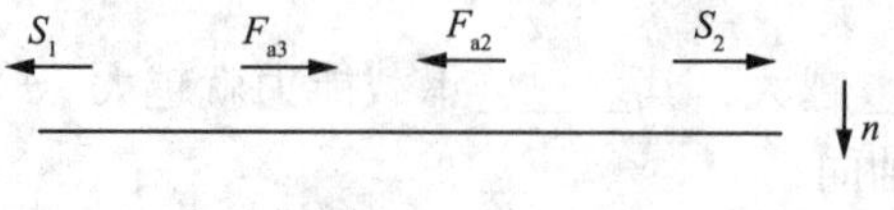

图 16-3-2

为了该轴齿轮产生轴向力能够相互抵消一部分，齿轮 3 轴向力的方向向右。轴的受力分析如图 16-3-2 所示。

(2) 因为 $S_1+F_{a2}<S_2+F_{a3}$，所以轴要向右移动，轴承 1 被压紧，轴承 2 被放松。

轴承 1 的轴向载荷

$$A_1=S_2-F_{a2}+F_{a3}=8400+6000-3000=11400N$$

轴承 2 的轴向载荷

$$A_2=S_2=8400N$$

则轴承 1、2 的当量动载荷

$$P_1=K_{p1}(XR_1+YA_1)=0.35\times5000+0.57\times11400=8248N$$

$$P_2=K_{p2}(XR_2+YA_2)=0.35\times12000+0.57\times8400=8988N$$

因为 $P_1<P_2$，所以在进行滚动轴承寿命计算时，当量动载荷取 $P=P_2=8988N$。

2. 如图 16-3-3 所示，安装有两个斜齿圆柱齿轮的转轴用一对代号为 7210AC($F_s=0.68F_r$，F_s 是轴承的内部轴向力)的轴承支撑。已知两齿轮上的轴向力分别为 $F_{A1}=3000N$，$F_{A2}=5000N$，方向如图。轴承所受径向载荷分别为 $F_{r1}=8600N$，$F_{r2}=12500N$，求两轴承的轴向力 F_{a1}，F_{a2}。[厦门大学 2013 研]

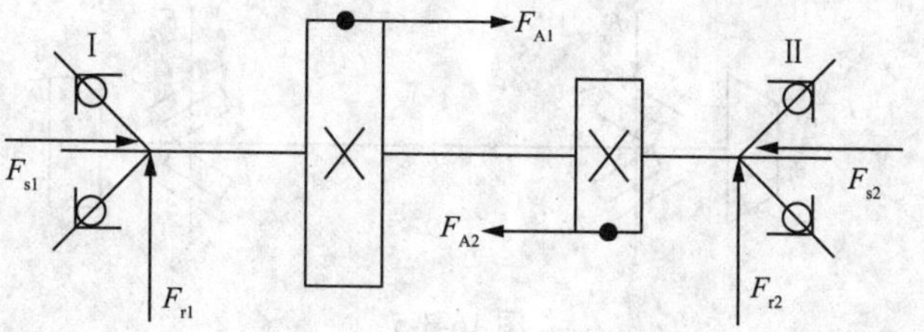

图 16-3-3

解：两轴承的内部轴向力分别为

$$F_{s1}=0.68F_{r1}=0.68\times 8600=5848\text{N}$$
$$F_{s2}=0.68F_{r2}=0.68\times 12500=8500\text{N}$$

轴向力

$$F_A=F_{A2}-F_{A1}=5000-3000=2000\text{N}(\leftarrow)$$

由于 $F_{s2}+F_A=8500+2000=10500\text{N}>F_{s1}$，所以轴承 1 被“压紧”，轴承 2 被“放松”。

故两轴承的轴向力分别为

$$F_{a1}=F_{s2}+F_A=8500+2000=10500\text{N}$$
$$F_{a2}=F_{s2}=8500\text{N}$$

3. 如图 16-3-4 所示一对轴承支撑的轴系，轴承反装(背靠背)，已知两个轴承的径向载荷分别为 $F_{R1}=2500\text{N}$，$F_{R2}=5000\text{N}$，轴上作用的轴向外载荷 $F_A=1000\text{N}$，轴承内部轴向力 $F_S=0.7F_R$。试求轴承 1 和轴承 2 的轴向载荷 F_{a1}、F_{a2}。［常州大学 2015 研］

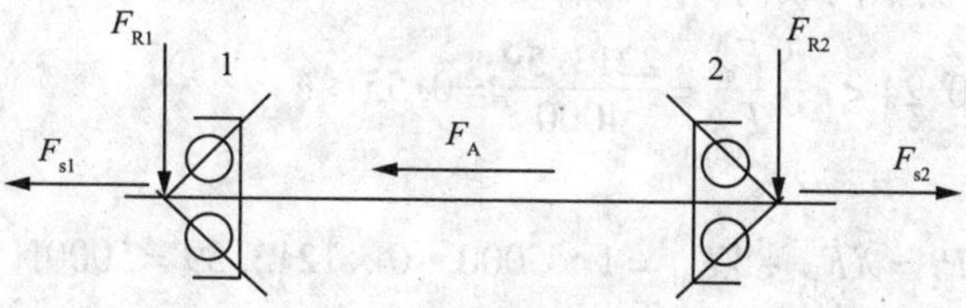

图 16-3-4

解：两轴承的内部轴向力

$$F_{s1}=0.7F_{R1}=0.7\times 2500=1750\text{N}$$
$$F_{s2}=0.7F_{R2}=0.7\times 5000=3500\text{N}$$

因为 $F_{s1}+F_A=1750+1000=2750\text{N}<F_{s2}$

整个轴向右移动

所以轴承 1 被压紧 $F_{a1}=F_{s2}-F_A=2500\text{N}$；

轴承 2 被放松 $F_{a2}=F_{s2}=3500\text{N}$。

4. 如图 16-3-5 所示轴的两支点上各安装一个圆锥滚子轴承。已知轴承的预期寿命为 $L_h=15000$ 小时，寿命指数 $\varepsilon=10/3$；轴承所受径向载荷 $F_{r1}=5000\text{N}$，$F_{r2}=4000\text{N}$；外加轴向载荷 $F_a=1000\text{N}$，方向如图所示；派生轴向力 $F_d=F_r/(2Y)$；温度系数 $f_r=1$，载荷系数 $f_d=1.2$；轴的转速 $n=1500\text{r/min}$；当 $F_a/F_r\leqslant e$ 时，径向载荷系数 $X=1$，轴向载荷系数 $Y=0$，当 $F_a/F_r>e$ 时，$X=0.4$，$Y=2.06$；判断系数 $e=0.29$。试计算轴承需要的基本额定动载荷。［湘潭大学 2016 研］

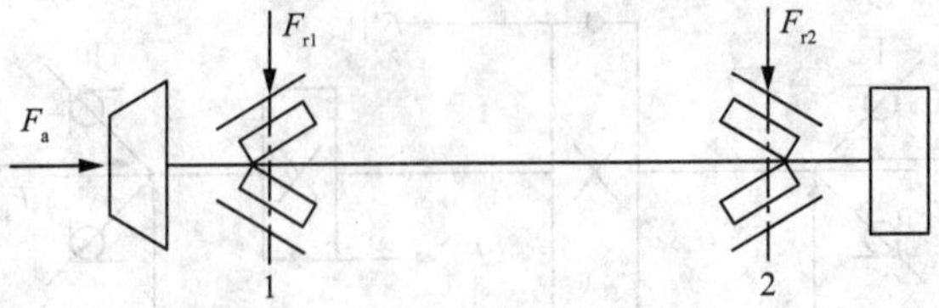

图 16-3-5

解：如图 16-3-6 所示

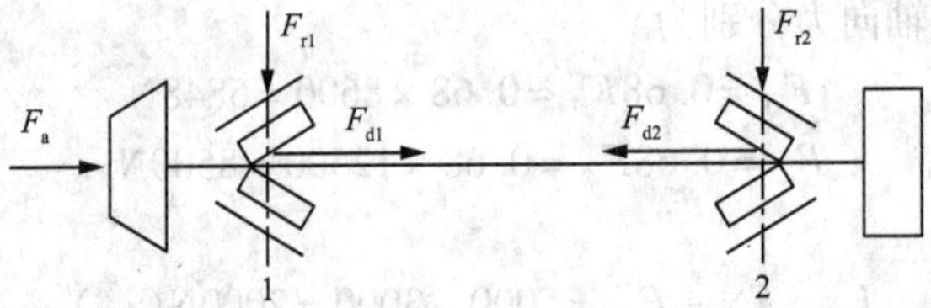

图 16-3-6

派生轴向力

$$F_{d1}=F_{r1}/(2Y)=5000/(2\times 2.06)=1213.59\text{N}$$

$$F_{d2}=F_{r2}/(2Y)=4000/(2\times 2.06)=970.87\text{N}$$

由于 $F_a+F_{d1}=1000+1213.59=2213.59\text{N}>F_{d2}$

故轴承 1 被"放松"，轴承 2 被"压紧"。

轴承 1（放松端）所受轴向载荷 $F_{a1}=F_{d1}=1213.59\text{N}$

轴承 2（压紧端）所受轴向载荷 $F_{a2}=F_{d1}+F_d=2213.59\text{N}$

由$\dfrac{F_{a1}}{F_{r1}}=\dfrac{1213.59}{5000}=0.24<e$；$\dfrac{F_{a2}}{F_{r2}}=\dfrac{2213.59}{4000}=0.55>e$

当量动载荷

$$P_1=XF_{r1}+YF_{a1}=1\times 5000+0\times 1213.59=5000\text{N}$$

$$P_2=XF_{r2}+YF_{a2}=0.4\times 4000+2.06\times 2213.59=6160\text{N}$$

取二者大值代入基本额定动载荷计算公式

$$C=\frac{f_dP}{f_t}\left(\frac{60n}{10^6}L_h\right)^{1/\varepsilon}=64248.37\text{N}$$

5．图 16-3-7 所示轴用两个同型号的滚动轴承支承，常温下工作。已知：两齿轮上的轴向力分别为 $F_{A1}=2000\text{N}$，$F_{A2}=1100\text{N}$，方向如图；两轴承所受的径向载荷分别为 $F_{r1}=3600\text{N}$，$F_{r2}=6000\text{N}$。载荷有轻微冲击，取 $f_p=1.2$；轴的转速 $n=1470\text{r/min}$；预期寿命 $L_{10}=5000\text{h}$。试确定：

（1）两轴承的轴向载荷 F_{a1}、F_{a2}；

（2）两轴承的当量动载荷 P_1、P_2；

（3）轴承的寿命是否满足要求。附注：可能用到的公式和资料：

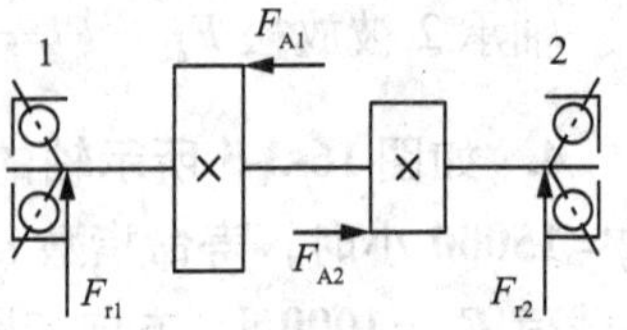

图 16-3-7

①$S=0.7F_r$，$e=0.68$，$C_r=47500\text{N}$。

②当 $F_a/F_r\leqslant e$ 时，$X=1$、$Y=0$；

当 $F_a/F_r>e$ 时，$X=0.41$、$Y=0.87$。［华中科技大学 2012 研］

答：（1）

轴承 1 的派生轴向力 $S_1 = 0.7F_r = 0.7 \times 3600 = 2520N$。

轴承 2 的派生轴向力 $S_2 = 0.7F_r = 0.7 \times 6000 = 4200N$。

轴上齿轮的总轴向力 $F_A = F_{A1} - F_{A2} = 900N$，方向水平向左。

由于 $S_2 + F_A = 4200 + 900 = 5100N > S_1$，故轴承 1 被压紧，轴承 2 被放松。

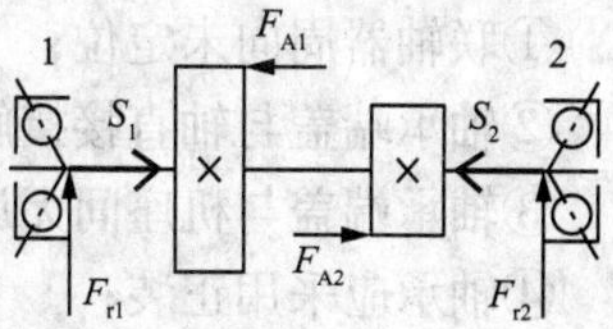

图 16-3-8

轴承 1 的轴向载荷 $F_{a1} = S_2 + F_A = 5100N$。

轴承 2 的轴向载荷 $F_{a2} = S_2 = 4200N$。

(2)对轴承 1 而言：由于$\frac{F_{a1}}{F_{r1}} = \frac{5100}{3600} = 1.417 > e$，故 $X = 0.41$，$Y = 0.87$。轴承 1 的当量动载荷为

$$P_1 = f_p(XF_r + YF_a) = 1.2 \times (0.41 \times 3600 + 0.87 \times 5100) = 7095.6N$$

对轴承 2 而言：由于$\frac{F_{a2}}{F_{r2}} = \frac{4200}{6000} = 0.7 > e$，故 $X = 0.41$，$Y = 0.87$，轴承 2 的当量动载荷为

$$P_2 = f_p(XF_r + YF_a) = 1.2 \times (0.41 \times 6000 + 0.87 \times 4200) = 7336.8N$$

(3)$\because P_1 < P_2$，$\therefore$ 按 P_2 计算。

①若为球轴承 $\varepsilon = 3$，轴承的寿命

$$L_h = \frac{10^6}{60n}\left(\frac{C_r}{P}\right)^{\varepsilon} = \frac{10^6}{60 \times 1470} \times \left(\frac{47500}{7336.8}\right)^3 = 3076.75h < L_{10} = 5000h$$

则轴承的寿命不满足要求。

②若为滚子轴承 $\varepsilon = \frac{10}{3}$，轴承的寿命

$$L_h = \frac{10^6}{60n}\left(\frac{C_r}{P}\right)^{\varepsilon} = \frac{10^6}{60 \times 1470} \times \left(\frac{47500}{7336.8}\right)^{\frac{10}{3}} = 5734.40h > L_{10} = 5000h$$

则轴承的寿命满足要求。

五、简答题

改正图中轴系结构错误及不合理之处，并简要说明原因。注意：轴不长且工作温升不高；过渡圆角及倒角已简化。［华中科技大学 2012 研］

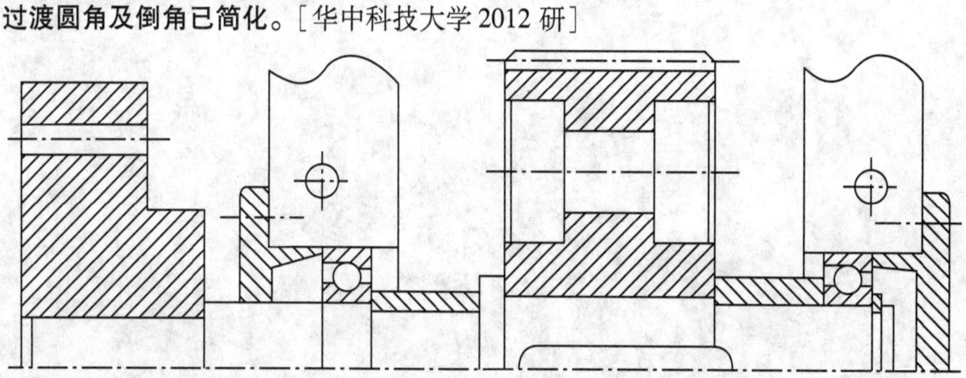

图 16-3-9

答：(1)图中轴系结构错误及不合理之处如下：

①联轴器周向未定位；
②轴承端盖与轴直接接触，且无密封；
③轴承端盖与机座间无调整垫片；
④轴承应采用正装；
⑤左侧轴承所处轴段较长，缺少装配轴肩(非定位轴肩)；
⑥箱体端面加工面与非加工面没有分开；
⑦用于齿轮周向固定的键过长；
⑧与齿轮相配合部分的轴段长度应比齿轮轮毂略短，保证可靠定位；
⑨套筒高度超过右轴承内圈高度，本应低于轴承内圈；
⑩右轴承右侧不需要弹性挡圈定位。
(2)改正情况如图 16-3-10 所示。

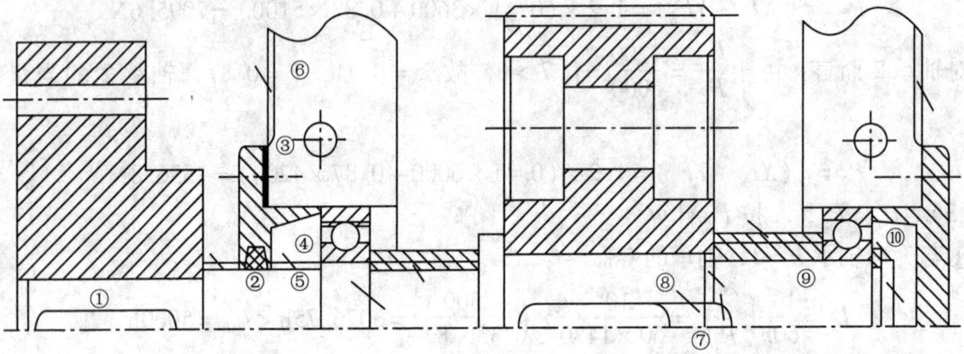

图 16-3-10

第 17 章　联轴器、离合器和制动器

17.1　复习笔记

【通关提要】

本章主要介绍了联轴器、离合器和制动器的类型及其选择。本章主要以选择题、填空题和判断题的形式考查，在考试中所占比重很小。本章不必作为复习重点。

【重点难点归纳】

一、联轴器、离合器的类型和应用(见表 17-1-1)

表 17-1-1　联轴器、离合器的类型和应用

要点	主要内容
刚性联轴器	根据能否补偿两轴的相对位移，分为固定式(不能)和可移式(能)
弹性联轴器	能补偿两轴的相对位移，且可以减轻振动和冲击
离合器	①牙嵌式离合器；②摩擦式离合器；③电磁离合器；④自动离合器
应用	连接两轴，并传递运动和动力

二、固定式刚性联轴器

刚性联轴器分为凸缘联轴器、套筒联轴器、夹壳联轴器和平行轴联轴器。刚性联轴器只适用于轴能严格对中，工作时不产生相对偏移的场合。

三、可移式刚性联轴器(见表 17-1-2)

表 17-1-2　可移式刚性联轴器

名称	具体内容	
齿式联轴器	特点	①能传递很大的转矩；②能补偿两轴的镜像、轴向和角位移
	应用	常用于重型机械中
滑块联轴器	适用于转速较低，传递转矩较大的传动	
万向联轴器	特点	主、从动轴的瞬时角速度不相等
	双万向联轴器	在满足一定的条件下，主、从动轴的角速度相等

四、弹性联轴器

包括：弹性套柱销联轴器、弹性柱销联轴器、梅花形弹性联轴器、弹性活块联轴器和轮胎式联轴器。

五、牙嵌离合器

利用两半离合器端面上的牙互相嵌合或脱开以达到主、从动轴的离合，牙有三角形、梯形和锯齿形等几种形式。由于同时参与嵌合的牙数多，故承载较高，适用范围广泛。

六、圆盘摩擦离合器

1. 单片式和多片式

(1)单片式摩擦离合器

单片式摩擦离合器多用于转矩在 2000N · m 以下的轻型机械。

(2)多片式摩擦离合器

所传递的最大转矩

$$T_{max}=zfF_aR_f=zfF_a(D_1+D_2)/4\geqslant K_AT$$

作用在摩擦面上的压强

$$p\leqslant 4F_a/[\pi(D_2{}^2-D_1{}^2)]\leqslant[p]$$

式中，D_1为外摩擦片的内径；D_2为内摩擦片的外径；z 为摩擦面数目；F_a为轴向压力；K_A为工作情况系数；f 为摩擦系数；$[p]$为许用压强。

2. 不在油中工作和在油中工作

七、磁粉离合器、定向离合器及制动器

定向离合器包括滚珠式定向离合器和楔块式定向离合器两种。

制动器包括块式制动器、带式制动器和内张蹄式制动器三种。

17.2 课后习题详解

17-1 由交流电动机直接带动直流发电机供应直流电。已知所需最大功率为 18 ~ 20kW，转速 3000r/min，外伸轴轴径 $d=45$mm。(1)试为电动机与发电机之间选择一只恰当类型的联轴器，并陈述理由。(2)根据已知条件，定出联轴器型号。

答：(1)选择型号：由于此类机组一般为中小型，所需传递的功率中等，直流发电机载荷平稳，轴的弯曲变形较小，连接之后不再拆动，因此，选用传递转矩大、结构简单的固定式刚性联轴器，如凸缘联轴器。

(2)计算其传递的最大转矩

$$T=9550\frac{P}{n}=9550\times\frac{20}{3000}=63.67\text{N}\cdot\text{m}$$

由于载荷平稳，查教材表 17-1，选取载荷系数 $K_A=1.3$，因此计算转矩

$$T_c=K_AT=1.3\times 63.67=82.77\text{N}\cdot\text{m}$$

根据计算转矩、轴的转速及外伸轴直径 $d=45$mm，查机械设计手册选取铰制孔型凸缘联轴器 GY6。其许用转矩为$[T]=900$N · m，许用最大转速 $n_{max}=6800$r/min。

17-2 在发电厂中，由高温高压蒸汽驱动汽轮机旋转，并带动发电机供电。在汽轮机与发电机之间用什么类型的联轴器为宜？理由何在？试为 3000kW 的汽轮发电机机组选择联轴器的具体型号，设轴颈 $d=120$mm，转速为 3000r/min。

答：(1)选择型号：由于汽轮发电机组的转子较重，传递的转矩较大，因此轴有一定的弯曲变形；由于工作环境为高温高压蒸汽，轴有伸长，因此选用耐高温的齿式联轴器。

(2)该联轴器传递的转矩

$$T=9.55\times 10^6\frac{P}{n}=9.55\times 10^6\times\frac{3000}{3000}=9.55\times 10^6\text{N}\cdot\text{mm}=9550\text{N}\cdot\text{m}$$

因载荷较平稳，查教材表 17-1，取载荷系数 $K_A=1.3$，计算转矩

$$T_c=K_AT=1.3\times 9550=12415\text{N}\cdot\text{m}$$

根据计算转矩、轴的转速及轴径 $d=120$mm，查手册，选用鼓型齿式联轴器 GCLD7。其许用转矩为$[T]=18000$N · m，许用最大转速 $n_{max}=3350$r/min。

17-3　如图 17-2-1 所示，有两只转速相同的电动机，电动机 1 连接在蜗杆轴上，电动机 2 直接连接在 O_2 轴上（垂直于图纸平面，图中未标出），O_2 轴的另一端连接工作机。这样，当起动电动机 1（停止电动机 2）时，电动机 1 经蜗杆蜗轮减速后驱动 O_2 轴，是慢速挡。若起动电动机 2（停止电动机 1）直接驱动 O_2 轴，则是快速挡。要求电动机 1、电动机 2 可以同时起动，或电动机 2 起动后再停止电动机 1（反之亦然）时，不会产生卡死现象。试选一种离合器，使之实现上述要求（要求用示意图配合文字说明其动作）。

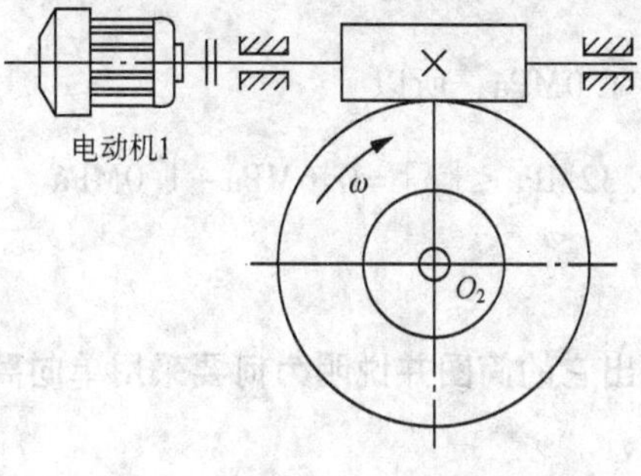

图 17-2-1

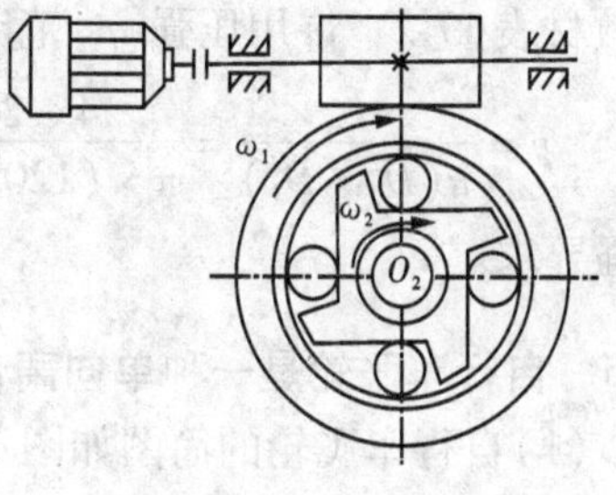

图 17-2-2

答：如图 17-2-2 所示，选用超越离合器。

电动机 1 和电动机 2 的转速是相同的，但电动机 1 经过蜗杆蜗轮传动后，转速降至 ω_1，并有 $\omega_1<\omega_2$。当两电动机同时起动时，因 $\omega_1<\omega_2$，超越离合器松开，ω_1 传不到 O_2 轴上，O_2 轴由电动机 2 带动。若电动机 1 开动后，再停止电动机 2，则电动机 2 停止转动时，$\omega_2=0$，$\omega_1>\omega_2$，超越离合器被滚珠楔紧带动 O_2 轴旋转，所以任何时间都不会卡死。

17-4　如图 17-2-3 所示的多片式摩擦离合器。用于车床，传递的功率为 1.7kW，转速为 500r/min，若 $D_1=80$mm，$D_2=120$mm，摩擦片材料用淬火钢，油浴润滑，摩擦片间的压紧力 $F_a=2000$N，问需多少片摩擦片才能实现上述要求（注意区分摩擦面数目和摩擦片片数）？

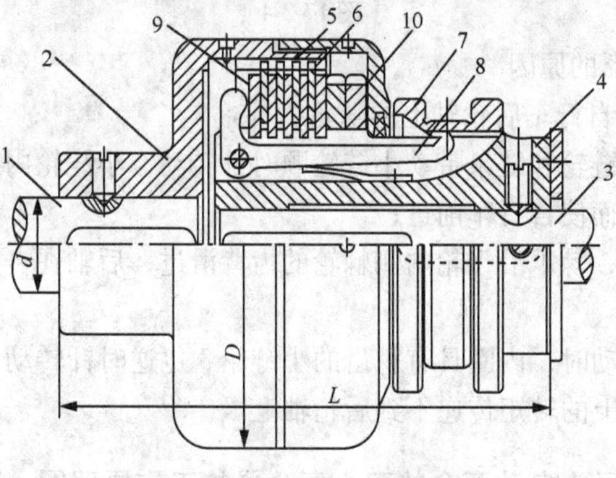

图 17-2-3　多片式摩擦离合器

解：(1)计算转矩

$$T=9.55\times10^6\frac{P}{n}=9.55\times10^6\times\frac{1.7}{500}=32.47\times10^3\text{N}\cdot\text{mm}=32.47\text{N}\cdot\text{m}$$

当工作机为车床时，查教材表 17-1，取工作情况系数 $K_A=1.5$，则计算转矩

$$T_c=K_AT=1.5\times32.47=48.7\text{N}\cdot\text{m}$$

(2)摩擦面数

多片式摩擦离合器所传递的最大转矩 $T_{\max}=zfF_a\dfrac{D_1+D_2}{4}\geqslant T_c$。

查教材表 17-2，取摩擦系数 $f=0.05$。整理并代入数据得

$$z\geqslant\frac{4T_c}{fF_a(D_1+D_2)}=\frac{4\times 48700}{0.05\times 2000\times(80+120)}=9.74$$

故应取摩擦面数为 10，可选用主动摩擦片为 6 片，从动摩擦片为 5 片。

(3) 验算压强 p

查教材表 17-2，许用压强 $[p]$ 范围为：0.6～1.0MPa，所以

$$p=\frac{4F_a}{\pi(D_2^2-D_1^2)}=\frac{4\times 2000}{\pi\times(120^2-80^2)}=0.32\text{MPa}\leqslant[p]=0.6\text{MPa}\sim 1.0\text{MPa}$$

满足压强要求。

17-5　自行车飞轮是一种单向离合器，试画出它的简图并说明为何要采用单向离合器。

解：(1) 自行车飞轮的简图如图 17-2-4 所示。

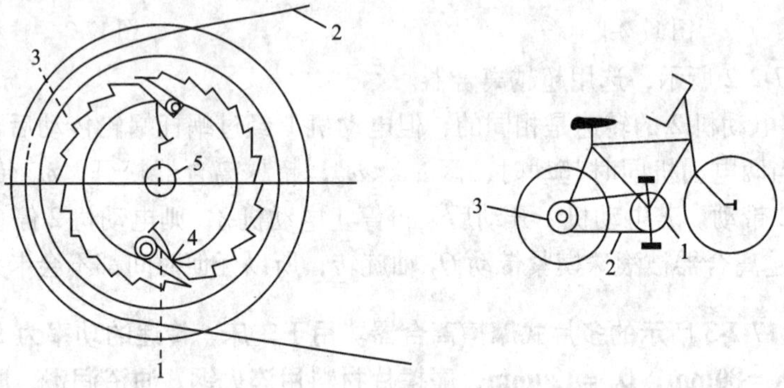

1—大链轮；2—链条；3—小链轮；4—棘爪；5—后轮轴

图 17-2-4

(2) 采用单向离合器的原因

图 17-2-4 中左侧为自行车后轮轴上的棘轮机构。

当脚蹬踏板时，大链轮和链条带动小链轮顺时针转动，小链轮内圈的棘齿驱使棘爪推动后轮轴顺时针转动，从而使自行车前进；

当链条停止转动时，棘爪沿飞轮内侧棘轮的齿背滑过，后轴在自行车惯性作用下与飞轮脱开继续转动；

当脚踏板逆时针转动时，内圈具有棘齿的小链轮 3 也逆时针转动，棘爪沿飞轮内侧棘轮的齿背滑过，小链轮 3 上的转矩传递不到后轮轴上。

17-6　图 17-2-5 所示为自动离合的离心离合器的工作原理图。已知弹簧刚度 $k=3\text{N/mm}$，活动瓦块质量中心与轴中心线的距离 $r=50\text{mm}$，活动瓦块与鼓轮的间隙 $\lambda=12\text{mm}$，活动瓦块集中总质量 $m=1.5\text{kg}$，接合面间摩擦系数 $f=0.4$，试求传递转矩 $T=13.5\text{N}\cdot\text{m}$ 时输入轴的角速度 ω_T(活动瓦块厚度较小，其尺寸可略去不计)。

解：分析瓦块到达最高点时的受力，根据平衡条件可得

$$F_c=F_N+F_k+G$$

其中，F_N 为瓦块和鼓轮之间的正压力；

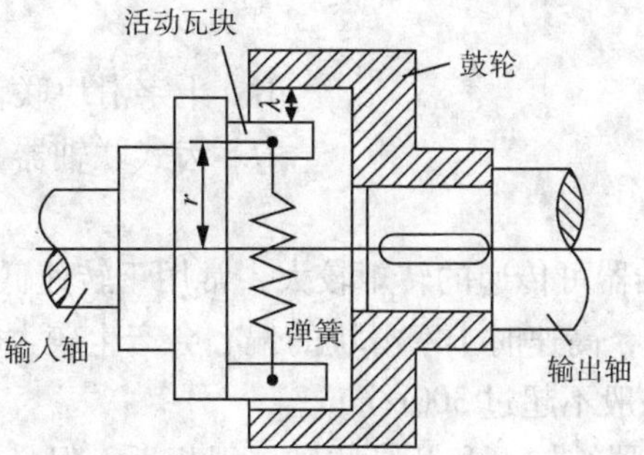

图 17-2-5

离心力：$F_c = m\omega^2(r+\lambda) = 1.5\omega_T^2(50+12)\times10^{-3} = 0.093\omega_T^2$；

弹簧拉力：$F_k = k\lambda = 3\times12 = 36\text{N}$；

瓦块重力：$G = mg = 1.5\times9.8 = 14.7\text{N}$。

考虑到传递转矩 T 时需要的摩擦力：$F_f = \dfrac{T}{r+\lambda} = \dfrac{13500}{50+12} = 218\text{N}$，且

$$F_f = fF_N$$

则

$$F_N = \frac{F_f}{f} = \frac{218}{0.4} = 545\text{N}$$

代入数据整理得

$$0.093\omega_T^2 = 545 + 36 + 14.7$$

解得输入轴的角速度 $\omega_T = 80\text{rad/s}$。

17.3 名校考研真题详解

一、选择题

1. 载荷变化不大，转速较低，两轴较难对中，宜选(　　)。[浙江大学 2012 研]

A. 刚性固定式联轴器　　B. 刚性可移式联轴器

C. 安全联轴器　　D. 弹性联轴器

【答案】B

【解析】若两轴能够保证严格对中，可选用固定式联轴器，若不能保证严格对中，则应选用可移式联轴器或弹性联轴器；若载荷较平稳或变动不大时，可选用刚性联轴器，若经常启动、制动或载荷变化很大时最好选用弹性联轴器；低速时选用刚性联轴器，高速时宜选用弹性联轴器，综上所述应选择刚性可移式联轴器。

2. 在下列联轴器中不能够补偿两轴线之间误差的联轴器是(　　)。[湘潭大学 2016 研]

A. 十字滑块联轴器　　B. 齿式联轴器

C. 凸缘联轴器　　D. 膜片联轴器

【答案】C

【解析】凸缘联轴器是常用的固定式刚性联轴器，固定式刚性联轴器不能够补偿两轴线的相对位移；膜片联轴器靠膜片的弹性变形来补偿所联两轴的相对位移，属于挠性联轴器。

3. 当转速较高、传递的转矩不大、频繁启动，且两轴较难对中，宜选用(　　)联轴

器。[浙江大学 2010 研]

A. 凸缘联轴器　　B. 十字滑块联轴器

C. 弹性套柱销联轴器　　D. 齿式联轴器

【答案】C

【解析】A 项，凸缘联轴器可传递的转矩较大，常用于转速低、载荷较平稳的两轴连接。

B 项，十字滑块联轴器，高速时十字滑块的偏心会产生较大的离心力，因此，该联轴器只适用于低速，轴的转速一般不超过 300r/min。

C 项，弹性套柱销联轴器结构上和凸缘联轴器很相近，但是两个半联轴器的连接不用螺栓，而是用带橡胶弹性套的柱销。适用于连接载荷平稳、需要正反转或者启动频繁的传递中小转矩的轴。

D 项，齿式联轴器，其外形尺寸紧凑，工作可靠，传递转矩大，但结构复杂，成本高，常用于低速的重型机械。

二、判断题

1. 万向联轴器适用于轴线有交角或距离较大的场合。(　　)[浙江大学 2013 研]

【答案】对

【解析】万向联轴器允许被连接的两轴在较大的偏转角下工作。

2. 从减少制动力矩而言，机器的制动器宜尽量设置在转速低的轴上。(　　)[浙江大学 2013 研]

【答案】错

【解析】通常为减小制动力矩、缩小制动器尺寸，制动器宜装在高速轴上。

3. 若被连接的两轴有较大的径向位移，则可选用双万向联轴器。(　　)[华中科技大学 2013 研]

【答案】错

【解析】双万向联轴器可用于轴线相交的两轴间的连接，或工作时有较大角位移的场合；十字滑块联轴器适用于两轴平行但有较大径向位移，且转速不高的场合，所以应选用十字滑块联轴器。

4. 当轴的转速较高、刚度较小，其承受的载荷具有冲击、振动时，一般选用弹性联轴器。(　　)[西安石油大学 2020 年研]

【答案】对

【解析】弹性联轴器的特点：具有缓冲和吸振性能，弹性元件比较薄弱，不适用于低速和大转矩的场合。

第18章 弹 簧

18.1 复习笔记

【通关提要】

本章主要介绍了弹簧的功用和类型、圆柱螺旋压缩(拉伸)弹簧的设计计算以及圆柱螺旋扭转弹簧的设计计算。其中，弹簧的分类、制造等，多以选择题和填空题形式出现。圆柱螺旋压缩(拉伸)弹簧和扭转弹簧的设计计算，多以考查某一公式为主，计算较少。本章在考试中所占比重较小，复习时，需酌情考虑。

【重点难点归纳】

一、弹簧的功用和类型

1. 弹簧的主要功用

(1)控制机构的运动或零件的位置；

(2)缓冲及吸振；

(3)储存能量；

(4)测量力的大小。

2. 弹簧的类型

包括：螺旋弹簧、环形弹簧、碟形弹簧、平面涡卷弹簧(盘簧)和板弹簧。

螺旋弹簧按形状分为圆柱形、截锥形等；按受载情况分为拉伸弹簧、压缩弹簧和扭转弹簧。

二、圆柱螺旋拉伸、压缩弹簧的应力与变形

1. 弹簧的应力

弹簧丝截面内侧的最大切应力及强度条件

$$\tau = K\frac{8FC}{\pi d^2} \leqslant [\tau]$$

式中，$[\tau]$为材料的许用切应力；K为弹簧的曲度系数，其计算式为

$$K = \frac{4C-1}{4C-4} + \frac{0.615}{C}$$

其值可通过旋绕比C查图获得，旋绕比C越小，弹簧的曲度系数K越大，内侧应力增加越多。

2. 弹簧的变形

(1)弹簧的轴向变形量λ

$$\lambda = \frac{8FD^3n}{Gd^4} = \frac{8FC^3n}{Gd}$$

式中，n为弹簧的有效圈数；G为弹簧材料的切变模量；D为弹簧中径。

(2)弹簧刚度k

$$k = \frac{F}{\lambda} = \frac{Gd^4}{8D^3n} = \frac{Gd}{8C^3n}$$

其中，C 的取值为 $C=5\sim8$。

三、弹簧的制造、材料和许用应力(见表 18-1-1)

表 18-1-1　弹簧的制造、材料和许用应力

要点	主要内容
制造过程	卷制、钩环制作(切尾)、去应力退火、检验、表面防腐处理等
材料	碳素弹簧钢、合金弹簧钢和有色金属合金
许用应力	弹簧按照载荷性质，分为Ⅰ类、Ⅱ类和Ⅲ类弹簧，根据类型查教材表 18-2 可得其许用应力计算公式

四、圆柱螺旋拉伸、压缩弹簧的设计

1. 结构尺寸和特性曲线

(1)压缩弹簧的结构尺寸

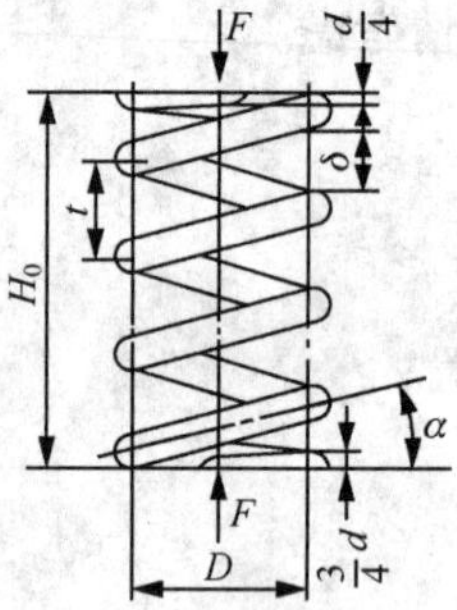

图 18-1-1　弹簧的几何参数

如图 18-1-1 所示为圆柱螺旋压缩弹簧的结构，其主要尺寸及其计算公式如下：

①总圈数：$n_1=n+(1.5\sim2.5)$；

②节距：$t=d+\delta$；

③间距：$\delta\geqslant\lambda_2/(0.8n)$；

④螺旋升角：$\alpha=\arctan(t/\pi D)$；

⑤弹簧丝展开长度：$L=\pi Dn_1/\cos\alpha$；

⑥自由高度：

a. 对于两端并紧不磨平的结构，其自由高度：$H_0=n\delta+(n_1+1)d$；

b. 对于两端并紧磨平的结构，其自由高度：$H_0=n\delta+(n_1-0.5)d$。

(2)压缩弹簧的特性曲线

在一定范围内，变形量 λ 与载荷成正比，有

$$k=F_1/\lambda_1=F_2/\lambda_2=\cdots=\text{常数}$$

式中，λ_i为在工作载荷 F_i作用时弹簧的轴向变形量。

2. 设计计算步骤

选择弹簧材料和结构；确定主要参数以及其他结构尺寸。

五、其他弹簧简介

1. 圆柱螺旋扭转弹簧

(1)最大弯曲应力及强度条件

圆截面弹簧丝的最大弯曲应力及强度条件为

$$\sigma=K_1T/W=32K_1T/(\pi d^3)\leqslant[\sigma]$$

式中，K_1为曲度系数，$K_1=(4C-1)/(4C-4)$；W为抗弯截面系数；$[\sigma]$为材料的许用弯曲应力，$[\sigma]=1.25[\tau]$；d为弹簧丝直径。

(2)扭转角

扭转弹簧受外加力矩后，产生的变形为扭转角，其计算公式为

$$\varphi=Tl/(EI)=\pi TDn/(EI)\,rad$$

式中，E为材料的弹性模量；I为弹簧丝截面的轴惯性矩，$I=\pi d^4/64$；D为弹簧的中径；n为弹簧的有效圈数。

2. 碟形弹簧

具有变刚度的特性。

在较小的空间内承受极大的载荷。

不同的组合能得到不同的弹簧特性，能适应各种使用要求。

18.2 课后习题详解

18-1 已知一圆柱螺旋压缩弹簧的弹簧丝直径 $d=6$mm，中径 $D=30$mm，有效圈数 $n=10$。采用 C 级碳素弹簧钢丝，受变载荷作用次数为 $10^3\sim10^5$。(1)求允许的最大工作载荷及变形量；(2)若端部采用磨平端支承圈结构(教材图18-8a)，求弹簧的并紧高度 H_S和自由高度 H_O；(3)验算弹簧的稳定性。

解：(1)由题意可知，该圆柱螺旋压缩弹簧受变载荷作用次数在$10^3\sim10^5$次，则为Ⅱ类弹簧，查教材表18-2，取$[\tau_{\text{II}}]=0.4\sigma_B$。

根据弹簧丝直径，查教材表18-1得$\sigma_B=1420$MPa，则

$$[\tau_{\text{II}}]=0.4\sigma_B=568\text{MPa}$$

旋绕比$C=\dfrac{D}{d}=\dfrac{30}{6}=5$，查教材图18-6，取弹簧刚度系数$K=1.34$，可得最大工作载荷

$$F_2=\frac{\pi d^2[\tau_{\text{II}}]}{8KC}=\frac{\pi\times6^2\times568}{8\times1.34\times5}=1197.89\text{N}$$

故最大变形量为

$$\lambda_2=\frac{8F_2C^3n}{Gd}=\frac{8\times1197.89\times5^3\times10}{8\times10^4\times6}=24.96\text{mm}$$

(2)若端部采用磨平端支承圈结构，取弹簧的总圈数$n_1=10+2=12$，则有

并紧高度$H_s=(n_1-0.5)d=(12-0.5)\times6=69$mm，

自由高度$H_0=n\delta+(n_1-0.5)d$，其中$\delta\geqslant\lambda_2/(0.8n)=25.16/(0.8\times10)=3.145$mm，取$\delta=4$mm，代入求解得$H_0=n\delta+(n_1-0.5)d=10\times4+(12-0.5)\times6=109$mm。

(3)验算稳定性

①弹簧一端固定、另一端铰支

高径比：$b=H_0/D=109/30=3.63<3.7$，符合要求。

②弹簧两端均固定

高径比：$b=H_0/D=109/30=3.63<5.3$，符合要求。

18-2 试设计一能承受冲击载荷的圆柱螺旋压缩弹簧。已知：$F_1=40$N，$F_2=240$N，工作行程$\lambda=40$mm，中间有$\phi30$mm的心轴，弹簧外径不大于45mm，用C级碳素弹簧钢丝

制造。

解：(1)确定簧丝直径

根据题意弹簧内径 $D_1 \geqslant 30\text{mm}$，$D_1 \leqslant 45\text{mm}$，则 $d \leqslant \frac{(45-30)}{2} = 7.5$，初选簧丝直径$d = 3.5\text{mm}$。

查教材表18-2，按Ⅱ类弹簧取许用应力，$[\tau_{\text{Ⅱ}}] = 0.4\sigma_B$。根据簧丝直径查教材表18-1得$\sigma_B = 1570\text{MPa}$，则$[\tau_{\text{Ⅱ}}] = 0.4\sigma_B = 628\text{MPa}$。

由强度条件 $\tau = K\frac{8FC}{\pi d^2} \leqslant [\tau]$ 得 $d \geqslant \sqrt{\frac{8KF_2C}{\pi[\tau_{\text{Ⅱ}}]}}$。

其中取 $D_2 = 38mm$，可得旋绕比 $C = \frac{D_2}{d} = \frac{38}{3.5} = 10.9$。

查教材图18-6得曲度系数 $K = 1.126$，则

$$d \geqslant \sqrt{\frac{8KF_2C}{\pi[\tau_{\text{Ⅱ}}]}} = \sqrt{\frac{8 \times 1.126 \times 240 \times 10.9}{\pi \times 628}} = 3.46\text{mm}$$

因此，可选定簧丝直径 $d = 3.5\text{mm}$。

(2)确定该弹簧的有效圈数

弹簧刚度：$k = \frac{F_2 - F_1}{\lambda} = \frac{240-40}{40} = 5\text{N/mm}$；

有效圈数：$n = \frac{Gd}{8C^3k} = \frac{8 \times 10^4 \times 3.5}{8 \times 10.9^3 \times 5} = 5.4$，取 $n = 6$。

(3)确定弹簧其他尺寸

弹簧内径：$D_1 = D_2 - d = 38 - 3.5 = 34.5\text{mm}$；

弹簧外径：$D_3 = D_2 + d = 38 + 3.5 = 41.5\text{mm}$；

弹簧间距：$\delta \geqslant \frac{\lambda_2}{0.8n} = \frac{F_2}{0.8nk} = 10\text{mm}$；

弹簧节距：$t = d + \delta = 13.5\text{mm}$；

螺旋升角：$\alpha = \arctan\frac{t}{\pi D_2} = 6.5°$；

弹簧总圈数：$n_1 = n + 2.5 = 8.5$；

弹簧丝的展开长度：$L = \frac{\pi D_2 n_1}{\cos\alpha} = 1021\text{mm}$；

自由高度：$H_0 = n\delta + (n_1 - 0.5)d = 88\text{mm}$；

验算稳定性：$b = \frac{H_0}{D_2} = 2.32 < 3.7$，符合要求。

安装高度：$H_1 = H_0 - \lambda_1 = H_0 - \frac{F_1}{k} = 88 - 8 = 80\text{mm}$。

18-3　设计一圆柱螺旋压缩弹簧。已知：采用 $d = 8\text{mm}$ 的钢丝制造，$D = 48\text{mm}$，该弹簧初始时为自由状态，将它压缩 40mm 后，需要储能 25J。(1)求弹簧刚度；(2)若许用切应力为 400MPa，问此弹簧的强度是否足够？(3)求有效圈数 n。

解：(1)由压缩弹簧作功 $W = \frac{1}{2}F\lambda$，可得 $F = 1250\text{N}$。

弹簧刚度系数：$k=\dfrac{F}{\lambda}=\dfrac{1250}{40}=31.25\text{N/mm}$。

(2)强度计算

旋绕比 $C=\dfrac{D}{d}=6$，查教材图 18-6 可得曲度系数 $K=1.26$。

故有 $\tau=K\dfrac{8FC}{\pi d^2}=1.26\times\dfrac{8\times1250\times6}{\pi\times8^2}=376\text{MPa}\leqslant[\tau]=400\text{MPa}$，满足强度要求。

(3)弹簧的有效圈数

由 $k=\dfrac{Gd}{8C^3n}$ 得：$n=\dfrac{Gd}{8C^3k}=\dfrac{80000\times8}{8\times6^3\times31.25}=11.85\approx12$ 圈。

18-4　一圆柱螺旋拉伸弹簧用于高压开关中，已知最大工作载荷 $F_2=2070\text{N}$，最小工作载荷 $F_1=615\text{N}$，弹簧丝直径 $d=10\text{mm}$，外径 $D_2=90\text{mm}$，有效圈数 $n=20$，弹簧材料为 60Si2Mn，载荷性质属于Ⅱ类。(1)在 F_2 作用时弹簧是否会断？求该弹簧能承受的极限载荷 $F_{\lim}$；(2)求弹簧的工作行程。

解：(1)①由弹簧的材料、载荷性质，查教材表 18-2 得 $[\tau_{\text{Ⅱ}}]=590\text{MPa}$，且 $\tau_s=1.25[\tau]=737.5\text{MPa}$。

由旋绕比 $C=\dfrac{D}{d}=\dfrac{D_2-d}{d}=\dfrac{90-10}{10}=8$，查教材图 18-6 得曲度系数 $K=1.18$，则在 F_2 作用下的剪应力 $\tau=K\cdot\dfrac{8FC}{\pi d^2}=1.18\times\dfrac{8\times2070\times8}{\pi\times10^2}=498\text{MPa}\leqslant[\tau_{\text{Ⅱ}}]$。故在最大工作载荷 F_2 作用时弹簧不会拉断。

②极限载荷：$F_{\lim}=\dfrac{\pi d^2\tau_s}{8KC}=\dfrac{\pi\times10^2\times737.5}{8\times1.18\times8}=3067.96\text{N}$。

(2)弹簧刚度：$k=\dfrac{Gd}{8C^3n}=\dfrac{80000\times10}{8\times8^3\times20}=9.8\text{N/mm}$；

则弹簧的工作行程：$\lambda=\dfrac{F_2-F_1}{k}=\dfrac{2070-615}{9.8}=148\text{mm}$。

18-5　有两根尺寸完全相同的圆柱螺旋拉伸弹簧，一根没有初应力，另一根有初应力，两根弹簧的自由高度 $H_0=80\text{mm}$。现对有初应力的那根实测如下：第一次测定，$F_1=20\text{N}$，$H_1=100\text{mm}$；第二次测定，$F_2=30\text{N}$，$H_2=120\text{mm}$。试计算：(1)初拉力 F_0；(2)没有初应力的弹簧在 $F_2=30\text{N}$ 的拉力下，弹簧的高度。[提示：有初应力的拉伸弹簧比没有初应力的弹簧多了一段假想的变形量 x(见图 18-2-1)，也就是说前者在自由状态下具有一定初应力 τ_0。工作时，当外力大于初拉力 F_0时，弹簧才开始伸长。]

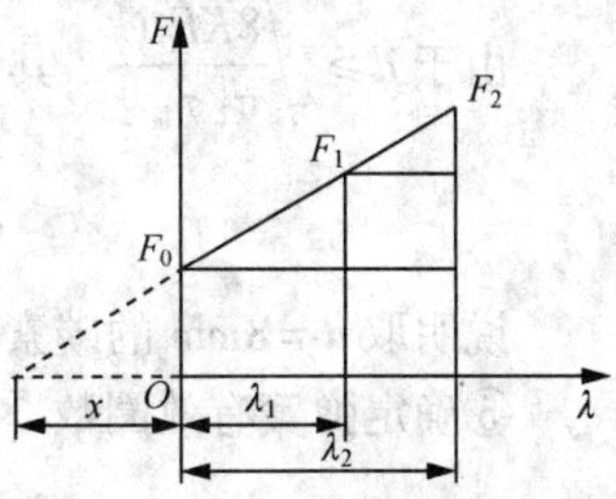

图 18-2-1

解：(1)计算初拉力

由弹簧的刚度公式可得

$$\frac{F_1-F_0}{\lambda_1}=\frac{F_2-F_0}{\lambda_2}$$

其中，$\lambda_1 = H_1 - H_0 = 100 - 80 = 20\text{mm}$，$\lambda_2 = H_2 - H_0 = 120 - 80 = 40\text{mm}$。

将已知数据代入上式$\frac{20 - F_0}{20} = \frac{30 - F_0}{40}$，则初拉力 $F_0 = 10\text{N}$。

(2)因两根弹簧的尺寸完全相同，故其刚度也完全相同，则刚度为

$$k = \frac{F_1 - F_0}{\lambda_1} = \frac{20 - 10}{20} = 0.5\text{N/mm}$$

没有初拉力时弹簧在拉力 $F_2 = 30\text{N}$ 作用下的伸长量：$\lambda = \frac{F_2}{k} = \frac{30}{0.5} = 60\text{mm}$，故此时弹簧高度：$H_2 = H_0 + \lambda = 80 + 60 = 140\text{mm}$。

18-6　试设计一受静载荷的圆柱螺旋压缩弹簧。已知条件如下：当弹簧承受载荷 $F_1 = 178\text{N}$ 时，其长度 $H_1 = 89\text{mm}$，当 $F_2 = 1160\text{N}$ 时，$H_2 = 54\text{mm}$，该弹簧使用时套在直径为 30mm 的芯棒上，现有材料为 B 级碳素弹簧钢丝，要求所设计弹簧的尺寸尽可能小。

解：(1)分析已知条件

弹簧的刚度：$k = \frac{F_2 - F_1}{H_1 - H_2} = \frac{1160 - 178}{89 - 54} = 28\text{N/mm}$；

受载荷 F_1 时的初始变形量：$\lambda_1 = \frac{F_1}{k} = \frac{178}{28} = 6.36\text{mm}$；

弹簧在最大工作载荷作用下的变形量：$\lambda_2 = \frac{F_2}{k} = \frac{1160}{28} = 41.43\text{mm}$。

由于弹簧需要套在直径为 30mm 的芯棒上，则有 $D_1 \geqslant 30\text{mm}$。

(2)设计过程

①初选弹簧丝直径 $d = 8\text{mm}$。

②确定材料的许用应力。由题意知弹簧材料为 B 级碳素弹簧钢丝，载荷性质为静载荷，按Ⅲ类载荷计算，查教材表 18-1 及表 18-2 得

$$[\tau_{\text{Ⅲ}}] = 0.5\sigma_B = 0.5 \times 1170 = 585\text{MPa}$$

③初估弹簧中径：$D_2 \geqslant 30 + 8 = 38\text{mm}$，由弹簧中径标准系列可取 $D_2 = 42\text{mm}$。

④根据弹簧强度确定弹簧丝直径。

由于 $d \geqslant \sqrt{\frac{8KF_2C}{\pi[\tau_{\text{Ⅲ}}]}}$，其中 $C = \frac{D_2}{d} = \frac{42}{8} = 5.25$，查教材中图 18-6 得 $K = 1.33$，代入数据得

$$d \geqslant \sqrt{\frac{8 \times 1.33 \times 1160 \times 5.25}{3.14 \times 585}} = 5.94\text{mm}$$

说明取 $d = 8\text{mm}$ 的碳素钢丝满足强度要求。

⑤确定弹簧有效圈数。

$$n = \frac{Gd}{8C^3k}$$

其中由(1)可得 $k = 28\text{N/mm}$，且 $G = 8 \times 10^4$，$C = 5.25$. 计算得 $n = 19.74$，取 $n = 19$ 圈。

⑥计算弹簧的其他尺寸。

弹簧内径：$D_1 = D_2 - d = 42 - 8 = 34\text{mm}$；

弹簧外径：$D_3 = D_2 + d = 42 + 8 = 50\text{mm}$；

弹簧间距：$\delta \geqslant \frac{\lambda_2}{0.8n} = \frac{41.43}{0.8 \times 19} = 2.7\text{mm}$；

弹簧节距：$t=\delta+d=2.7+8=10.7\mathrm{mm}$；

弹簧升角：$\alpha=\arctan\dfrac{t}{\pi D_2}=\arctan\dfrac{10.7}{\pi\times42}=4.64°$；

弹簧总圈数：两端合并紧3/4圈磨平，则：$n_1=n+2.5=19+2.5=21.5$ 圈；

弹簧丝的展开长度：$L=\dfrac{\pi D_2 n_1}{\cos\alpha}=\dfrac{\pi\times42\times21.5}{\cos4.64°}=2846\mathrm{mm}$；

自由高度：$H_0=n\delta+(n_1-0.5)d=19\times2.7+(21.5-0.5)\times8=219.3\mathrm{mm}$；

⑦验算弹簧的稳定性。

稳定性系数：$b=\dfrac{H_0}{D_2}=\dfrac{219.3}{42}=5.2>3.7$。

在弹簧内部有导向杆的条件下，虽高径比高出许用值，但也可满足稳定性要求。

18-7　一圆柱螺旋扭转弹簧用在760mm的门上(见图18-2-2)。当门关闭时，手把上加4.5N的推力才能把门打开。当门转到180°时，手把上的力为13.5N。若材料的许用应力[σ]=1100MPa，求：(1)该弹簧的弹簧丝直径 d 和中径 D；(2)弹簧的有效圈数；(3)所需的初始扭转角。

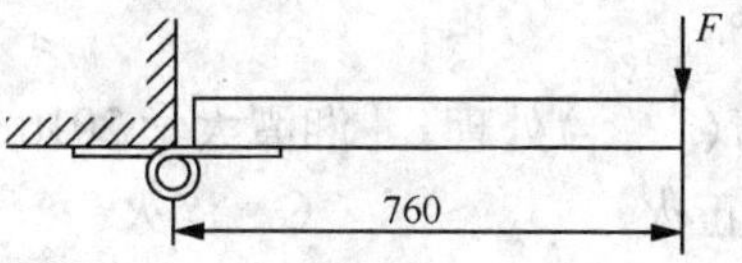

图18-2-2

解：(1)作用在弹簧上的最大扭矩：$T_{\max}=13.5\times760=10260\mathrm{N\cdot mm}$；

取旋绕比 $C=6$，可得曲度系数：$K_1=\dfrac{4C-1}{4C-4}=\dfrac{4\times6-1}{4\times6-4}=1.15$；

故簧丝直径满足

$$d\geqslant\sqrt[3]{\frac{32K_1T_{\max}}{\pi[\sigma]}}=\sqrt[3]{\frac{32\times1.15\times10260}{3.14\times1100}}=4.78\mathrm{mm}$$

按标准选取 $d=5\mathrm{mm}$，可得弹簧中径 $D_2=Cd=6\times5=30\mathrm{mm}$。

(2)计算弹簧的有效圈数，因初始转矩

$$M_1=4.5\times760=3420\mathrm{N\cdot mm}$$

$$\Delta M=T_{\max}-M_1=10260-3420=6840\mathrm{N}$$

$$\Delta\varphi=\varphi_2-\varphi_1=180°=\pi$$

所以

$$n=\frac{Ed^4\Delta\varphi}{64\Delta MD_2}=\frac{2.06\times10^5\times5^4\times\pi}{64\times6840\times30}=30.8$$

取 $n=31$ 圈。

(3)所需的初始扭转角

$$\varphi=\frac{64M_1D_2n}{Ed^4}=\frac{64\times3420\times30\times31}{2.06\times10^5\times5^4}=1.58\mathrm{rad}=90.6°$$

18.3 名校考研真题详解

选择题

1. 圆柱螺旋弹簧簧丝直径为 d，弹簧中径为 D_2，弹簧外径为 D，弹簧内径为 D_1，则弹簧指数 C(旋绕比) = (　　)。[浙江大学 2012 研]

A. D/d　　B. d/D　　C. D_1/d　　D. D_2/d

【答案】D

【解析】弹簧中径 D_2 与簧丝直径 d 的关系为 $D_2 = Cd$，C 为弹簧指数，又称旋绕比。

2. 用碳素弹簧钢丝卷制圆柱螺旋弹簧，采用冷卷法还是热卷法，取决于(　　)。[浙江大学 2013 研]

A. 现有卷制设备　　B. 弹簧用途　　C. 簧丝直径　　D. 热处理能力

【答案】C

【解析】冷卷弹簧直接用弹簧钢丝卷绕，回弹性较大，卷绕工具需考虑回弹补偿量，卷成后直接回火处理。热卷弹簧主要用于大型弹簧的卷制，加热后容易扭曲成形，回弹性较小，成型后需淬火后回火处理。

3. 弹簧经热卷后需要进行(　　)处理。[湘潭大学 2016 研]

A. 淬火和回火　　B. 正火　　C. 淬火　　D. 调质

【答案】A

【解析】热卷弹簧主要用于大型弹簧的卷制，加热后容易扭曲成形，回弹性较小，成型后需淬火后回火处理。冷卷弹簧直接用弹簧钢丝卷绕，回弹性较大，卷绕工具需考虑回弹补偿量，卷成后直接回火处理。